Gerhard Gieschen

Wie Mittelständler versteckte Ressourcen mobilisieren

Visionen umsetzen
Erträge steigern
Kosten senken
Risiken minimieren

Cornelsen

Verlagsredaktion: Ralf Boden
Abbildungen: Holger Stoldt, Düsseldorf
Umschlaggestaltung: Knut Waisznor, Berlin

 http://www.cornelsen-berufskompetenz.de

1. Auflage   Druck 4 3 2 1   Jahr 08 07 06 05

© 2005 Cornelsen Verlag Scriptor GmbH & Co KG, Berlin

Druck: Stürtz GmbH, Würzburg

ISBN 3-589-23653-1

Bestellnummer 236531

 Gedruckt auf säurefreiem Papier, umweltschonend
hergestellt aus chlorfrei gebleichten Faserstoffen.

Vorwort

Gewinnerzielung ist die erste Pflicht eines jeden Unternehmers.
Nur hohe Gewinne ermöglichen es, ausreichend Eigenkapital zu thesaurieren.

Die Banken fahren ihr Engagement in Betrieben mit wenig Eigenkapital oder schwieriger Ertragssituation laufend zurück. Da vier von fünf mittelständischen Unternehmen nicht ausreichend mit Eigenkapital versorgt sind, führt dies zu existenziellen Engpässen. So wird Eigenkapital der Schlüssel zur Finanzierung, Gewinn der Königsweg zum Überleben.

Auch wenn es von Politik und Gesellschaft nicht gern gehört wird: Attraktive und nachhaltige Gewinne zu erzielen ist die erste Pflicht eines jeden Unternehmers. Denn auf lange Sicht reicht es nicht aus, einen Unternehmerlohn zu erwirtschaften, der dem eines angestellten Geschäftsführers gleicht. Nur durch hohe Gewinne werden mittelständische Unternehmen in die Lage versetzt, ausreichend Eigenkapital zu thesaurieren, um die strukturellen Veränderungen und den zunehmenden Wettbewerb zu überstehen.

Wie aber, und das ist die Ausgangsfrage dieses Buches, können Mittelständler ihren Gewinn nachhaltig steigern, wenn doch schon augenscheinlich alle Maßnahmen zur Kostensenkung ausgeschöpft wurden? Die Rasenmäher-Methode funktioniert nicht mehr. Aber, und das zeigen meine Erfahrungen der letzten zwanzig Jahre, in jedem Betrieb gibt es versteckte Ressourcen, die deutliche Umsatz- und Gewinnsteigerungen ermöglichen. Diese gilt es aufzuspüren und zu mobilisieren.

Die vielen begeisterten Rückmeldungen zu meinem Buch „Wie junge Unternehmen Krisen bewältigen können" bestätigen meine Überzeugung, dass Unternehmer und Selbstständige in der Lage sind, die in Form eines Werkzeugkastens gelieferten praktischen Tipps und Anregungen erfolgreich umzusetzen.

Nun ist es an der Zeit, einen zweiten Satz von praxiserprobten Werkzeugen und Methoden zu liefern. Einen, der sich auf die deutliche Steigerung des Betriebsgewinns konzentriert. Der es Ihnen ermöglicht, einen attraktiven und nachhaltigen Gewinn zu erzielen. Dazu erhalten Sie hier klare Handlungsanweisungen, Tipps, Empfehlungen und Checklisten.

Oder anders gesagt: Ihr Unternehmen birgt mehr Reserven und Potenzial, als Sie überhaupt nur ahnen. Packen Sie es an! Optimieren Sie Ihre Strategie, steigern Sie den Umsatz, senken Sie die Kosten und minimieren Sie Ihre Risiken.

Viel Erfolg!

Kirchentellinsfurt, im Frühjahr 2005   *Gerhard Gieschen*

Geleitwort

Die Nachhaltigkeit des Erfolges der Unternehmung zu sichern ist die erstrangige Aufgabe eines Mittelständlers in einer Zeit, die durch überaus schnelle Strukturveränderungen gekennzeichnet ist. Sie wird immer schwieriger zu lösen. Die verfügbaren umfangreichen Erkenntnisse aus einer systematischen Analyse dieser zentralen Problemstellung bedürfen einer geeigneten Übertragung in die unternehmerische Praxis, damit sie für das konkrete Handeln und Entscheiden des mittelständischen Unternehmens wirklich nutzbar gemacht werden können. Sonst bleiben sie wirkungslos.

Gerhard Gieschen beweist mit diesem Buch seine hohe Fähigkeit, in der Form eines Unternehmerseminars in Buchform die modernen Erkenntnisse zur Aktivierung versteckter Ressourcen für die langfristige Erfolgssicherung spannend zu vermitteln. Er konzentriert sich dabei auf die vier Hauptkomponenten Entwicklung von Visionen, Steigerung von Erträgen, Senkung der Kosten und Vermeidung von Risiken. Seine Gedankenfolge ist klar und überzeugend, seine Sprache prägnant und verständlich, seine zahlreichen Übersichten und Grafiken machen dieses Buch in einer überzeugenden Weise geeignet für eine unmittelbare Umsetzung in die Praxis. Sein besonderer Vorzug ist, dass es konkrete Lösungen, nicht nur Problemanalysen und abstrakte Handlungsempfehlungen, enthält.

So ist ein Buch entstanden, aus dem der Mittelständler unmittelbar und sehr anschaulich entnehmen kann, was zu tun ist und wie er im Einzelnen vorzugehen hat, um auf Dauer als Unternehmer auf Erfolgskurs zu bleiben.

Dem neuen Buch von Gerhard Gieschen ist eine große Verbreitung zu wünschen, weil es für die unternehmerische Praxis des Mittelstands wirklich hilfreich ist und sich packend liest.

Tübingen, im Frühjahr 2005   Professor Dr. Dr. h.c. mult. Eberhard Schaich
                                  Professor an der Wirtschaftswissenschaftlichen Fakultät
                                  der Eberhard-Karls-Universität Tübingen

Der Autor

Gerhard Gieschen, gebürtiger Niedersachse, studierte bei der IBM Deutschland Betriebswirtschaft (BA). Zwei Jahre später startete er in die Selbstständigkeit und beweist seitdem seine unternehmerischen Qualitäten als Mitbegründer, Gesellschafter und Geschäftsführer verschiedener Software- und Dienstleistungsunternehmen.

Seit zwanzig Jahren berät er Selbstständige, Unternehmer und Existenzgründer. Im Team mit seinem Consulting-Netzwerk Denken & Handeln erstellt er Geschäfts-, Projekt- sowie Survival-Pläne und setzt die vorgeschlagenen Maßnahmen als Projekt- oder Interims-Manager erfolgreich um.

Inhaltsverzeichnis

Teil I

Die grundlegenden Erfolgsgesetze für kleine Unternehmen

Der Hase und der Igel

„Du bildest dir wohl ein, du könntest mit deinen Beinen mehr ausrichten?"
fragte der Igel.

„Das will ich meinen", sagte der Hase.

„Nun, das kommt auf einen Versuch an", meinte der Igel. *„Ich wette, wenn wir um die Wette laufen, lauf ich schneller als du."* (…)

So kamen sie zu dem Acker, der Igel wies seiner Frau ihren Platz zu und ging den Acker hinauf.

Als er oben ankam, war der Hase schon da. *„Kann es losgehen?"* fragte er.

„Jawohl", erwiderte der Igel. *„Dann nur zu."*

Damit stellte sich jeder in seine Furche. Der Hase zählte: *„Eins, zwei, drei"*, und los ging er wie ein Sturmwind den Acker hinunter. Der Igel aber lief nur etwa drei Schritte, dann duckte er sich in die Furche hinein und blieb ruhig sitzen. Und als der Hase im vollen Lauf am Ziel unten am Acker ankam, rief ihm die Frau des Igels entgegen: *„Ich bin schon da!"*

Der Hase war nicht wenig erstaunt, glaubte er doch nichts anderes, als dass er den Igel selbst vor sich hatte. Bekanntlich sieht die Frau Igel genauso aus wie ihr Mann. *„Das geht nicht mit rechten Dingen zu"*, rief er. *„Noch einmal gelaufen, in die andere Richtung!"* Und fort ging es wieder wie der Sturmwind, dass ihm die Ohren am Kopf flogen. Die Frau des Igels aber blieb ruhig an ihrem Platz sitzen, und als der Hase oben ankam, rief ihm Herr Igel entgegen: *„Ich bin schon da!"*

Der Hase war ganz außer sich vor Ärger und schrie: *„Noch einmal gelaufen, noch einmal herum!"*

„Meinetwegen", gab der Igel zurück. *„Sooft du Lust hast."*

So lief der Hase dreiundsiebzig Mal, und der Igel hielt immer mit. Und jedes Mal, wenn der Hase oben oder unten am Ziel ankam, sagten der Igel oder seine Frau: *„Ich bin schon da."* (…)

Quelle: Gebrüder Grimm

1 Der Unternehmer: Ihre Firma, das sind Sie!

Eingeführte mittelständische Unternehmen mit exzellenten Produkten verschwinden vom Markt, obwohl das technische Know-how der Konkurrenz überlegen ist. Franchise-Ketten und Filialisten erobern die Fußgängerzonen, obwohl der lokale Einzelhandel ein breiteres Sortiment und einen besseren Service bietet. Mittelständler führen Kostensenkungsprogramme durch, nur um danach festzustellen, dass der Umsatz schneller sinkt als die Kosten.

Auch in schwierigen Zeiten gibt es Gewinner

Und dennoch, auch in schwierigen Zeiten gibt es Gewinner. Im Schnitt steigert jedes siebte mittelständische Unternehmen auch in rückläufigen Branchen sowohl Umsatz als auch das Betriebsergebnis. Wenn man den Klagen der Unternehmerverbände folgt, dürfte es solche Firmen eigentlich gar nicht geben. Denn fast alle volks- und betriebswirtschaftlichen Faktoren sprechen gegen dieses Wachstum.

So wie alle sachlichen Argumente gegen den Igel sprachen, als dieser sich auf das Wettrennen mit dem Hasen einließ. Der Hase hält im Märchenreich alle Laufrekorde, er tritt sozusagen als Marktführer mit seiner Kernkompetenz gegen einen Nobody an.

Und doch schlägt ihn der Igel. Denn er weiß, dass er sein Ziel auf den üblichen Wegen nicht erreichen kann. Statt aufzugeben, fängt er an nachzudenken, deckt seine stillen Reserven auf und findet eine optimale Nutzung der ihm zur Verfügung stehenden Ressourcen. Wie ein erfolgreicher Unternehmer konzentriert er sich auf die Überwindung seiner Engpässe mithilfe der zur Verfügung stehenden Mittel. Und findet seine Abkürzung zum Erfolg.

Der entscheidende Unterschied zwischen Hase und Igel ist die Vorgehensweise. Der Hase arbeitet reaktiv, er konzentriert sich auf die kompetente Abarbeitung des Tagesgeschäfts. Der Igel dagegen entwickelt Ideen, um noch erfolgreicher zu werden und setzt diese dann im Team mit seiner Frau um.

Entwicklung und Umsetzung von Ideen führen zu einer höheren Produktivität

Dass die Entwicklung und Umsetzung von Ideen zu einer höheren Produktivität führen können, ist nicht neu. Schätzen Sie doch einmal, um wie viel effektiver Ihr Betrieb im Vergleich zu einer Behörde arbeitet? Um zehn, zwanzig oder dreißig Prozent – oder gar um den Faktor 2, 5, 10 oder 100?

Ist das nicht erstaunlich, denn Behörden hatten doch in den letzten Jahren im Vergleich zu Betrieben fast unbegrenzte Ressourcen: mehr Mitarbeiter, mehr Immobilien, ein sehr gutes Rating? Und ohne den hohen Wettbewerbs- und Zeitdruck sollte ausreichend Zeit zur Verfügung stehen, um über das Tagesgeschäft hinaus Ideen zur Optimierung der Arbeitsprozesse zu entwickeln.

Doch nach einer Untersuchung des Deutschen Instituts für Betriebswirtschaft benötigen unseren Behörden 100 Mitarbeiter und zwölf Monate, um einen einzigen Verbesserungsvorschlag zu entwickeln. In der freien Wirtschaft dagegen bringt es beispielsweise bei den Automobilzulieferern jeder Mitarbeiter pro Jahr auf einen Verbesserungsvorschlag.

Wie viele Ideen werden in Ihrem Unternehmen umgesetzt? Schöpfen Sie ergänzend das Potenzial Ihrer Mitarbeiter aus? Vergeht wirklich kein Tag, ohne dass Sie irgendeinen Punkt in Ihrem Unternehmen optimiert haben? Es ist Ihre Aufgabe, Ihr Unternehmen weiterzuentwickeln. Und gegenüber großen Konzernen und Behörden haben Sie einen entscheidenden Vorteil. Sie können Ihre Ideen immer direkt umsetzen. Denn Sie sind der Boss, Sie haben die Freiheit: Keine Bürokratie, keine Aktionäre, kein Chef. *Kleine Unternehmen können schneller agieren als Großkonzerne und Behörden*

Das ist einzig und allein Ihre Aufgabe: den Punkt zu finden, an dem Sie den Markt aus den Angeln heben können. Mit großzügigen Ressourcen geringe Ergebnisse erzielen, das kann (fast) jeder Konzern. Aber versteckte Reserven zu erkennen, seine Ressourcen optimal zu nutzen und effektiv zu kombinieren, das bleibt dem Unternehmer überlassen.

Fühlen Sie sich, als ob Sie die Macht über Ihr Unternehmen hätten? Wenn nicht, befinden Sie sich in guter Gesellschaft. Die meisten mittelständischen Unternehmer stehen ohnmächtig vor dem von ihnen geschaffenen Geschäft. Laufen von früh morgens bis spät abends im täglichen Hamsterrad von Kundenanfragen zu Lieferantenbestellung, von Bankgespräch zur Vertriebsbesprechung und verlieren ihre Vision. Nichts geht mehr. Ausgeträumt, ausgepowert, ausgeblutet. *Das Tagesgeschäft frisst viele mittelständische Unternehmer auf*

Bevor wir aus diesem Hamsterrad aussteigen, lassen Sie uns den Ursachen dieser Entwicklung nachspüren. Schauen wir einmal zurück auf die Gründung Ihres Unternehmens. Erinnern Sie sich noch an die ersten Tage, als Sie noch keine Angestellten hatten und fast alle Tätigkeiten selbst ausführen mussten? Sie waren Unternehmer, Manager und Spezialist in einer Person: *Zu Beginn übernimmt der Unternehmer sämtliche Aufgaben in Personalunion*

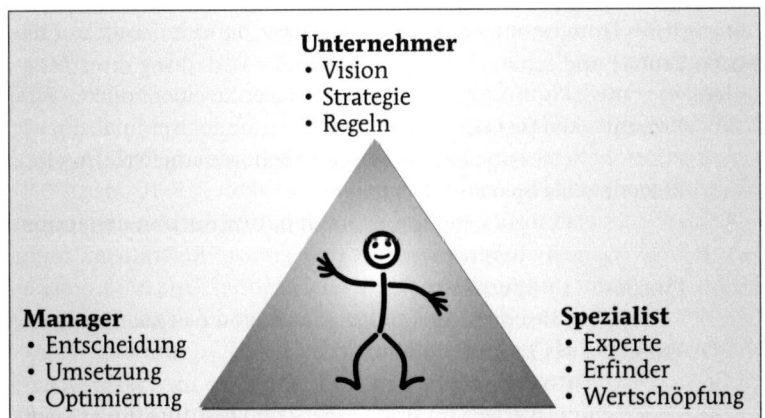

Abb. 1.1: Der Unternehmer in der Ein-Personen-Unternehmung

So konnten Sie Ihre Unternehmensvision entwickeln, die Umsetzung planen und dann 1:1 realisieren. Jede Lieferung, jede Rechnung gab Ihnen eine direkte Befriedigung, denn der Umsatz stand in direktem Zusammenhang mit der von Ihnen erbrachten Leistung.

Mit dem Erfolg kamen die ersten Mitarbeiter. Das Unternehmen wuchs und gedieh und mit den zusätzlichen Angestellten entstanden die ersten Missverständnisse, Sand geriet ins Getriebe. Um dies zu vermeiden, gönnten Sie sich und Ihrem Unternehmen ein eigenes Management. Alle Rollen, die Sie bisher in Personalunion wahrgenommen hatten, verteilten sich nun auf unterschiedliche Personen.

Ihr persönliches Unternehmensmodell entwickelte sich so zu einer Pyramide, der Sie als Unternehmer vorstehen. In dieser Pyramide geben Sie Ihre Visionen, Strategien und Pläne an das Management weiter. Ihre Führungskräfte wiederum setzen die Pläne um, disponieren die Ressourcen und optimieren das Tagesgeschäft.

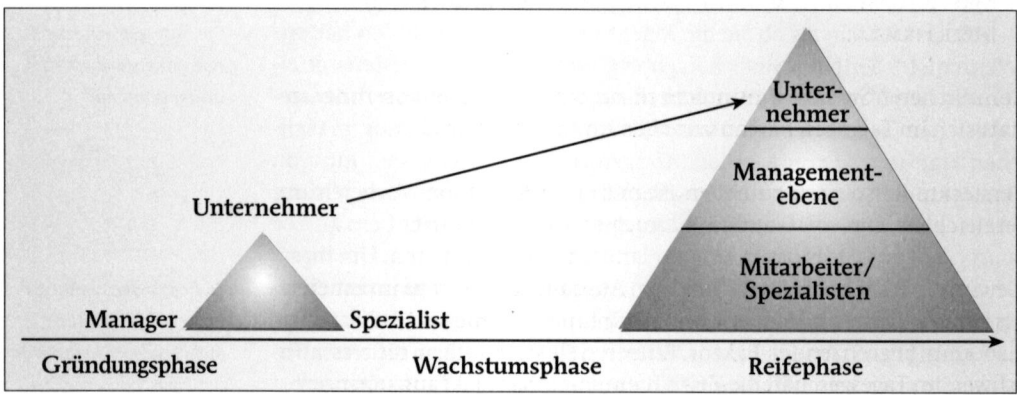

Abb. 1.2: Organisation des gewachsenen Unternehmens

Doch jetzt Hand aufs Herz, wie viel Zeit verbringen Sie wirklich mit der Leitung Ihres Unternehmens? Vergegenwärtigen Sie sich den Ablauf der letzten Woche und schätzen Sie die prozentuale Verteilung Ihrer Tätigkeiten:

.... Prozent   als **Unternehmer**
                   (Sie entwickeln Visionen, Strategien und Spielregeln.)

.... Prozent   als **operativer Manager**
                   (Sie entscheiden, setzen um, kontrollieren, telefonieren, besprechen.)

.... Prozent   als **Spezialist**
                   (Sie erbringen direkte, fakturierbare Leistungen.)

.... Prozent   als **Trouble-Shooter**
                   (Sie reagieren auf Vorkommnisse im Tagesgeschäft und erledigen dringende, aber eigentlich nicht wichtige Aufgaben.)

Wie viel Zeit verbleibt Ihnen als Unternehmer? Fünf, zehn oder gar fünfzehn Prozent? Wie würde sich Ihr Unternehmen verändern, wenn Sie diese Zeit ohne Einbußen im laufenden Geschäft verdoppeln könnten? Der Erfolg Ihres Unternehmens würde sich gravierend steigern.

Wie viel Zeit verbleibt Ihnen als Unternehmer?

Denn in dieser Zeit können sie strategische Nischen finden, versteckte Ressourcen aufdecken sowie die wesentlichen Erfolgsblockaden identifizieren. Anders gesagt, Sie können Ideen entwickeln, um Ihre Wachstumsengpässe zu sprengen.

Stephen Covey, eine international anerkannte Autorität auf dem Gebiet des Selbstmanagements, hat diese Aussage statistisch belegt. In einer Untersuchung überdurchschnittlich produktiver Unternehmen stellte er fest, dass diese bis zu vier mal mehr Zeit in strategische Arbeiten investieren. Das heißt in Aufgaben, die für den nachhaltigen Unternehmenserfolg wichtig sind, aber keine Dringlichkeits-Lobby besitzen.

Zeit in strategische Arbeiten investieren

Ihre Aufgabe ist es, an Ihrer Firma zu arbeiten und nicht in Ihrer Firma.

Konzentrieren Sie sich kontinuierlich auf die Ergebnisverbesserung, anstatt sich im Tagesgeschäft aufzureiben und zu verzetteln.

Versteckte Ressourcen zu heben ist mit einer Marathon-Vorbereitung vergleichbar. Um von 0 auf 42 Kilometer zu kommen, reicht ein kurzer Spurt nicht aus, Sie müssen ein Jahr lang jeden Tag trainieren. Um Ihren Gewinn spürbar zu erhöhen, gilt es, in Ausdauer und Zeit zu investieren. Als Unternehmer sind Sie gewohnt, diszipliniert zu arbeiten, Ausdauer ist also kein begrenzender Faktor. Vielen Selbstständigen fällt es aber schwer, im Tagesgeschäft die Zeit für ein solches Projekt aufzubringen.

Vier Tipps, mit denen Sie sich die Ausgangsbasis schaffen, Ihr Unternehmen voranzutreiben

Deshalb erhalten Sie nachfolgend vier Tipps, mit denen Sie sich die Ausgangsbasis schaffen, Ihr Unternehmen voranzutreiben und Ihren Gewinn spürbar zu steigern.

1. Disziplinieren Sie Ihre Zeit

Legen Sie klare Denk- und Arbeitszeiten fest. Fixieren Sie feste Termine für Ihr Ressourcen-Projekt. Reservieren Sie sich möglichst die erste Stunde des Arbeitstages, die kann von keinem anderen Termin gekippt werden. Wenn das nicht geht, legen Sie aber in jedem Fall eine feste Uhrzeit fest, damit sich Ihr Geist, Ihr Körper und Ihre Mitarbeiter daran gewöhnen können.

Legen Sie feste Termine für Ihr Ressourcen-Projekt fest

Hängen Sie ein „*Bitte nicht stören*"-Schild an die Tür, schalten Sie Ihr Telefon um und Ihr Handy ab oder auf die Mailbox.

Wenn Ihr Tagesgeschäft übermächtig wird und Sie trotz Schild und Mailbox permanent gestört werden, beginnen Sie eine Stunde früher. Aber teilen Sie es niemandem mit. Wenn das nicht hilft, arbeiten Sie die erste Stunde des Tages daheim.

Denken Sie immer daran: Wenn Sie für drei Monate jeden Tag eine Stunde konsequent an der Optimierung Ihrer und der betrieblichen Ressourcen arbeiten, werden Sie Welten bewegen – und sich die Freiräume schaffen, zukünftig zwei Stunden weniger zu arbeiten und dabei mehr zu erreichen.

Blockieren Sie die automatische E-Mail-Funktion Ihres PCs. Fragen Sie nur zweimal täglich Ihre E-Mails ab. Bearbeiten Sie nur dringende und wichtige E-Mails. Alle anderen sind nicht relevant.

Wenn zu viele Störungen kommen, nehmen Sie dies als letzte Warnung, Ihr Geschäft neu zu organisieren.

WIRKLICH EFFEKTIV IST IHRE ORGANISATION NUR DANN, WENN SIE IHNEN ALS UNTERNEHMER DIE FREIRÄUME BIETET, DAS GESCHÄFT NOCH EFFEKTIVER ZU MACHEN.

2. Disziplinieren Sie Ihre Mitarbeiter

Deutsche Führungskräfte nehmen pro Jahr an 559 Besprechungen teil! Geht es Ihnen genauso? Und wie viele ungeplante, unvorbereitete Gespräche kommen im Tagesgeschäft noch dazu?

Besprechungen effektiver gestalten

Konzentrieren Sie Ihre Besprechungen und reduzieren Sie Ihre ungeplanten Gespräche, indem Sie dafür folgende Regeln festlegen:
- Lassen Sie keine Besprechung ohne Vorlage einer Tagesordnung zu.
- Prüfen Sie für jeden Punkt der Tagesordnung, ob dafür überhaupt eine Besprechung notwendig ist.
- Muss jeder der Teilnehmer bei allen Punkten dabei sein? Verlegen Sie Themen, die nicht für alle relevant sind, an den Beginn oder das Ende der Besprechung.
- Verändern Sie den Blickwinkel. Beenden Sie erhitzte Diskussionen, indem Sie den magischen Satz verwenden: *„Wie es nicht geht, wissen wir inzwischen alle. Suchen wir jetzt nach einer funktionierenden Lösung."*

Wenn ein Mitarbeiter mit einem dringlichen Problem zu Ihnen kommt, hören Sie ihm erst zu, wenn er den Fall wie folgt vorbereitet hat:
- Problembeschreibung
- bisherige Lösung
- sein Lösungsvorschlag
- mögliche Alternativen
- Vor- und Nachteile

Nehmen Sie keine Gespräche ohne Problembeschreibung und Lösungsvorschläge mehr an

Nehmen Sie keine Gespräche ohne Problembeschreibung und Lösungsvorschläge mehr an. Das trainiert Ihre Mitarbeiter, eigenständig zu denken und entlastet Ihr persönliches Zeitkonto.

Solange die Mitarbeiter das Verfahren noch nicht gewohnt sind, akzeptieren Sie das Gespräch nur, wenn die Fallbeschreibung schriftlich vorliegt – und nur dann, wenn der Umfang eine DIN-A4 Seite nicht überschreitet.

3. Disziplinieren Sie Ihre Informationsaufnahme

Sie müssen nicht alles lesen, was auf Ihrem Schreibtisch landet. Niemand zwingt Sie, alles zu beantworten, was Sie gefragt werden. Vernachlässigen Sie bewusst alle Informationen über die Dinge, die Sie nicht ändern können oder wollen. Verbringen Sie Ihre kostbare Zeit damit, Ihr Informationsverhalten auf Ihre Strategie auszurichten oder noch deutlicher:

- Schalten Sie aktiv Informationen aus!
- Streichen Sie die Hälfte der Zeitschriften, Bücher, Briefe, Kataloge und Werbeaussendungen aus Ihrer Informationsaufnahme.
- Schalten Sie das Radio ab oder tauschen seichte Musik während der Autofahrt gegen Hörbücher zu Zeitmanagement oder Verkaufstraining.
- Halbieren Sie Ihren Fernsehkonsum und nutzen die Zeit, um konzentriert an Ihrer Effizienzsteigerung zu arbeiten.
- Lesen Sie Bücher und Zeitschriften nicht von vorne nach hinten, sondern überfliegen erst das Inhalts- und Stichwortverzeichnis und entscheiden dann bewusst, was wichtig ist.
- Lesen Sie mit einem Stift und unterstreichen wichtige Passagen. Wenn Sie nichts unterstrichen haben, ist auch nichts lesenswert. Oder lesen Sie mit einer Rasierklinge, schneiden wichtige Artikel aus. Die verbleibenden Torsi stapeln Sie jahrgangsweise. Zeitschriften, die Sie ein Jahr nicht angerührt haben, können verschwinden – aus Ihrem Büro und aus Ihrem Gedächtnis.

Sie müssen nicht alles lesen, was auf Ihrem Schreibtisch landet

4. Setzen Sie sich ein Ziel und beginnen sofort mit der Umsetzung

Formulieren Sie Ihr Produktivitätsziel: Um wie viel Prozent möchten Sie in den nächsten zwölf Monaten Ihren Gewinn steigern? Um fünfzehn, zwanzig, dreißig oder mehr Prozent? Rechnen Sie den Prozentsatz in einen absoluten Betrag um.

Planen Sie nun Ihr persönliches Engagement. Angenommen, Sie investieren jeden Arbeitstag eine Stunde, in den nächsten zwölf Monaten rund 220 Stunden. Teilen Sie nun Ihren geplanten Zusatzgewinn durch diese Stunden. Ist das für Sie attraktiv? Um wie viel lohnenswerter wird es, wenn Sie bedenken, dass die Gewinnsteigerung sich auch ohne weiteres Engagement zu mindestens 50 Prozent im Folgejahr fortsetzen wird?

Doch mit jedem Tag, um den Sie das Projekt schon vor Beginn verschieben, sinkt die statistische Umsetzungswahrscheinlichkeit um 30 Prozent. Schließen Sie deshalb jetzt sofort mit sich selbst folgenden Vertrag:

Einen Vertrag mit sich selbst schließen

Ich investiere ab heute .... Stunden pro Woche für die Arbeit an meinem Geschäft und steigere damit den Gewinn binnen 12 Monaten um .... Prozent.

Ich habe die ersten 21 Termine für das Projekt „versteckte Ressourcen mobilisieren" in meinen Terminkalender eingetragen und verpflichte mich, diese wahrzunehmen.

....
Ort und Datum   Unterschrift

2   Das magische Quadrat: Die vier Basics des materiellen Erfolgs

In der Theorie klingt es immer ganz einfach. Wir ermitteln den Gewinn eines Geschäfts, indem wir die dazugehörigen Kosten vom Verkaufspreis abziehen. Wenn wir alle Umsätze des Unternehmens um die Kosten bereinigen, erhalten wir den Unternehmensgewinn. Damit bieten sich gleich zwei klassische Hebel, um den Erfolg zu steigern: Wir können die Kosten reduzieren und den Umsatz ausweiten.

Zwei klassische Hebel, um den Erfolg zu steigern: Kostenreduktion und Umsatzsteigerung

Doch in der Praxis zeigt sich, dass singuläre Maßnahmen wie kurzfristige Umsatzsteigerungs-Programme oder gewaltsame Kostenreduzierungen wie bei einer schlechten Diät zu einem Jojo-Effekt führen: Der Gewinn zieht kurzfristig an und bricht dann ein.

Denn wenn ein Verkäufer nur auf Umsatzsteigerungen getrimmt wird, nimmt er jedes Geschäft an. Koste es, was es wolle. Das Unternehmen verzettelt sich und verliert seine Marktfokussierung. Durch zusätzlich gewährte Rabatte geht die spärliche Marge ganz verloren und bei Großkunden werden zu Niedrigstpreisen Kapazitäten gebunden, die dadurch für wirklich profitable Geschäfte nicht mehr zur Verfügung stehen.

Und übereilte Kostenkürzungen nach der Rasenmäher-Methode befriedigen nur den Aktionsdrang. Denn dabei wird nicht zwischen guten und schlechten Kosten differenziert, die Entscheidungen stammen aus buchhalterischen Zahlenfriedhöfen, die nur wenig über Prozessvereinfachungen und wirkliche Produktivitätsreserven aussagen. Wen wundert es, wenn ein Unternehmen nach einer Halbierung der Vertriebs- und Marketingkosten einen weiteren Umsatzeinbruch erlebt. Und wenn ein Teilmarkt trotzdem plötzlich boomen sollte, kann das Unternehmen daran nicht teilhaben, weil genau dieser Bereich aufgrund des geringen Umsatzes geschlossen wurde. Dumm, dass neue Produkte in der Anlaufphase mehr Kosten als Umsatz produzieren und damit auf jeder Streichliste ganz oben stehen.

Die Vision des Unternehmens und den besonderen Kundennutzen, den es bietet, berücksichtigen

Um den Unternehmenserfolg nachhaltig zu sichern, gilt es, eine weitere Stellschraube zu berücksichtigen: das Selbstverständnis des Unternehmens, seine Vision des besonderen Nutzens, den die Firma ihren Kunden bietet sowie die Strategie, mit der diese Vision realisiert werden soll. Nur wenn Kostenreduzierung und Ertragssteigerung in einer strategiekonformen Art ausgeführt werden, bewegt sich das Unternehmen auch auf seine Zielmärkte und Kunden zu, steigert seine Überlebens- und Wettbewerbsfähigkeit und legt den Grundstein für eine nachhaltige Gewinnsteigerung.

Doch gerade die Erfahrung der letzten Jahre mit immer neuen Management-Gurus und visionären High-Tech-Unternehmen lehrt, dass die Konzentration auf Visionen allzu leicht zu einem Höhenrausch führen kann. Unternehmer und Unternehmen verlieren den Boden unter den Füßen, wenn sie sich ganz auf neue, weltumspannende Visionen konzentrieren, das bestehende Geschäft vernachlässigen oder gar verkaufen und auf der Jagd nach dem Heiligen Gral unverantwortliche Risiken eingehen.

Es ist richtig, dass in der Formel 1 nur gewinnt, wer konsequent am Limit fährt. Wer allerdings sein Limit nicht kennt und diese Grenze überschreitet, provoziert den Totalausfall. Wer sich auf ein Pokerspiel einlässt, ohne sich Grenzen zu setzen, riskiert, als armer Mann heimzukehren. Und wer beim Zusammenbruch des Neuen Marktes sein gesamtes Vermögen in High-Tech-Aktien investiert hatte, kann sehr plastisch über die Auswirkungen eines fehlendes Risikomanagements berichten.

Wirklich erfolgreiche Unternehmen haben deshalb immer ein viertes As im Ärmel: das aktive Risikomanagement. Professionelles Risikomanagement bedeutet, sich der einzugehenden Risiken bewusst zu werden. Wer seine Verlustmöglichkeiten und deren Eintrittswahrscheinlichkeit kennt und bei seinen Entscheidungen berücksichtigt, bleibt länger am Markt, optimiert sein Chancen-Risiko-Profil und sichert schon erreichte Positionen und Vermögenswerte ab. *Aktives Risikomanagement betreiben*

Diese vier Ziele bilden die grundlegenden Basics des materiellen Erfolgs: *Die vier grundlegenden Faktoren des Erfolgs*
- Visionen realisieren
- Erträge steigern
- Kosten reduzieren
- Risiken minimieren

Keiner der genannten Punkte kann für sich eine langfristige Erfolgssteigerung garantieren. Erst die parallele Verfolgung aller vier Erfolgsfaktoren führt zu einem nachhaltigen Gewinnanstieg.

Wie bei einem guten Essen, dessen Zutaten allgemein bekannt sind, liegt der eigentliche Erfolg in der richtigen Dosierung und Abstimmung der verschiedenen Zutaten. Wer nur konsequent seinen Visionen nachstrebt, verdrängt oft genug die dabei einzugehenden Risiken und wer seine Ertragsziele durch Umsatzsteigerung erreichen will, baut häufig einen Kostenberg auf.

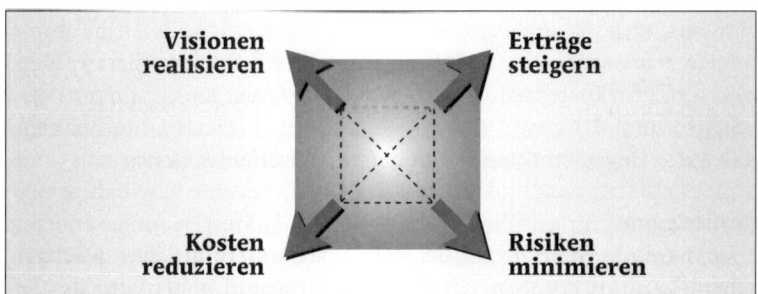

Abb. 2.1: Die vier Basics des materiellen Erfolgs

Stellen Sie sich den Gesamterfolg Ihres Unternehmens als die Fläche eines Vierecks vor, dessen beiden oberen Ecken die Ziele *„Vision realisieren"* und *„Erträge steigern"* symbolisieren. Die beiden unteren Ecken stehen für die Ziele *„Kosten reduzieren"* und *„Risiken minimieren"*. Jede Ecke bildet eine Stellschraube Ihres Erfolgs.

Wenn Sie an der Kostenschraube drehen, ziehen Sie die Ecke mit den Kosten nach unten – und weiten so Ihre Erfolgsfläche aus. Oder Sie ergreifen Maßnahmen zur Ertragssteigerung. In diesem Fall weiten Sie Ihre Erfolgsfläche nach oben aus. In der Praxis werden Sie allerdings feststellen, dass die Stellschrauben über unsichtbare Fäden miteinander verbunden sind. Wenn Sie einen der Faktoren verändern, ohne die Auswirkungen auf die anderen Eckpunkte zu berücksichtigen, wird das Ergebnis nicht Ihren Erwartungen entsprechen und möglicherweise sogar zu einer Verschlechterung der Gesamtsituation führen.

Wer sich beispielsweise nur auf seine Visionen konzentriert, vernachlässigt die sich daraus ergebenden Risiken. Schlimmer noch, wenn die neue Vision nicht mit den bestehenden Strukturen abgestimmt ist. Veränderung um der Veränderung willen führt nicht zu mehr, sondern zu weniger Erfolg. Andere fokussieren Umsatzwachstum um jeden Preis, investieren in Marketing, Werbung und Vertrieb. Während so die Kosten steigen, weicht der Außendienstmitarbeiter dem hohen innerbetrieblichen Druck durch die Gewährung von hohen Nachlässen aus – so werden zwar Marktanteile gewonnen, aber Margen verloren. Wieder andere möchten nur das Erreichte bewahren, nur keine Risiken eingehen. Damit bleiben Marktchancen ungenutzt, die Einzigartigkeit lässt nach, der Wettbewerb holt auf, die Erträge gehen zurück.

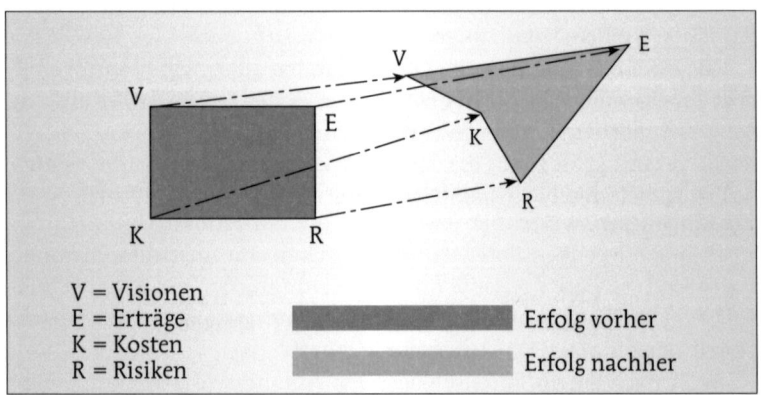

Abb. 2.2:   Ungezielte Fokussierung auf einzelne Erfolgsfaktoren

Es gilt deshalb, für jede Entscheidung die Auswirkungen auf die anderen Eckpunkte zu prüfen. Je ausgewogener Sie die Gesamtfläche des magischen Quadrats erhöhen, desto nachhaltiger und höher wird Ihr Gewinnanstieg sein.

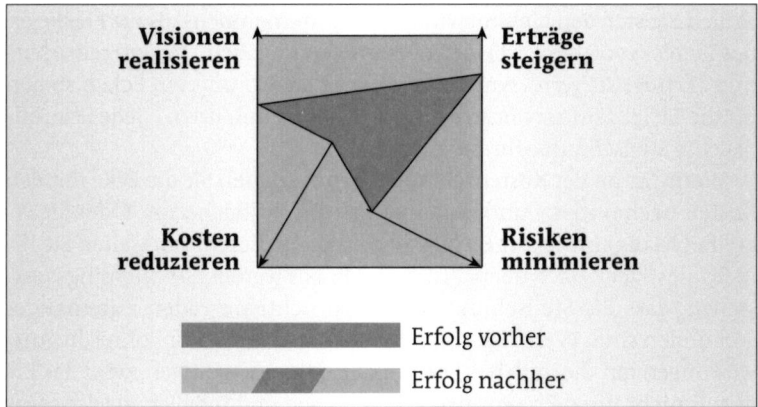

Abb. 2.3: *Schritt eins – brachliegende Potenziale identifizieren und gezielt heben*

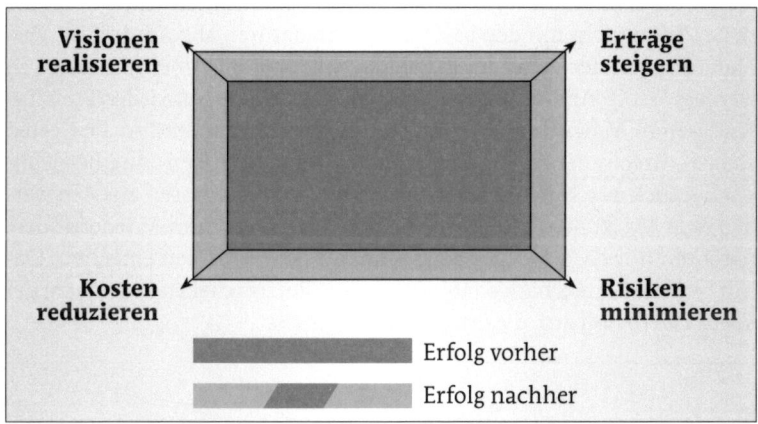

Abb. 2.4: *Schritt zwei – gleichmäßige regelmäßige Leistungssteigerung durch gleichmäßige Ausdehnung aller Erfolgsfaktoren*

Die folgenden Kapitel behandeln die vier Erfolgsfaktoren im Einzelnen. Ein Eingangstest wird Ihnen jeweils die Höhe des in Ihrem Unternehmen noch brachliegenden Potenzials signalisieren. Im Anschluss daran erhalten Sie erprobte Konzepte und Ideen zum Ausbau des jeweiligen Erfolgsfaktors. Die abschließenden Aktionspläne und Checklisten erleichtern Ihnen die praktische Umsetzung.

Auch nach einem durchschlagenden Anfangserfolg können Sie die geschilderten Methoden zu einer regelmäßigen Leistungssteigerung heranziehen und so die Effizienz und Wettbewerbsfähigkeit Ihres Unternehmens sichern.

Teil II

Die Macht der Vision richtig nutzen

Sie laufen durch den Wald und treffen auf einen Mann, der fieberhaft daran arbeitet, einen Baum abzusägen.

„Was machen Sie da?", fragen Sie.

„Das sehen Sie doch", antwortet er ungeduldig. „Ich säge an diesem Baum."

„Sie sehen aber ziemlich erschöpft aus! Wie lange sind Sie denn schon zugange?"

„Über fünf Stunden!", sagt er, „und ich bin k. o.! Dies ist harte Arbeit."

„Warum machen Sie dann nicht ein paar Minuten Pause und schärfen die Säge neu? Ich bin sicher, dass es dann viel schneller ginge."

„Ich habe keine Zeit, die Säge zu schärfen", sagt der Mann apathisch. „Ich bin zu sehr mit dem Sägen beschäftigt."

Stephen R. Covey

1 Test: Bringen Sie die Kraft Ihrer Vision auf die Straße?

1.1 Führen Sie mit Visionen?

	nein	Ansätze vorhanden	im Prinzip ja	ja
Haben Sie ein schriftliches Leitbild, auch Unternehmensvision oder Mission-Statement genannt?	❏	❏	❏	❏
Können Ihre drei größten Kunden das Besondere Ihres Unternehmens wiedergeben?	❏	❏	❏	❏
Kann jeder Mitarbeiter Ihre Unternehmensvision erläutern?	❏	❏	❏	❏
Kennen Sie die Einschätzung Ihrer Kunden zum Preis-/Leistungsverhältnis Ihrer Produkte?	❏	❏	❏	❏
Spüren Sie bei Ihren Mitarbeitern und/oder Geschäftspartnern Leidenschaft, wenn es um Ihr Unternehmen geht?	❏	❏	❏	❏
Kennen Sie Ihren strategischen Engpass?	❏	❏	❏	❏
Multiplikator	0	1	3	5
Ergebnis				

1.2 Nutzen Sie die Hebelwirkung einer guten Strategie?

	nein	Ansätze vorhanden	im Prinzip ja	ja
Arbeiten Sie mehr als 10 Stunden pro Tag?	❏	❏	❏	❏
Fühlen Sie sich ausgelaugt, so als ob Sie ständig gegen den Strom schwimmen würden?	❏	❏	❏	❏
Gibt es in Ihrem Unternehmen eine schriftlich niedergelegte Strategie?	❏	❏	❏	❏
Haben Sie in den letzten vier Wochen Ihre Jahresziele und -strategien rekapituliert und überprüft?	❏	❏	❏	❏
Hat jeder Ihrer Mitarbeiter in der letzten Woche einen Beitrag zur Umsetzung Ihrer Strategie beigetragen?	❏	❏	❏	❏

	nein	Ansätze vorhanden	im Prinzip ja	ja
Umfasst Ihre Strategie Maßnahmen, die Sie bisher noch nie ausprobiert haben?	❏	❏	❏	❏
Sind Sie sich darüber im Klaren, auf welchen Glaubenssätzen (Annahmen) Ihre Strategie basiert?	❏	❏	❏	❏
Haben Sie einen Plan, der sicherstellt, dass Ihr Unternehmen nachhaltig einen ausreichenden Gewinn produziert?	❏	❏	❏	❏
Multiplikator	0	1	3	5
Ergebnis				

1.3 Arbeiten Ihre Mitarbeiter in die richtige Richtung?

	nein	Ansätze vorhanden	im Prinzip ja	ja
Gibt es zu jedem Ziel eine Strategie und eine einfache Messgröße zur Zielerreichung?	❏	❏	❏	❏
Kann jeder Mitarbeiter Ihre Unternehmensziele erläutern?	❏	❏	❏	❏
Kennt jeder Mitarbeiter den Beitrag, den er zum Erfolg Ihres Unternehmens beitragen soll?	❏	❏	❏	❏
Existiert ein Mechanismus, mit dem regelmäßig der Grad der Zielerreichung überprüft wird?	❏	❏	❏	❏
Multiplikator	0	1	3	5
Ergebnis				

0 bis 35 Punkte

Halt! Sie fahren mit angezogener Handbremse – möglicherweise sogar in die falsche Richtung. Ein schwacher Trost mag sein, dass Sie nicht alleine sind. Lesen Sie die Aussagen einiger Leidensgenossen:

„Ich weiß nicht mehr weiter. Ich habe viele Leute entlassen, unsere laufenden Kosten reduziert und alle Kreditlinien ausgeschöpft. Meine verbleibenden Mitarbeiter stehen zu mir und arbeiten bis zum Umfallen - aber der Umsatz stagniert nicht nur, nein, er fällt immer weiter."

„Ich vergesse nie den ersten Tag als Unternehmer. Stolz und freudig wie ein Kind lief ich in meinem kleinen Büro umher. Heute dagegen besteht mein Arbeitstag nur noch aus Sorgen. Ich fühle ich mich ausgelaugt. Anstatt mich auf die Arbeit zu freuen, fühle ich eine ständige Müdigkeit und Erschöpfung. Dreizehn Stunden am Tag sind einfach zu viel."

Halt! Sie fahren mit angezogener Handbremse – möglicherweise sogar in die falsche Richtung

Steigen Sie sofort aus dem Hamsterrad aus, schließen die Tür ab, schalten das Telefon aus und lehnen sich zurück. Ziehen Sie den Joker: Heben Sie eine bisher von Ihnen völlig ungenutzte Ressource, die magische Kraft eines gemeinsamen Leitbildes. Damit aktivieren Sie ungeahnte Kräfte. Setzen Sie auf eine intelligente Strategie, bündeln damit alle vorhandenen Kräfte und entzünden wie in einem Brennglas eine neue, ergiebige Energiequelle für Ihr Unternehmen.

36 bis 65 Punkte

Sie haben die Bedeutung von Visionen und Zielen erkannt

Sie haben die Bedeutung von Visionen und Zielen erkannt. Für die ISO-Zertifizierung haben Sie ein Leitbild entworfen, welches sogar in den Büros aushängt. Jedes Jahr erstellen Sie für jeden Geschäftsbereich einen Plan und budgetieren die Kosten. Und doch spüren Sie vermutlich selbst, irgend etwas fehlt noch. Oder wie es einer Ihrer Kollegen ausdrückte:

„Ich habe irgendwie eine Vorstellung von dem, was ich in sieben Jahren erreichen möchte. Ich erstelle jedes Jahr meine Ziele, notiere monatlich die zur Erreichung notwendigen Aktivitäten und analysiere die vom Steuerberater gelieferten Zahlen. Und doch, wenn ich vom Betriebsergebnis mein früheres Gehalt als Angestellter abziehe, bleibt nichts übrig. Das kann es doch nicht gewesen sein.“

Stimmt. Als Unternehmer haben Sie ein Anrecht auf einen angemessenen Gewinn. Aber durch das veränderte wirtschaftliche Umfeld reicht die klassische Unternehmensführung über Budgetierung und Zahlenoptimierung dazu nicht mehr aus. In rezessiven Branchen steigert nur noch jeder siebte Betrieb regelmäßig Ertrag und Gewinn. Und erreicht dieses durch eine klare Vision, eine bessere Strategie und die richtige Ausführung. Nutzen Sie also die gute Ausgangsbasis, optimieren mit den nachfolgenden Tipps Ihre diesbezüglichen Aktivitäten und sichern sich einen Wettbewerbsvorteil.

66 bis 90 Punkte

Gratuliere. Sie nutzen jetzt schon die Kraft von Visionen, Strategien und Zielen

Gratuliere. Sie nutzen jetzt schon die Kraft von Visionen, Strategien und Zielen. Wenn Sie mit Unternehmensergebnis und -entwicklung zufrieden sind, überspringen Sie das Kapitel. Ansonsten prüfen Sie doch einfach, ob sie nicht doch hier und da ein paar Ideen zur Optimierung mitnehmen können.

2 Die Vision verleiht Ihrem Geschäft Flügel

„Die meisten Führungskräfte zögern, ihre Leute mit dem Ball laufen zu lassen. Aber es ist erstaunlich, wie schnell ein informierter und motivierter Mensch laufen kann."

Lee Iacocca

John F. Kennedy, Martin Luther King und Winston Churchill kannten das Geheimnis, wie man Menschen bewegt. Der amerikanische Management-Guru Tom Peters nennt es den „WOW!-Effekt". Und Sie können es spüren, wenn Sie Sport- oder Musikfans während einer Veranstaltung beobachten. Sobald Gefühle ins Spiel kommen, werden freiwillig ungeahnte Kräfte mobilisiert. Leidenschaft geht direkt ins Unterbewusstsein, motiviert viel mehr als Geld und gute Worte. Und im Erfolgsfall sorgt die Leidenschaft dafür, dass Glückshormone ausgeschüttet werden. Leidenschaft ermöglicht eine tief gehende Befriedigung.

Deshalb müssen gute Visionen unter die Haut gehen und begeistern. Allerdings, Begeisterung alleine reicht nicht aus. Die so freigesetzte Energie muss in die richtigen Kanäle geleitet werden. 90 Prozent seiner Zeit arbeitet und entscheidet ein Angestellter eigenständig. Wenn er versteht, warum er diese Arbeit ausführt, wird er auch den Rest in Eigensteuerung übernehmen. Wenn er die Bedeutung seiner Aufgabe bei der Realisierung dieser Vision wahrnimmt und dabei „Blut leckt", wird er vom Angestellten zum Mitarbeiter, vom Gehaltsempfänger zum Teamspieler. Die Vision gibt ihm dabei die Richtung vor. Wie eine unsichtbare Leine, welche die Energien aller Mitarbeiter ausrichtet und die geballten Kräfte wie in einem Brennglas auf das gemeinsame Ziel fokussiert.

Die Energie in die richtigen Kanäle leiten

Indem Sie jedem Mitarbeiter eine klare Vorstellung davon geben, warum es das Unternehmen gibt und wohin es sich entwickeln wird, unterstützen Sie selbstständiges, zielbezogenes Arbeiten. Gleichzeitig bieten Sie eine Lösung für die Sinnfrage, die Frage, die den Menschen beschäftigt, wenn seine Grundbedürfnisse befriedigt sind. Durch die richtige Vision wird er vom Zimmermann zum Schiffsbauer, vom Seemann zum Entdecker und vom Arbeitnehmer zum gedanklichen Teilhaber an dem Projekt, die Welt nach der Vision zu gestalten.

Die Teilhabe an den Unternehmenszielen fördert das selbstständige Arbeiten der Mitarbeiter

Mit zwei einfachen Sätzen zeigt beispielsweise der Schweizer Konzern Hıltı seinen Mitarbeitern, wohin die Reise geht:

„Hilti ist weltweit der Partner für den Profi am Bau. Mit technologisch führenden Produkten und Systemen steigert Hilti die Produktivität seiner Kunden."

Wird die Vision in einem Slogan zusammengefasst, strahlt sie über die Mitarbeiter hinaus auf Kunden und andere Geschäftspartner aus. Der Slogan hämmert allen Beteiligten in einem Satz ein, wofür das Unter-

nehmen steht und besetzt so wichtige Positionen in den Köpfen. Ein paar
Beispiele international agierender Unternehmen:
- *Vorsprung durch Technik* (AUDI)
- *Connecting People* (NOKIA)
- *Wir geben der Normalbevölkerung die Chance, die gleichen Dinge zu kau-
  fen wie wohlhabende Menschen* (WALMART)
- *Für eine saubere Welt* (KÄRCHER Reinigungsgeräte)
- *Billiger* (LIDL)

Doch auch mittelständische Unternehmen fassen ihre Visionen in Slo-
gans zusammen:
- *Menschen helfen, mit ihrer Zeit umzugehen* (TEMPUS Verlag)
- *Was auch immer Sie bewegen möchten* (SCHOLPP Systemdienstleister)
- *Ihr aktiver Verkaufsberater für angewandte Verkaufsförderung* (VKF
  RENZEL Versandhandel)

Sinnvoll gerade für kleinere Gerade kleinere Unternehmen können durch die klare Fokussierung auf
Unternehmen: Fokussie- eine Vision und deren Umsetzung nicht nur überleben, sondern sogar
rung auf eine Vision neue Märkte schaffen.

So gründete Professor Faltin 1985 in Berlin aus der Universität heraus
die PROJEKTWERKSTATT TEEKAMPAGNE. Dieses Unternehmen konnte
durch die Konzentration auf die Vision, qualitativ hochwertigen Tee zu
einem exzellenten Preis-/Leistungsverhältnis anzubieten, inzwischen
mehr als 140.000 Kunden gewinnen. 2003 wurden rund 420.000 kg
Darjeeling Tee verkauft, zu 90 Prozent in 1-kg-Großpackungen. Die Firma entwickelte sich zum größten Teeversandhaus in der Bundesrepublik
und ist inzwischen sogar weltweit größter Importeur von Darjeeling Tee.
Die Teekampagne verkauft nur eine einzige Teesorte, Darjeeling, statt eines breiten Sortiments. Der Tee ist nicht überall und jederzeit verfügbar.
Um Verpackungsmaterial zu sparen, werden nur Großpackungen verwendet. Der Käufer kann so selbst Vorrat halten und muss die Lagerhaltung der Händler nicht teuer bezahlen. Die durch diese Strategie einge-
sparten Kosten werden als Preisvorteil an die Kunden weitergegeben.

Zeithorizont von Damit eine solche Vision ihre volle Wirkung entfalten kann, sollte sie
5 bis 10 Jahren auf einen Zeithorizont von 5 bis 10 Jahren angelegt werden. Wirklicher
Erfolg benötigt seine Zeit. Die meisten wirtschaftlichen Misserfolge beruhen auf hektischem Aktionismus, auf dem Versuch, schnellstmöglich
einen Markterfolg unter Einsatz aller vorhandenen Mittel zu erzwingen.
Doch der Einsatz noch so vieler Mittel kann das strategische Denken
nicht ersetzen, den Erfolg nicht garantieren. Es geht nicht um den Sieg
beim 100-Meterlauf, sondern um einen permanenten, dauerhaften Ma-
rathon. Wer nach 100 Metern seine Reserven erschöpft hat, bleibt garantiert auf der Strecke.

Viele Praktiker kritisieren Unternehmensvisionen als ein Spielzeug
für Träumer und bemängeln den mangelnden Realitätsbezug. Manche
verteufeln Visionen sogar als emotionales Doping mit kurzfristig eupho-

risierender, aber anschließend demoralisierender Wirkung. Zum Teil liegen diese Kritiker richtig. Wenn Visionen nichts mehr mit den Unternehmen zu tun haben und nur austauschbare Allmächtigkeitsansprüche bieten, wenn noch der kleinste Anbieter seine Führerschaft in einem weltweit agierenden Markt anstrebt, dann löst sich die Macht der Vision auf.

Denn der Turbolader Vision funktioniert nur, wenn diese in realistischem Bezug zur aktuellen Situation des Unternehmens und seines Umfeldes entwickelt wurde. Wieso muss ein Unternehmen immer gleich Weltmarktführer werden? Gibt es nicht genügend Nischen und Positionen vor Ort? Ein dem negativen Branchentrend erfolgreich trotzender Heizungsbauer drückt sein Erfolgskonzept so aus:

Realistischen Bezug zur aktuellen Situation des Unternehmens wahren

„Wir sind der führende Heizungsbauer in unserem Ort und stehen unseren Kunden binnen 15 Minuten nach der Meldung eines Notfalls zur Verfügung. Wir sorgen für die schnelle und reibungslose Behebung der Störung und koordinieren die Leistungen aller vom Kunden benötigten Gewerke. "

2.1 Das Erfolgs-Triumvirat: Vision, Strategie und Zielsystem

Doch die Entwicklung einer Vision reicht nicht aus. Sie müssen der Vision schon zwei zupackende Helfer zur Seite stellen, um ihre Kraft auf die Straße zu bringen. Integrieren Sie Ihre Vision in ein umfassendes Zielsystem. Dadurch visualisieren und quantifizieren Sie den Begriff Erfolg. Unternehmensziele, die auf die Vision abgestimmt sind, bilden einen Autopiloten, der Unternehmen, Unternehmer und Mitarbeiter durch regelmäßigen Soll-/Ist-Abgleich zum geplanten Erfolg steuert.

Die Vision in ein umfassendes Zielsystem integrieren

Aber viele Wege führen nach Rom und hier gilt es, die passende Strategie zu entwickeln. Wer sich ohne Nachdenken für die schnelle Autobahn entscheidet, obwohl die finanziellen Reserven weder für die Gebühren noch für den Mehrverbrauch an Treibstoff reichen, wird den Rest des Weges zu Fuß gehen müssen. Deshalb gilt es, die verschiedenen Handlungsalternativen zu Vision und Zielen zu erarbeiten. Nur wer möglichst viele Alternativen entwickelt, diese auf eine ehrliche Einschätzung seiner Ressourcen hin überprüft und gewichtet, findet den optimalen Weg zum Erfolg.

Vision, Zielsystem und Umsetzungsstrategie bilden daher das strategische Erfolgs-Triumvirat. Die richtige Entwicklung und Anwendung dieses Dreigestirns sorgt für die Konzentration aller vorhandenen Ressourcen auf den optimalen Punkt und damit für eine nachhaltige Steigerung des Unternehmensergebnisses.

Konzentration aller vorhandenen Ressourcen auf den optimalen Punkt

Um ein solches Erfolgs-Triumvirat zu entwickeln, spüren Sie zum Einstieg Ihren bisherigen Wurzeln und unausgesprochenen Visionen und Träu-

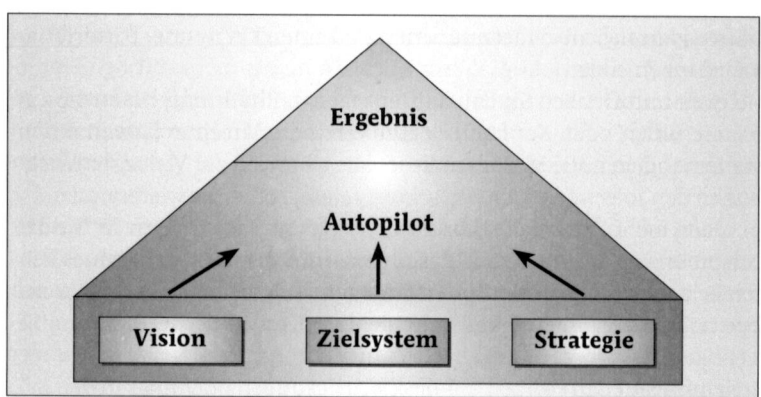

Abb. 2.1: Das strategische Erfolgs-Triumvirat

men nach und entwickeln erste Ideen einer eigenen Vision. Dann analysieren Sie Ihr Unternehmen, Ihre Produkte sowie Märkte. Anschließend prüfen Sie in unserem Strategie-Werkzeugkasten (siehe Kap. 3.1), welche strategischen Alternativen zu Ihrem Unternehmen passen könnten. Sie erhalten dadurch ein Gefühl für die mögliche Dimension Ihrer Unternehmensziele. Nun legen Sie Ihre langfristigen Ziele fest und fixieren diese Vorstellungen in einer konkreten Vision. Zielsystem und Unternehmensvision bieten Ihnen dann den Korridor, um in der zweiten Runde die richtige Strategie auszuwählen und zu konkretisieren.

Strategische Alternativen entwicklen

Falls Ihnen der Einstieg in die Träume und Visionen schwer fällt, stehen Sie nicht alleine da. Durch die langjährige, immer gleichartige kaufmännische Belastung im Tagesgeschäft geht uns die Kunst zu träumen verloren. Das Übergewicht der rationalen Gehirnhälfte blockiert in diesem Fall den Zugang zur emotionalen Kreativität. Wer dann mit Gewalt versucht, Visionen und Ziele zu kreieren, findet sich entweder vor einem weißen Blatt wieder oder landet in den oben beschriebenen Allmachtsfantasien.

In der Praxis hat es sich deshalb bewährt, alle drei Komponenten des Erfolgs-Triumvirats abzuklopfen und nach dem ersten Durchlauf noch einmal von vorne zu beginnen. Kreative Menschen finden dabei sehr schnell eine Vision und benötigen mehr Kraft, Zeit und Unterstützung bei quantitativen Zielen und in der Umsetzungsstrategie.

Im Falle von Diskrepanzen zwischen Fähigkeiten, Ressourcen und Wünschen Visionen überdenken

Wenn sich dabei dann Diskrepanzen zwischen Fähigkeiten, Ressourcen und Wünschen ergeben, gilt es, noch einmal über die Visionen nachzudenken. Umgekehrt können rational orientierte Menschen die Fragen zur Visionsfindung im ersten Schritt als reines Warming-Up ansehen und sich dann mit Begeisterung auf die Analyse der Ist-Situation und die Strategiefindung konzentrieren. Wir beobachten immer wieder, dass die Anwendung von Strategiewerkzeugen zur Situationsbestimmung, zum Erkennen der eigenen Stärken und die Entwicklung von Handlungsalternativen auch bei rational orientierten Unternehmern und Führungskräften ganz nebenbei Ideen generiert und einen Katalysator für visionäre Gedanken bildet.

Leben und Denken Sie dabei Ihren eigenen Rhythmus, hören Sie auf Ihre Gefühle. Es gilt, Kopf und Herz zu vereinen. Mit einer Gewaltaktion ist niemandem gedient. Sollten Ihnen die Übungen zur Visionsentwicklung in den folgenden Kapiteln schwer fallen, gehen Sie weiter und nehmen sich mehr Zeit bei den klassischen Analyse-Tools. Wenn für Sie das Aufspüren von Grundwerten, das so genannte „Leitbild" auf Anhieb keinen Reiz ausstrahlt, spielen Sie erst mit den verschiedenen Strategiekonzepten. Dabei kommen Ihnen automatisch Ideen, in welche Richtung Sie gerne gehen würden.

Es gilt, Kopf und Herz zu vereinen

Kehren Sie doch einfach mit diesen Anregungen nochmals in den Bereich „Vision & Leitbild" zurück. Und nutzen in dieser zweiten Runde vor allem die Tipps aus dem Aktionsplan „In fünf Schritten von der Strategie zum Ergebnis" (siehe Kap. 4), um eine persönliche und machtvolle Vision zu entwickeln.

Vier Augen sehen übrigens mehr als zwei. Wenn Sie das Unternehmen im Team führen, beziehen Sie Ihre Partner ein. Andernfalls holen Sie zwei oder drei Mitarbeiter dazu. Falls Ihnen das widerstrebt, nehmen Sie Ihre Lebensgefährtin dazu, einen befreundeten Unternehmer oder andere Menschen, denen Sie vertrauen. Natürlich können Sie den Prozess auch alleine durchführen. Wenn Sie sich aber dazu durchringen, die Brainstormings mit anderen Menschen gemeinsam durchzuführen, werden Sie von dem Umfang und der Qualität der Ergebnisse überrascht sein. Suchen Sie sich also Sparringspartner für Ihre Gedanken. Mindestens einen, maximal vier. Nehmen Sie sich für die Entwicklung „Auszeiten". Halten Sie sich also extra Termine frei. Oder würden Sie über eine Brücke gehen, die der Architekt geschwind zwischen zwei Telefonaten entwickelt hat?

Beziehen Sie Ihre Partner und Mitarbeiter ein

Widerstehen Sie dem Vorurteil, der Begriff Brainstorming komme aus der Werbebranche und sei das Synonym für verrauchte, whiskeygetränkte Nächte. Natürlich dürfen Sie auch mal abends diskutieren. Aber nicht nur, und nicht nur nach einem erschöpfenden Tag. Für eine Strategie-Tagung dürfen Sie durchaus auch Hotelkosten geltend machen und zwischendrin eine Runde Tennis spielen oder eine ausgedehnte Bergwanderung unternehmen. Denn Sie möchten ja Gipfel erklimmen und Bewegung löst nicht nur die Zunge, sondern auch die Gedanken.

Für die Umsetzung kann es von Vorteil sein, wenn das Team aus Mitarbeitern oder Führungskräften Ihrer Firma kommt. Wählen Sie dabei aber nicht nach dem Rang aus. Kombinieren Sie verschiedene Fähigkeiten: Erfahrung, Marktkenntnisse, Kreativität und in größeren Betrieben auch jemanden von der Basis. Einen mit dicken Fingern, der sich traut, den Mund aufzumachen. Allerdings bergen solche internen Sitzungen immer das Risiko ins Klagen abzusinken, sich wieder im Tagesgeschäft zu verlieren oder durch die betriebsinternen Scheuklappen den Zugang zu wirklichen Ideen zu blockieren.

Der Gefahr der Betriebs-
blindheit begegnen

Dieses Problem können Sie auf mehrere Arten umgehen. Ziehen Sie jemanden von der Werbeagentur oder Ihren Betriebsberater hinzu oder lassen das erste Treffen, den so genannten Kick-off-Workshop von einem Profi moderieren. Als preiswerte und sehr Erfolg versprechende Variante bietet sich ein Braintrust mit anderen Unternehmern an(siehe Tipp). Sollte keine der Möglichkeiten in Betracht kommen, ziehen Sie einfach jemanden mit einem gesunden Menschenverstand hinzu. Oft reicht es schon, Gedanken laut aussprechen zu können, um einen Schritt weiterzukommen.

Tipp: Bilden Sie einen Unternehmer-Braintrust

Als Alternative zum internen Team können Sie eine solche Entwicklungssitzung auch mit anderen Unternehmern abhalten. Bilden Sie mit einem oder mehreren Unternehmerkollegen einen Braintrust. Sie beraten Ihre Kollegen, diese beraten Sie. Sie werden staunen, wie sehr Gesprächspartner auf gleicher Augenhöhe die Vorstellungskraft erweitern.

Dabei ist es fast unerheblich, ob die Kollegen überhaupt aus der gleichen Branche kommen. Es gibt schließlich von der Einstellung her nur zwei Arten von Menschen: Unternehmer und Unterlasser. Anstatt sich die Kosten gegenseitig in Rechnung zu stellen, sprechen Sie abwechselnd über Ihre Betriebe. Ein solches Coaching auf Gegenseitigkeit kann Wunder bewirken.

Die Effekte können Sie auch nach Abschluss des Projekts Erfolgs-Triumvirat nutzen. Verabreden Sie sich regelmäßig zum Tennis, Joggen, Wandern oder einfach zum Mittagessen.

Sollten Sie bisher wenig Kontakte zu Unternehmern aus anderen Branchen haben, wenden Sie sich an die nächste Geschäftsstelle eines Unternehmerverbandes. Denn dort steht der Gedankenaustausch mit Gleichgesinnten im Vordergrund. Entsprechende Adressen und Links finden Sie im Anhang.

2.2　Welche Vision hätten Sie denn gern?

Sechs mögliche Themen-
bereiche als Kerninhalte
für strategische Visionen

Bevor Sie mit der Entwicklung Ihrer eigenen Vision starten, sollten Sie sich einen Überblick zu den möglichen Visionsarten verschaffen. Hermann Simon beispielsweise, Strategieberater und Entdecker der so genannten Hidden Champions, versteckt agierender mittelständischer Weltmarktführer, identifiziert sechs mögliche Themenbereiche als Kerninhalte für strategische Visionen.

In der Praxis allerdings zeigt erst eine Kombination der zum Unternehmen passenden Faktoren die optimale Wirkung. Deshalb werden wir

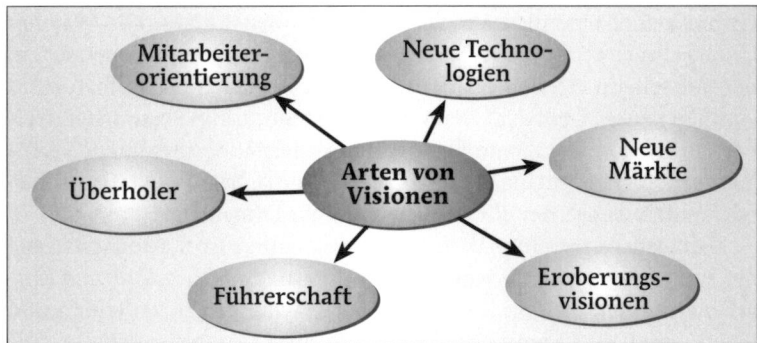

Abb. 2.2: Typisierung von Visionsinhalten nach Hermann Simon

nach einer Diskussion der einzelnen Visionsarten diese beispielhaft zu einem Mittelstandsvisions-Set verknüpfen.

1. Neue Technologien

In der Regel vermitteln technische Visionen einen geistigen Sprung, eine *„was wäre, wenn…"*-Vorstellung des zukünftigen Nutzens. Die internen Entwicklungskräfte werden durch die Vision auf ein technologisches Ziel fokussiert und der Kunde wird dazu gebracht, die technologische Revolution mit dem Unternehmen zu verbinden. Wer POLAROID hört, denkt an Sofortbild-Fotografie. Der Einsatz von Lasertechnologie in Werkzeugmaschinen wird von der Zielgruppe mit dem Namen Trumpf assoziiert. Der Begriff „googeln" wurde unlängst in den deutschen Duden als Synonym für Internet-Suche aufgenommen.

Doch Technologien können sich überholen oder durch andere Verfahren ersetzt werden. Und dann besteht die Gefahr, durch ein Festhalten an der Technologie die Veränderungen am Markt zu verpassen. So verloren sowohl POLAROID als auch KODAK durch den Boom der digitalen Fotografie gravierend Marktanteile. Außerdem geht in einem rein technologisch ausgerichteten Unternehmen schnell der Bezug zum Kunden verloren. Nicht mehr der größte Kundennutzen, sondern die neueste Technologie steht im Vordergrund. Und damit gerät man in die Gefahr, durch komplexe, erklärungsbedürftige oder gar unausgereifte Neuentwicklungen mehr Kunden zu verlieren als zu gewinnen.

Technologieverliebte Unternehmen können den Kontakt zu Markt und Kunden verlieren

2. Neue Märkte

Viele erfolgreiche Internetunternehmen haben sich aus diesem Grund nicht auf die Technologie, sondern auf die Entwicklung neuer Märkte konzentriert. AMAZON, EBAY und AOL boten ihren Kunden durch die neuartige Anwendung vorhandener Technologien konkrete Vorteile. Indem ihre Vision mit den Konventionen etablierter Märkte brach, schufen sie neue Märkte und verbanden deren Image mit dem eigenen Unternehmen.

Das Image neuer Märkte mit dem eigenen Unternehmen verbinden

Grundsätzlich birgt diese Visionsstrategie immense Potenziale. Welcher Unternehmer würde nicht gerne einen Markt schaffen und beherrschen, der mit seinem eigenen Namen verknüpft ist. Doch der Aufbau eines wirklich neuen, weltweit agierenden Marktes benötigt Ressourcen in einer Dimension, die einem klassischen Mittelständler nicht zur Verfügung stehen. Hier gilt die Vision von E.F. Schumachers *„small is beautiful"* oder anders gesagt, der Blick auf die passende Dimension.

Nicht jeder kann einen Weltmarkt umgestalten. Aber, wie das Beispiel der TEEKAMPAGNE zeigt, kann auch ein Unternehmen mit fünfzehn Mitarbeitern durch die Idee, den Tee in 1 kg Packungen zu verkaufen und dem Kunden die Lagerung zu überlassen, eine Marktführerschaft erringen.

3. Eroberungsvisionen

Noch bevor es Unternehmen gab, setzten die Eroberungsvisionen machtlüsterner Heerführer Menschenmassen in Bewegung. Kaiser, Könige und Generäle nutzten die Faszination, die aus der Kombination von Entdecken, Kämpfen, Siegen und Beherrschen ausgeht. Diese im Unterbewusstsein verankerten Urinstinkte können durch passende Formulierungen aktiviert werden und damit Expansionsplänen zu mehr Durchschlagskraft zu verhelfen.

Ein moralischer Überbau legitimiert neue Ideen

Eine weitere Steigerung wird erreicht, wenn die Eroberungsvision mit einem ethisch begründeten, möglichst überlegenen Motiv begründet wird. Seit Jahrtausenden nutzen Religionen und Sekten die Macht eines moralischen Überbaus und rufen Kreuzzüge oder Missionsbewegungen aus. Solche moralisch „legitimierten" Kampagnen zeigen ihre Kraft durch exponentielles Wachstum. Wie bei einer Virusinfektion verbreitet sich eine überzeugende Idee auf jeden neuen Kunden. Aus Überzeugung „infiziert" dieser dann weitere Kontakte, aus dem Schneeball wird eine Lawine. Ein vom moralischen Kern der Unternehmensvision überzeugter Kunde wird nicht nur Fan, sondern Fanatiker und trägt die Geschäftsidee viel schneller, überzeugender und preiswerter weiter als jede konventionelle Werbekampagne.

Fingerspitzengefühl erforderlich

Doch der Umgang mit Eroberungsvisionen erfordert Fingerspitzengefühl. Mitarbeiter und Kunden durchschauen schnell, wenn das Unternehmen sich nicht authentisch verhält. Wenn moralischer Anspruch und Wirklichkeit auseinander klaffen, verliert die Vision ihre Wirkung oder wird gar zur Belastung. Der gleiche Effekt tritt auf, wenn bei den Zielen zu hoch gegriffen wurde. Die unzähligen Seifenblasen, die von den vermeintlichen Stars der Technologiebörsen als Expansionsziele veröffentlicht wurden, haben dafür gesorgt, dass überdimensionierten Zielen mit besonderem Misstrauen begegnet wird.

Auch die Sprache für solche Visionen sollte sehr sorgfältig gewählt werden. Bildhafte und ein wenig pathetische Worte mögen durchaus anregen, gleiten aber oft in ein kämpferisches Umfeld ab. Und blutrünstige oder gewalttätige Bilder wirken heutzutage nicht nur auf Frauen abschreckend und führen in der Regel zu Provokation und Rückschlag.

4. Führerschaft

Viele erfolgreiche Visionen beziehen sich auf die klare Führerschaft in einem strategischen Gebiet oder Geschäftsfeld. Die Nummer eins zu sein, ist ein äußerst starker Motivator. Jeder möchte gerne bei den Schnellsten, Besten oder Freundlichsten sein. Die Führerschaft in einer solchen Position sorgt für Exklusivität und bietet einen klaren Marketingvorteil. Vier Wochen nach einer Sportveranstaltung erinnern sich selbst eingefleischte Fans häufig nur noch an den Sieger. Und wer den zweiten Platz in einer Ausschreibung belegt, geht leer aus, denn den Zuschlag erhält der Gewinner.

Führerschaft sorgt für Exklusivität und bietet einen klaren Marketingvorteil

Doch auch hier gilt es, die Ziele sorgfältig zu wählen. Geben Sie Allmachtsfantasien keine Chance. Nehmen Sie Märkte und Regeln nicht als gegeben hin, definieren Sie statt dessen eigene Spielregeln, um zu anspruchsvollen, aber erreichbaren Führerschafts-Zielen zu kommen. Es muss nicht das erfolgreichste Autohaus in Deutschland sein, ein Führungsanspruch kann auch mit dem Ziel *„Wir verkaufen mehr Cabrios als irgend ein anderer Händler in Baden-Württemberg"* geltend gemacht werden.

5. Überholer

Den Willen zum Sieger machen sich auch die Überholer zunutze. Der ständige Blick auf einen konkreten Gegner kann bis zur Besessenheit führen und ungeahnte Kräfte mobilisieren. AVIS signalisierte Mitarbeitern und Kunden seinen Angriff auf HERTZ mit den einfachen Worten *„We try harder"*. LIDL benötigt dafür nur ein einziges Wort *„billiger"*. Die Stärke einer konkreten Wettbewerbssituation spüren Sie auch, wenn Sie bei einer BMW-Niederlassung mit einem DAIMLER vorfahren. Sie können förmlich sehen, wie den Verkäufer ein plötzlicher Energieschub durchströmt.

Gerade in mittelständischen Firmen mit Expansions-Strategien kann die Überholer-Vision sehr schnell sehr große Energiepotenziale mobilisieren. Fast jeder identifiziert sich mit David, der gegen den großen, schwerfälligen Goliath antritt. Richard Branson, Gründer der verschiedenen VIRGIN-Firmen benutzte dieses Motiv immer und immer wieder. Begeistert folgten ihm Mitarbeiter und Kunden in seinem Kreuzzug gegen saturierte Unternehmen und etablierte Märkte und verhalfen ihm so zu spürbaren Marktanteilen.

Eine konkrete Wettbewerbssituation mobilisiert Kräfte

6. Mitarbeiterorientierung

Moderne Unternehmen stellen häufig den Mitarbeiter in den Mittelpunkt ihrer Vision oder widmen ihm einen Schwerpunkt im Leitbild. In der Theorie führt dies zu einer höheren Identifikation und Motivation der Angestellten und damit der existenziellen Leistungserbringer. Doch in der mittelständischen Praxis klaffen leider oft Welten zwischen Anspruch und Realität.

Die Personalabteilung, wenn überhaupt vorhanden, dient zur Abwicklung der Lohn- und Gehaltsabrechnung. Von einer aktiven Personalentwicklung oder gar einer Personalentwicklungsstrategie kann nicht die Rede sein.

Wenn Klima und Motivation in einem solchen Betrieb stimmen, dann, weil eine passende Firmenkultur von Inhabern, Führungskräften und Mitarbeitern schon bisher aktiv gelebt wird.

Ist dies aber nicht der Fall, besteht die Gefahr, dass die Definition einer mitarbeiterorientierten Unternehmensvision zu Enttäuschung, Missverständnissen und einer Verschlechterung des Betriebsklimas führt. Es gilt die strikte Regel: Niemand sollte die Mitarbeiterorientierung in den Mittelpunkt seiner Unternehmensvision stellen, wenn er diese nicht schon in weiten Teilen vorlebt.

Ein unternehmensspezifisches Wertesystem als Leitbild komplettiert die Vision

Natürlich darf die Mitarbeiterorientierung nicht vernachlässigt werden. Im Gegenteil, Mitarbeiter sind ein wesentlicher Bestandteil der immateriellen Reserven. Nehmen Sie deshalb die Mitarbeiterorientierung in Ihr zukünftiges Wertesystem auf. Dieses System bildet sozusagen den Anhang zur Vision und wird in dem so genannten Unternehmens-Leitbild festgehalten. Es kann mit den 10 Geboten verglichen werden. Das Leitbild ist also ein Regelwerk, welches klar und deutlich vorgibt, was richtig und was falsch, was erlaubt und was verboten ist. Die konkrete Vorgehensweise für die Entwicklung erarbeiten wir im Kapitel 2.4 *„Das Leitbild: Der Vision den richtigen Rahmen geben".*

Praxisgerechte Visionen

Wie aber kommen wir nun zu einer praxisgerechten Vision? Einer Mission, die nicht Gelächter, sondern positive Emotionen und Aufbruchstimmung hervorruft? Die besondere Kunst liegt darin, zwar den Realitäten ins Gesicht zu sehen, aber nicht alle vorgegebenen Spielregeln widerspruchslos zu akzeptieren.

Die Rahmenbedingungen sind entscheidend

Das beginnt im Umgang mit den verschiedenen Visionsarten. Besonders im Mittelstand sind Betriebe, deren Visionen mehrere Aspekte möglicher Visionen kombinieren, sehr erfolgreich. Entscheidend ist dabei die Definition der Rahmenbedingungen. Wie in der Kriegführung befindet sich im Nachteil, wer Schlachtfeld und Zeitpunkt dem Gegner überlässt. Erfolgreiche Stragen suchen den schwächsten Punkt des Gegners, den richtigen Zeitpunkt und konzentrieren sich auf den Durchbruch.

Die Gewinnung von Neukunden kostet viel Geld. Eine breit angelegte Eroberungsvision benötigt deshalb Ressourcen, die nicht zur Verfügung stehen. Wie ist es aber mit einem einzelnen Wettbewerber, der nachlässt, vor der Insolvenz steht, oder zu schnell gewachsen ist und nun keinen ausreichenden Service bringt. Oder gibt es auf der Landkarte weiße Flecken, zu weit entfernt von der nächsten Stadt. Produkte, die für

Firmen mit breit angelegtem Sortiment keinen ausreichenden Deckungsbeitrag bringen.

Es gilt, nicht nur die eigene Ressourcen zu kennen. Um zu sehen, was noch niemand erkannt hat, benötigen Sie ein weites Blickfeld. Eine Analyse, die weit über das eigene Unternehmen, die bisherigen Kunden und Produkte hinausgeht. Stellen Sie sich in Gedanken auf den buchstäblichen Feldherrnhügel und suchen – ja, wonach eigentlich? Nach dem Außergewöhnlichen, dem Bruch im Muster. Und vor allem nach Problemen bei Ihren Kunden. Denn es gibt nur einen langfristigen Wachstumsmotor: die Probleme, Sorgen und Nöte Ihrer Kunden. Wenn Sie dafür sorgen, dass es Ihren Kunden gut geht, sorgen diese für Sie.

Es gibt nur einen langfristigen Wachstumsmotor: die Probleme, Sorgen und Nöte Ihrer Kunden

Segmentieren Sie Ihre Kunden deshalb in diverse Zielgruppen und suchen nach dem richtigen Kundennutzen statt nach technologischer Genialität. Streben Sie eine Führerschaft an – im selbst definierten Markt mit zumindest einer weiteren Nutzenkomponente: Produkt, Service oder Qualität.

Und stellen sie dabei sicher, dass Ihre Handschrift unverwechselbar wird. Denn austauschbare Leistung wird nur mit einem austauschbaren Preis entlohnt. Schaffen Sie sich eigene Ziele, eine eigene Strategie und damit einen eigenen Markt mit einem unverwechselbaren Profil.

Sich ein unverwechselbares Profil geben

Die Realisierung dieser Strategie, die Entwicklung des Marktes und die Besetzung Ihrer Zielposition wird für Sie und Ihre Mitarbeiter ein großes Spiel, eine Art von Monopoly, welches begeistert und motiviert. Unterlegen Sie das Ziel mit einem emotionalen Motiv und führen dann einen Kreuzzug oder zumindest eine Mission.

Das Ziel mit einem emotionalen Motiv unterlegen

Natürlich sind Sie jetzt skeptisch, denn wenn diese Sätze überhaupt funktionieren, dann nur für andere, aber nie für Ihre eigenen Positionen. Lassen Sie sich von dieser Skepsis jedoch nicht abhalten und begeben Sie sich auf die Reise. Denn selbst wenn Sie Ihren Kreuzzug nicht finden, gilt doch: „*Der Weg ist das Ziel*".

Auf dieser Reise zur Entwicklung von Vision und Strategie werden Sie Ihr Unternehmen, Ihren Markt und Ihre Zukunft gedanklich so weit durchdringen wie noch nie zuvor und allein schon durch diese zusätzliche Aufmerksamkeit, diese Betrachtung aus einer anderen Perspektive werden Ihnen neue Ideen kommen, werden Sie Engpässe erkennen und neue Lösungsansätze finden und so Ihr Betriebsergebnis steigern.

2.3 Das erste Strategie-Gebot: Erkenne Dich selbst

Je mehr die subjektive Einschätzung der eigenen Stärken und Schwächen mit der objektiven Realität übereinstimmt, desto größer sind die Erfolgschancen einer jeden Strategie. Ein Vogel Strauß, der vor lauter Angst seinen Kopf in den Sand steckt, kann seine wirklichen Chancen nicht erkennen. Und wessen Gedanken immer nur um die in der Vergangenheit erzielten Erfolge kreisen, dem fehlt ein ehrlicher Blick auf die aktuelle Situation.

Nur weil der Igel sich seiner körperlichen Nachteile gegenüber dem Hasen bewusst wurde, konnte er eine Erfolg versprechende Strategie entwickeln. Den Kampf um Marktanteile wird nicht gewinnen, wer seine eigenen Schwächen verdrängt, sondern wer diese aktiv in seinen Strategien berücksichtigt.

Informationen über das so genannte strategische Dreieck: Kunde / Wettbewerb / Unternehmen

Es gilt also, die aktuelle Situation aufzunehmen und sich mit der Konkurrenz zu vergleichen, um objektive Anhaltspunkte für eine gute Strategie zu erarbeiten. Wenn wir in diese Analyse auch noch unsere Kunden einbeziehen, erhalten wir alle notwendigen Informationen über das so genannte strategische Dreieck: Kunde / Wettbewerb / Unternehmen.

Denn:

VORTEILE WERDEN ERST DANN ZU GEWINNEN, WENN DIESE BIS ZUM KUNDEN DURCHDRINGEN UND IN ZUSATZGESCHÄFT UMGESETZT WERDEN KÖNNEN.

Zunächst muss der Unternehmer sich klar darüber werden, was er will

Gerade im Mittelstand wird der wirtschaftliche Entwicklungsprozess allerdings maßgeblich vom Inhaber bestimmt. Seine Visionen und Ziele, sein privates Umfeld, ja seine persönlichen Erfolge und Misserfolge wirken sich auf sein Unternehmen aus. Deshalb gilt es, vor der Analyse des strategischen Dreiecks einen Schritt zurückzutreten. Am Anfang steht im Mittelstand weder Kunde noch Unternehmen, sondern der Unternehmer. Setzen Sie also Ihre Sonnenbrille ab und werfen im ersten Schritt einen Blick in den Spiegel.

Tipp: Beginnen Sie Ihr persönliches Unternehmertagebuch

Ein guter Ausgangspunkt für die Selbstreflexion ist das Schreiben eines Unternehmertagebuchs. Kaufen Sie sich ein Kollegheft, ein gebundenes Notizbuch oder eine Kladde und notieren von nun an jeden Tag zur gleichen Zeit Ihre Gedanken. Dabei geht es nicht um eine wissenschaftliche Arbeit oder um hochgestochene Texte. Schreiben Sie, was Ihnen einfällt. Schreiben Sie im gleichen Stil, in dem Sie ein Gespräch führen würden, wie Sie denken oder reden. Wenn Sie vor dem leeren Blatt sitzen und Ihnen nichts einfällt, rekapitulieren Sie den vergangenen Tag und erzählen Ihrem Tagebuch einfach vom aktuellen Ärger, den Erfolgserlebnissen und allem, was Ihnen durch den Kopf geht.

Das Schreiben wirkt in zweifacher Weise. Einerseits befreit es den Kopf vom Stress, ermöglicht sozusagen die Entsorgung des ganzen Mülls, der sich im Laufe des Tages ansammelt. Und andererseits bringt es einen automatischen Abstand zur eigentlichen Arbeit und ermöglicht so eine Reflexion. Oder, wie es Edward Albee so treffend ausdrückte: *„Ich schreibe, um zu erfahren, worüber ich nachdenke."*

Wenn Sie dann im nächsten Schritt nach Tagen, Wochen, Monaten oder gar nach mehreren Jahren in Ihrem Tagebuch zurückblättern, werden sich viele Emotionen relativieren. Mit dem wissenden Blick dessen, der über den Ausgang Bescheid weiß, können Sie Muster erkennen. Welche Punkte verursachten Ihnen Ängste, die im Nachhinein völlig unbegründet waren? Wo erhielten Sie unerwartete Erfolgserlebnisse? In welchen Situationen deuteten Kunden, Mitarbeiter oder Lieferanten neue Geschäftschancen an, die Sie dann im Eifer des Tagegeschäfts übergingen? Gab es Projekte, die Sie überschwänglich begannen, alle Risiken und Einwände Ihrer Mitarbeiter und Geschäftspartner vom Tisch wischend? Waren es erfolgreiche Projekte? Was können Sie daraus lernen?

Das Tagebuch wird so zu einem Spiegel Ihres Selbst. Es relativiert die Ereignisse, gibt Anregungen und Kritik und wird zu einer Art zweites Ich.

Wenn Sie in dieses Tagebuch die Arbeitschritte und Ergebnisse der Visions- und Strategiefindung sowie Ihre Maßnahmen zur Verbesserung der Ertrags-, Kosten- und Risikosituation eintragen, können Sie die Umsetzung Ihrer Ideen regelmäßig kontrollieren.

2.3.1 Unternehmer: Der Blick in den Spiegel

Nur wenn ich weiß, wer ich bin und was mich treibt,
kann ich wirkliche Zufriedenheit anstreben.

Durch die enge Verzahnung von Unternehmer und Unternehmen darf sich eine gute Strategie nicht nur auf die betrieblichen Ressourcen und das wirtschaftliche Umfeld beziehen. Der erste Blick gilt dem Unternehmer, d.h. dem aktiven Inhaber bzw. bei Kapitalgesellschaften den geschäftsführenden Gesellschaftern.

Als Ausgangspunkt für die Visions- und Strategiefindung geht es dabei nicht um absolute Wahrheiten. Es gilt, den Geist zu öffnen, Grenzen zu erkennen und so ein Gefühl für die eigenen Stärken, Schwächen und Prioritäten zu entwickeln, um diese Ergebnisse im nachfolgenden Prozess berücksichtigen zu können.

Der erste Schritt hierzu bildet eine Analyse nach dem 4-Faktoren Modell, denn in der Praxis wird die Leistung, die ein aktiver Inhaber in seinen Betrieb einbringt, durch vier wesentliche Einflussfaktoren bestimmt: seine eigentlichen unternehmerischen Fähigkeiten, nachfolgend Entrepreneurship genannt, seine Persönlichkeit, seine Motive und sein privates Umfeld.

Vier wesentliche Einflussfaktoren auf die Leistung eines aktiven Inhabers

Die folgende, vereinfachte Analyse gibt Ihnen erste Aufschlüsse zu Ihrer persönlichen Kombination dieser vier Elemente.

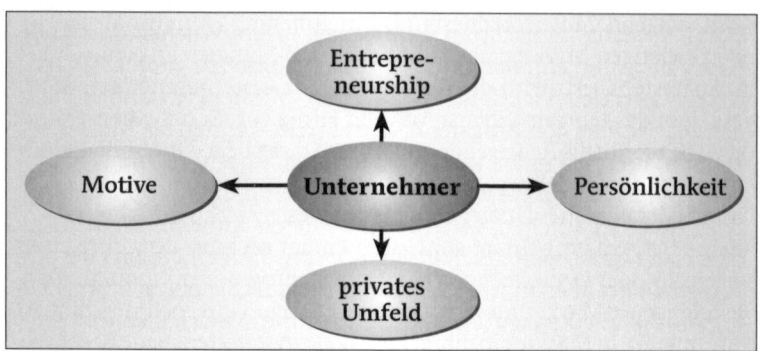

Abb. 2.3: Das 4-Faktoren Modell

Erster Faktor: Entrepreneurship

Unternehmergeist

Der Unternehmergeist, die Fähigkeiten eines Menschen, „*Geschäftsideen zu Produkten zu machen und im Laufe der Jahre einen Wertzuwachs des Unternehmens zu erzielen*", wie Wehling Entrepreneurship definiert, setzt sich aus einer individuellen Kombination der drei Kernkompetenzen als Unternehmer, Manager und Spezialist zusammen. Je nach Größe und Organisation des zu führenden Unternehmens stehen dabei unterschiedliche Ausprägungen dieser Fähigkeiten im Vordergrund.

Der Erfolg einer Einzelfirma ohne Angestellte hängt im Wesentlichen von den Fähigkeiten des Inhabers ab, selbst die Wertschöpfung erbringen zu können. Solche selbstständigen Spezialisten sind meist Fachleute für komplexe Themen, Experten auf ihrem Spezialgebiet, Menschen, die auf diesem Gebiet tiefer graben und manches Mal sogar neue Verfahren, Produkte oder Technologien erfinden.

Spezialisten finden Befriedigung in der direkten Wertschöpfung

Seine Befriedigung findet der Spezialist in der direkten Wertschöpfung. In den Momenten, wo Sie im Dienstleistungsbereich noch selbst fakturierbare Leistung erbringen, als Meister im Handwerk noch selbst Hand anlegen, als Händler persönlich das Verkaufsgespräch mit Ihrem Kunden führen, hat der Spezialist in Ihnen Oberwasser. Spezialisten lieben es, im Tagesgeschäft ihren Mann zu stehen und sind stolz darauf, immer noch fast jedes Geschäft besser als die meisten Mitarbeiter abwickeln zu können.

Mit dem Anwachsen des Personalbestands treten die Aufgaben des Managers in den Vordergrund

Mit Anwachsen des Personalbestands treten allerdings Managementaufgaben in den Vordergrund. Es gilt, neue Mitarbeiter zu finden, einzuweisen und den Ressourceneinsatz zu optimieren. Auftauchende Fragen zu entscheiden, neue Anforderungen umzusetzen und dafür zu sorgen, dass „die Zahlen stimmen". Manager verstehen sich häufig als Antreiber, Macher und Organisatoren. Sie arbeiten ergebnisorientiert, setzen hierzu Ziele und kontrollieren regelmäßig deren Einhaltung. Während der Spezialist direkt im Kontakt mit dem Kunden steht, sorgt der Manager für eine Organisation, in der jedem Mitarbeiter mit Kundenkontakt klar ist, welche Chancen darin liegen und wie er diese nutzen kann.

Mit steigendem Personalbestand, zunehmender Fremdfinanzierung und schwierigen Märkten aber stößt der reine Manager an seine Grenzen. Spätestens jetzt wird die Kernkompetenz Unternehmer gefordert. Dieser gibt das zentrale Lebensmotiv der Firma vor. Er hat einen Traum und weiß, wohin die Reise gehen soll. Seine Stärke liegt darin, mit diesem Traum umzugehen, eine passende Strategie zu entwickeln und alle Elementarteilchen seines Unternehmens auf dieses Ziel auszurichten.

Seine Befriedigung findet der Unternehmer nicht in der Umsetzung von Regeln oder in der technischen Entwicklung neuer Produkte. Sein Spielfeld ist der Markt und er arbeitet daran, sein Unternehmen dort zu positionieren, in Märkte einzubrechen, neue zu schaffen, neue Regeln zu entwickeln, anstatt etablierte Grenzen zu akzeptieren.

Das Spielfeld des Unternehmers ist der Markt

Zweiter Faktor: Motive

Die Macht der Motivation darf nicht unterschätzt werden. Wer sich für Visionen und Ziele engagiert, die seinen persönlichen Motiven entsprechen, wird die eingesetzte Zeit nicht als Arbeit empfinden. Wer dagegen seine innersten Motive überhört, fährt mit angezogener Handbremse. Besonders riskant werden diese Diskrepanzen in partnerschaftlich geführten Unternehmen. Wenn ein Partner vor allem nach einer schnellstmöglichen Vermögensmehrung strebt, der andere dagegen vor allem seine Ideen verwirklichen möchte, ist ein Konflikt vorprogrammiert. Spätestens dann, wenn sich Finanzinvestoren am Unternehmen beteiligen möchten.

Deshalb lohnt es sich, seine eigenen Motive zu priorisieren. Wer ein hohes Einkommen anstrebt und auch einer Vermögensmehrung durch Verkauf nicht abgeneigt ist, kann seine Pläne darauf ausrichten und eine auch für spätere Investoren spannende Vision entwickeln. Außerdem wird er das Unternehmen und nicht die eigene Persönlichkeit in den Mittelpunkt stellen.

Die eigenen Motive priorisieren

Ganz anders liegt der Fall, wenn es vor allem um die persönliche Anerkennung in der Öffentlichkeit geht. Als Unternehmer steht man im Rampenlicht, übernimmt Verantwortung und erhält auf diesem Wege tagtäglich die Bestätigung für seine eigene Leistung. Das kann süchtig machen und eine starke Antriebskraft bilden.

Ähnlich stark wirkt das Streben nach der Verwirklichung eigener Ideen. Dies gilt nicht nur für Erfinder, die aus einer Idee einen Prototypen und aus diesem ein Serienprodukt entwickeln. Die gleiche Befriedigung empfinden Manager, die einen Betrieb neu und effizienter organisieren und Unternehmer, die immer wieder neue Projekte anpacken, sich dem Wandel stellen und ständige Neuausrichtungen vornehmen.

Dritter Faktor: Persönlichkeit

Für die spätere Beurteilung von Vision und Strategie spielt die Einschätzung der Persönlichkeitsmerkmale Risikobereitschaft, Machbarkeitsstreben und der Drang nach Unabhängigkeit eine große Rolle. Wie stark ist der Drang nach Freiräumen, nach Unabhängigkeit und Selbstständigkeit? Wie hoch die Bereitschaft, Risiken einzugehen und bisher Erreichtes zu riskieren, um neue Ufer zu erreichen? Und glaubt der Unternehmer an die Machbarkeit der eigenen Ideen, an die erfolgreiche Umsetzung seiner Pläne?

Wo stehen Sie als Unternehmer?

Um Ihre persönliche Gewichtung der drei Merkmale herauszufinden, überlegen Sie sich die Antworten auf folgende Fragen:

Risikobereitschaft

Wären Sie bereit, um das Überleben Ihrer Firma sicherzustellen, Ihr Vermögen zu verpfänden und das gesamte Unternehmen grundlegend zu verändern oder würden Sie es im Zweifelsfall eher schließen?

Unabhängigkeit

Wären Sie bereit, um das Überleben Ihrer Firma sicherzustellen, die Mehrheit an Finanzinvestoren abzugeben oder würden Sie dann lieber den Betrieb verkaufen und selbst wieder auf der grünen Wiese neu gründen?

Machbarkeitsstreben

Würden Sie, um das Überleben Ihrer Firma sicherzustellen, ohne weiteres externe Hilfe in Anspruch nehmen und einen gewissen Kontrollverlust akzeptieren oder setzen Sie ausschließlich auf persönliches Know-how und interne Ressourcen?

Vierter Faktor: Privates Umfeld

Immer wieder vergessen wir, dass niemand seine körperlichen und sozialen Grundbedürfnisse auf Dauer vernachlässigen kann, ohne Schaden zu nehmen. Wenn Sie jetzt einen Plan für die nächsten sieben Jahre entwickeln, sollte dieser also besser auch diese Bedürfnisse berücksichtigen. Dies gilt besonders, wenn Sie das Gefühl haben, dass bei Ihnen bisher Körper, Familie und soziales Umfeld viel zu kurz kamen.

Wie werden sich Vision und Strategie auf Familie, Freundschaften und Beziehungen auswirken?

Fragen Sie sich deshalb, wie viel Zeit Sie in Zukunft mit Ihrer Familie verbringen möchten. Wie werden sich Vision und Strategie auf Ihre Familie, Ihre Freundschaften und Beziehungen auswirken? Wie weit und wie lange wird Ihr Umfeld bereit sein, dieses Projekt mitzutragen?

Und ist Ihnen der Erhalt oder die Wiedergewinnung Ihrer körperlichen Gesundheit und Fitness so wichtig, dass Sie diesen Punkt in Ihrer persönlichen Strategie verankern sollten? Oder könnten Sie sich sogar vorstellen, durch das regelmäßige Abschalten und die Ausschüttung der Endorphine eine neue Leistungsdimension zu erreichen?

Balance zwischen Betrieb und privat

Wenn Sie dagegen zu den Glücklichen gehören, die eine Balance zwischen Betrieb und privat gefunden haben, sollten Sie diese in jedem Fall in ihrer Zukunftsvision verankern. Nur so vermeiden Sie, durch den Sog einer neuen Strategie das Gleichgewicht zu verlieren.

Test: Wo liegen Ihre Prioritäten?	gering (3 Punkte)	normal (6 Punkte)	sehr stark (9 Punkte)
1. Entrepreneurship			
(unternehmerische Fähigkeiten)			
• Unternehmer	❏	❏	❏
• Manager	❏	❏	❏
• Spezialist	❏	❏	❏
2. Motivation			
• Vermögen vermehren	❏	❏	❏
• nach Anerkennung streben	❏	❏	❏
• Ideen verwirklichen	❏	❏	❏
3. Persönlichkeit			
• Risiken eingehen	❏	❏	❏
• Unabhängig sein	❏	❏	❏
• Machbarkeitsstreben	❏	❏	❏
4. Privates Umfeld			
• Familie	❏	❏	❏
• Gesundheit und Fitness	❏	❏	❏
• Soziale Kontakte	❏	❏	❏

Vergeben Sie für jeden Faktor 18 Punkte. Arbeiten Sie dabei Ihre Prioritäten heraus, indem Sie die Unterpunkte nicht gleich gewichten. Vermeiden Sie faule Kompromisse und entscheiden sich bei jedem Faktor ganz klar für einen Favoriten, dem Sie 9 Punkte geben.

Um Ihr Ergebnis grafisch aufzubereiten, schraffieren Sie die vergebene Punktzahl im nachfolgenden Diagramm.

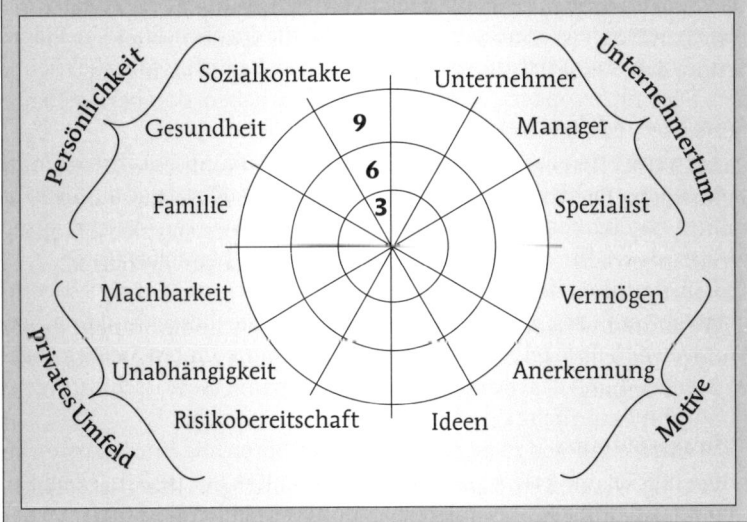

Abb. 2.4: Ihr persönliches 4-Faktoren Modell

2.3.2   Teilmärkte: Kunde – welcher Kunde?

„Wer seine Kunden nicht kennt, hat den Markt verpennt!"
BWL-Student

Um im Wettbewerb bestehen zu können, muss sich ein Unternehmen auf die Bedürfnisse seiner Kunden konzentrieren. Allerdings wird dies immer schwieriger, denn je gesättigter der Markt, desto anspruchsvoller und unterschiedlicher werden die Bedürfnisse.

Hinsichtlich Wachstum, Käuferverhalten und Konkurrenzsituation homogene Teilmärkte definieren

Um klare Aussagen und Hinweise für die Strategieentwicklung zu erhalten, gilt es, hinsichtlich Wachstum, Käuferverhalten und Konkurrenzsituation möglichst homogene Teilmärkte zu definieren. Dazu bieten sich geographische, technische und/oder demographische Faktoren an. Auch eine Gliederung nach Produktgruppen, Kundengrößen und Auftragsvolumina bietet Ansatzpunkte für Wettbewerbsvergleiche und Prozessoptimierungen.

Geographische Gliederungen

Eine Aufgliederung Ihrer Umsätze nach Ländern und Regionen gibt Ihnen Anhaltspunkte für die Abhängigkeit von wirtschaftlichen und politischen Entwicklungen in den verschiedenen Gebieten. Grobe Auflösungen ermöglichen den Vergleich mit offiziellen Zahlen zur Marktentwicklung, sehr feine Differenzierungen dagegen zeigen mögliche „weiße Flecken" sowie Standorte und Stärken lokaler Wettbewerber.

Technische Faktoren und Produktgruppen

Klare Zuordnung der Entwicklungskosten und Vergleichbarkeit mit dem Wettbewerb

Die Gliederung der Umsätze nach rein technischen Gesichtspunkten ermöglicht eine klare Zuordnung der Entwicklungskosten und erleichtert die Vergleichbarkeit mit dem Wettbewerb, wenn eine solche Gliederung branchenüblich ist. Es empfiehlt sich aber, die rein technische Segmentierung durch eine Gliederung nach Produktgruppen abzulösen.

Branchen und demographischen Faktoren

Kunden einer Branche haben häufig gleichartige Problemstellungen und Bedürfnisse. Die Übereinstimmung können Sie noch durch eine Segmentierung nach Betriebsgrößen und Organisationsformen erhöhen. Familienbetriebe unterscheiden sich von Kapitalgesellschaften, Ein-Standort-Unternehmen von Filialisten.

Wenn Sie an Privatkunden verkaufen, ersetzen Sie die Branche durch demographische Faktoren wie z.B. Single / Familie / Anzahl Kinder / Alter / Einkommen.

Auftragsvolumina

Die Umsätze Auftragsgrößen zuordnen

Wissen Sie, wie groß ein durchschnittlicher Auftrag bei Ihnen ist? Natürlich. Aber damit kennen Sie nur den Durchschnitt. Unterziehen Sie sich einmal der Mühe, Ihre Umsätze Auftragsgrößen zuzuordnen. Kumulieren Sie also beispielsweise alle Aufträge, die kleiner als 100 Euro sind, Aufträge bis 1.000 Euro, bis 10.000 Euro und darüber hinaus.

Für alle Analysen gilt: nicht der Umsatz zählt, sondern der Gewinn. Ermitteln Sie deshalb, wo möglich, den Beitrag des einzelnen Segments zum Gewinn. Dazu ziehen Sie vom Verkaufserlös alle direkt zuzuordnenden Kosten ab. So erhalten Sie den Deckungsbeitrag. Dieser sagt Ihnen, wie viel dieses Segment zur Abdeckung Ihrer festen Kosten beiträgt.

Nicht der Umsatz zählt, sondern der Gewinn

Ergänzen Sie eine Spalte für die Anzahl aktiver Kunden, damit Sie sehen, wie breit Sie im entsprechenden Teilmarkt aufgestellt sind.

Jetzt schätzen Sie für jede Zeile, wie viel Umsatz Sie in den nächsten drei bis vier Jahren erreichen könnten, wenn Sie Ihre gesamten Anstrengungen auf diesen Teilmarkt fokussieren würden. Wie würde sich das auf den Deckungsbeitrag auswirken? Könnten Sie aufgrund gestiegener Mengen Kostenvorteile verbuchen und höhere Deckungsbeiträge realisieren oder würde sich der Markt so sehr verengen, dass die Margen abbröckeln? Tragen Sie beide Schätzungen in die Spalten „Fokus-Potenzial" ein.

Ihr Ausgangsformular für Ihre Marktanalysen könnte also wie folgt aussehen:

Teilmarkt / Gliederungsmerkmal	Umsatz-anteil EUR	in % vom Gesamt-umsatz	Deckungs-beitrag (DB) in % vom Umsatz	ca. DB in EUR	Anzahl aktiver Kunden	Fokus-Potenzial Umsatz EUR	Fokus-Potenzial DB EUR

Erstellen Sie für jedes Gliederungsmerkmal (Region / Branche ...) ein eigenes Formular. Da wir im Verlaufe der Strategie-Findung und der Mobilisierung Ihrer Ressourcen diese Basistabellen immer wieder verfeinern oder verändern werden, entwerfen Sie das Formular am besten mit einem Tabellenkalkulationsprogramm.

Für die Ermittlung eines strategischen Wettbewerbsvorteils müssen Sie Ihren Kunden einen klaren USP, d.h. Unique selling proposition, also den einzigartigen Vorteil der eigenen Lösung, bieten. Doch in der Praxis löst die Frage nach einem wirklichen Vorteil, einem einzigartigen Kaufauslöser, dem Kauf-mich-Knopf, bei vielen Führungskräften nur Kopfschütteln aus oder wird mit Allgemeinplätzen wie *„Wir sind doch besser als die Konkurrenz"* beantwortet.

Ermitteln Sie Ihren strategischen Wettbewerbsvorteil

Dies ist nicht verwunderlich, da eine Gliederung der Kunden nach Regionen und Branchen heute nicht mehr ausreicht, um sich vom Wettbewerb abzuheben.

Es gilt, Kunden mit gleichartigen Bedürfnissen zusammenzufassen und sich dabei auf jene Probleme zu konzentrieren, die bisher weder von Ihnen noch von Ihren Wettbewerbern aus Kundensicht ausreichend gelöst wurden. Eine solche Kombination von Kunden mit gleichartigen Problemen wird auch Zielgruppe genannt.

Die richtige Partionierung dieser Zielgruppen ermöglicht es dem Unternehmen, im nächsten Schritt den Zusatznutzen klar zu fokussieren und damit besser zu lösen als die Konkurrenz. Ihre spezifische Problemlösungskompetenz wird zum Wettbewerbsvorteil und erleichtert es Ihnen, relativ schnell eine gewinnträchtige Marktstellung zu erreichen. Gleichzeitig vermeidet die Konzentration auf klar definierte Zielgruppen hohe Streuungskosten in Werbung und Außendienst.

Bevor Sie aber Ihre Zielgruppen festlegen, sollten Sie erst Ihre Wettbewerber und deren Strategie analysieren, um Ihre Entscheidung abzusichern. Mit diesen Daten können Sie die Stärken und Schwächen Ihres Unternehmens mit denen der wichtigsten Wettbewerber abgleichen. Im nächsten Schritt ermitteln Sie aus Ihren Stärken mögliche Nutzenpotenziale. Diese bilden dann die Ausgangsbasis für die Definition Ihrer Zielgruppen.

2.3.3 Konkurrenzaufklärung: Ein Blick auf den Wettbewerb

*„Lernen Sie ihre Konkurrenten kennen. Meiden Sie ihre Stärken.
Nutzen Sie ihre Schwächen."*
Jack Trout

Renommierte Firmen aus der Telekommunikations- und Softwarebranche haben um die Jahrtausendwende mit Unterstützung einer Heerschar von Beratern weltweit agierender Unternehmensberatungen den staunenden Aktionären Geschäftspläne präsentiert und anschließend Milliarden an Euro verbrannt. Dabei hätte ein Blick auf die öffentlichen Verlautbarungen der Konkurrenz genügt, um festzustellen, dass sich alle diese Pläne um den gleichen Kunden drehten. Jeder Deutsche hätte, um die Hochrechnungen aller Telefongesellschaften zu erfüllen, zukünftig sein gesamtes Jahreseinkommen nur für Telefonate verwenden müssen.

*Eine professionelle, regel-
mäßige Konkurrenzauf-
klärung ist unerlässlich*
Profunde Kenntnisse über seine Wettbewerber, deren aktuelle Situation und Strategien sind für jeden Unternehmer unerlässlich. Denn Aufklärung kann nicht nur im Krieg, sondern auch in der Wirtschaft den entscheidenden Vorteil bringen. Trotzdem gibt es im Mittelstand bisher nur wenige Firmen, die eine professionelle, regelmäßige Konkurrenzaufklärung betreiben. Sehen Sie deshalb die nachfolgenden Tipps nicht nur als einmaligen Aufwand für die Entwicklung einer neuen Strategie. Überprüfen Sie, wie Sie in Zukunft mit möglichst geringem Aufwand regelmäßig Informationen über Ihre Wettbewerber erhalten können und nutzen Sie Konkurrenzaufklärung als einen zusätzlichen Wettbewerbsvorteil.

Dabei reicht es nicht, die Prospekte und Kataloge Ihrer Konkurrenten zu sammeln. Je besser Sie über die Stärken und Schwächen auf dem Laufenden sind, desto prägnanter können Sie Ihre Strategien auf den wirkungsvollsten Punkt konzentrieren. Eine 24-Stunden-Lieferservice Offensive genau dann starten, wenn der Kollege Lieferschwierigkeiten hat, den Kunden ein längeres Zahlungsziel einräumen, wenn die Konkurrenz in einer finanziellen Klemme steckt oder bei Qualitätsproblemen direkt alle betroffenen Firmen mit einer Geld-zurück-Garantie von einem Herstellerwechsel überzeugen.

Die eigene Straegie auf die aktuelle Situation der Konkurrenz abstimmen

Stellen Sie folgende Informationen in den Mittelpunkt Ihrer Aufklärungsaktivitäten:

Informationen im Mittelpunkt Ihrer Aufklärungsaktivitäten

- Strategie
- Produkte
  - Sortimentsstruktur
  - Altersstruktur
  - Qualität
  - Kundennutzen
  - Preise und Rabatte
  - Verhältnis Zukauf / Eigenprodukte
- Kosten
  - Herstellkosten
  - Verwaltung
  - Vertrieb
- Markt
  - Positionierung
  - Image
  - Absatzgebiete
  - Kundengruppen
- Personal
  - Management
  - Außendienst
- Effizienz (Prozesse)
- Innovation / Forschung und Entwicklung
- Finanzstärke

Nur einige der oben aufgeführten Informationen werden Sie direkt über die Archive von Tageszeitungen und über das Internet ermitteln können. Ihnen stehen aber noch viele andere Informationsquellen zur Verfügung:

Weitere Informationsmöglichkeiten

- Sprechen Sie mit Ihren Kunden und Lieferanten.
- Befragen Sie ehemalige Mitarbeiter der Wettbewerber.
- Hören Sie sich auf Ausstellungen und Tagungen um.
- Recherchieren Sie nicht nur im Internet, sondern auch direkt auf den Web-Seiten der Konkurrenz.

- Sammeln Sie alle Hinweise zur Außendarstellung, insbesondere Broschüren, Werbematerial, Kataloge.
- Kaufen Sie die Konkurrenz-Produkte und testen sie.
- Vergeben Sie eine Diplomarbeit zur Analyse der aktuellen Wettbewerbssituation.

Berücksichtigen Sie bei Ihrer Analyse nicht nur Ihre großen Wettbewerber und Marktführer, sondern auch kleine, schnell wachsende Firmen, die sich in den nächsten Jahren zu ernst zu nehmenden Konkurrenten entwickeln könnten.

Tipp: Legen Sie Wettbewerbsordner an

Lassen Sie von Ihrer Sekretärin eine spezielle Ablage für die Wettbewerbsbeobachtung einrichten. Bewährt haben sich Hängeordner, in denen auch Kataloge und Broschüren gesammelt werden können. Informieren Sie Außen- und Innendienst über die Bedeutung der Konkurrenzaufklärung. Wenn Sie regelmäßig den Blick Ihrer Mitarbeiter für dieses Thema schärfen, erhalten Sie nicht nur laufende Aktualisierungen, damit sensibilisieren Sie Ihre Leute auch gegenüber den Marktverhältnissen.

Ergänzend sollten alle aufbereiteten Informationen und Zahlen in Ihrer EDV gespeichert werden. Im Prinzip wäre hier die Nutzung eines digitalen Archivs im Rahmen des Vertriebs-Informations-Systems sinnvoll. Sollten Sie keines haben oder sollte die vorhandene Software bisher nicht genutzt werden, legen Sie einen Ordner „Wettbewerber" an. Jeder Wettbewerber erhält darin wiederum einen eigenen Unter-Ordner. So schaffen Sie mit wenig Aufwand eine zentrale Ablage für alle elektronischen Wettbewerbsinformationen.

2.3.4 Benchmark: Gut, was heißt denn gut?

Leistungsvergleich mit dem Wettbewerb

Auf der Basis der Konkurrenzaufklärung können Sie nun Ihr Unternehmen einem Benchmark, d.h. einem Leistungsvergleich mit dem Wettbewerb, unterziehen. Denn es reicht nicht aus, gut zu sein. Wenn der Kunde seinen Kauf bei der Nummer 1 getätigt hat, bleibt für den Zweiten kein Platz mehr. Es ist wie im Sport, niemanden interessiert der 2. Tabellenplatz. Es zählt nur der Sieger.

Deshalb wird dieser Leistungsvergleich auch nicht gegen den Branchendurchschnitt geführt. Im Benchmark sollte das Unternehmen sich immer mit den Besten vergleichen. Wer allerdings sind die Besten? Das kommt auf die Zielsetzung des Benchmarks an. Um ein Gefühl für die Leistungsreserven und Schwächen Ihres Unternehmens zu erhalten und die eigenen Geschäftsprozesse zu optimieren, sollten Sie den Vergleich mit Unternehmen mit ähnlichen Strukturen in anderen Branchen vor-

Vergleich mit Unternehmen mit ähnlichen Strukturen in anderen Branchen

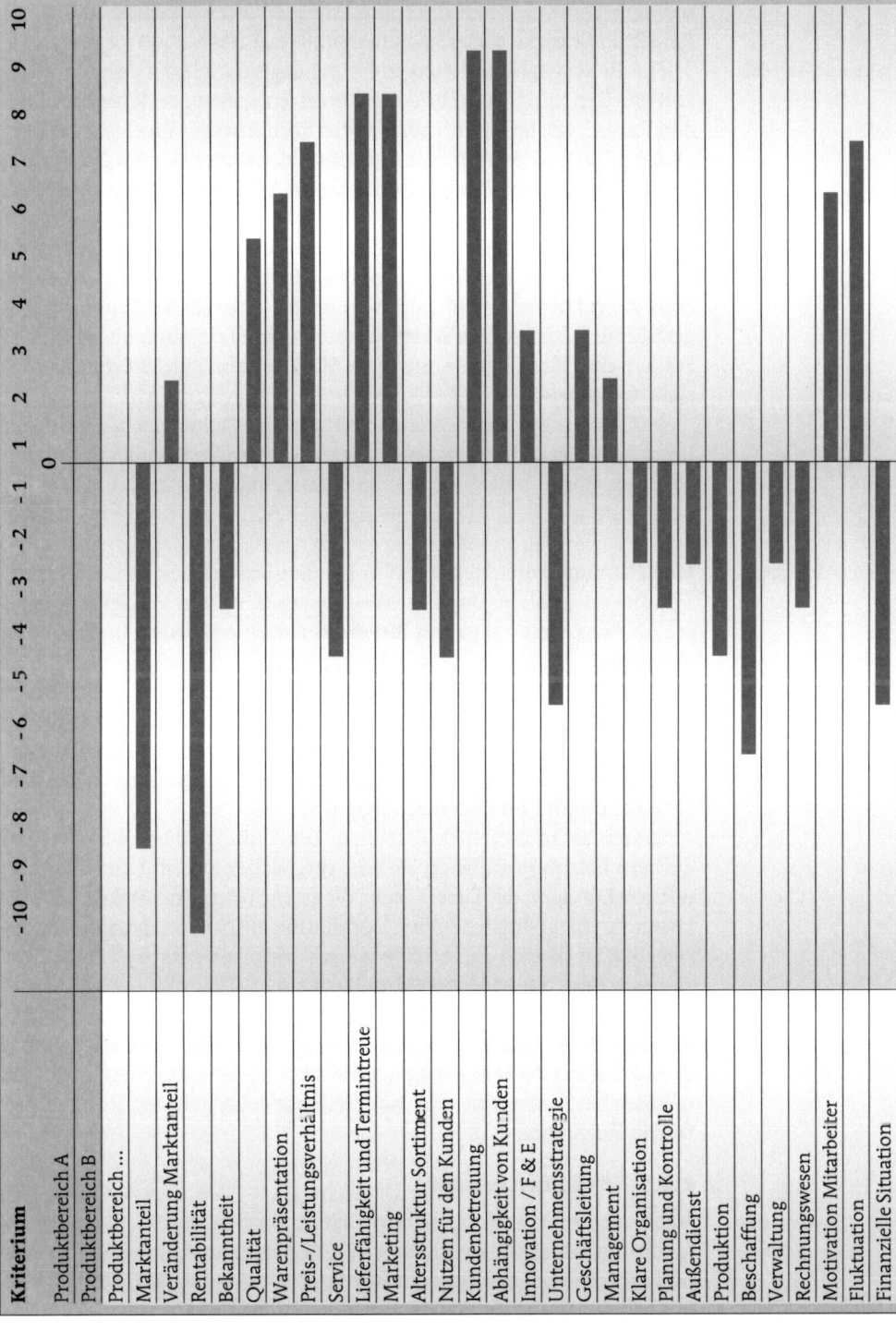

Abb.2.5: Beispiel für eine Stärken-Schwächen-Analyse

nehmen. Damit können Sie Optimierungschancen erkennen, die innerhalb Ihrer Branche bisher noch niemand realisiert hat.

Globales Gesamtbild

Für die strategische Neuausrichtung dagegen sollten Sie einen zweistufigen Benchmark durchführen. Im ersten Schritt überlegen Sie für jeden Punkt, welcher Wettbewerber hierfür die besten Ergebnisse erzielt. Damit erhalten Sie ein globales Gesamtbild, welches allerdings aufgrund der starken Sparringspartner durchaus auf Anhieb zu Frustrationen führen kann.

Analyse von Teilmärkten

Suchen Sie sich deshalb in der zweiten Runde verschiedene Teilmärkte aus. Greifen Sie hierbei auf die Ergebnisse Ihrer Marktsegmentierung zurück. Prüfen Sie, ob Ihr Unternehmen bei einem dieser Teilmärkte gegenüber den dort aktiven Wettbewerbern besondere Stärken zeigt. Solche Stärken sind klare Signale, um diese Märkte auf mögliche Erfolgspotenziale zu untersuchen.

Im Gegenzug gehen Sie allen deutlichen Schwächen nach, die sich auf Ihren bisherigen Hauptmärkten zeigen. Solange Sie von diesen Kunden abhängig sind, dürfen Sie sich keinen allzu großen Abstand zum Wettbewerb leisten.

Stärken-Schwächen-Analyse

Ein sehr praxisgerechtes Medium für den Benchmark ist die Stärken-Schwächen-Analyse. Dazu erstellen Sie eine Liste von Vergleichskriterien. Als Ausgangspunkt kann Ihnen das vorseitige Beispiel in Abbildung 2.5 dienen.

Gehen Sie nun mit Ihrem Strategieteam jedes einzelne Kriterium durch und vergeben dafür zwischen -10 und +10 Punkte. Dabei bedeutet 0 einen Gleichstand mit der Konkurrenz, +10 wird nur für einen überragenden Wettbewerbsvorteil vergeben und mit -10 signalisieren Sie, dass Sie hoffnungslos im Rückstand liegen.

Sollten Sie in einzelnen Bereichen keine Informationen zu Wettbewerbern haben, spekulieren Sie oder vergleichen sich mit einem erfolgreichen Kunden oder Lieferanten. Wenn im Team Uneinigkeit besteht, lassen Sie jedes Mitglied seinen Standpunkt ausführlich begründen. Besprechen Sie danach die verschiedenen Vorschläge. Lässt sich keine Einigung erzielen, tragen Sie den Mittelwert ein.

Lassen Sie sich Zeit für diese Gespräche, denn gerade solche Diskussionen führen häufig zu neuen Erkenntnissen oder Aha-Erlebnissen. Wenn sich aus der Erörterung neue Punkte ergeben, in denen Ihr Unternehmen besondere Vor- oder Nachteile aufweist, nehmen Sie diese einfach in Ihre Liste auf.

2.3.5 Träumen erlaubt

Ermittlung der weichen Faktoren

Nach der Ermittlung der harten Fakten aus den Bereichen Selbsteinschätzung, Marktsegmentierung und Konkurrenzanalyse kommen wir jetzt zu den weichen Faktoren. Um das Ziel hoch genug zu stecken und mit den richtigen Emotionen zu belegen, nutzen Sie Ihre rechte Gehirnhälfte. In diesen Visionssitzungen kommt es darauf an, Kreativität und Intuition zu aktivieren, Ihre Träume und Wünsche aufzunehmen und das Ganze mit den harten Fakten zu mischen.

Für die Arbeit im Team sollten Sie dazu eine Kreativitätstechnik verwenden. Bewährt hat sich die Arbeit mit Karteikarten. Sie lesen die Fragen vor und jeder schreibt seine Einfälle auf die vor ihm liegenden Karteikarten. Für jede Idee sollte eine eigene Karte verwendet werden.

Lassen Sie Ihre Kreativität spielen

Anschließend sammeln Sie die Karten ein und gruppieren die Punkte gemeinsam an einer Metaplantafel oder notieren sie auf einem Flip-Chart.

Technisch versierte Teams führen die gleiche Technik durch, notieren die Karteikarten aber unter Verwendung von PC und Beamer direkt in ein elektronisches Mindmap (beispielsweise mit der Software MINDMANAGER). Diese Lösung bietet den Vorteil, dass die so aufgenommenen Lösungsansätze anschließend elektronisch verteilt werden können. Außerdem lässt sich das Mindmap in Word exportieren und erzeugt dabei automatisch eine Gliederung. Dadurch lassen sich die einzelnen Punkte später leicht weiterbearbeiten.

Sollten Sie Ihre Vision dagegen alleine entwickeln, schreiben Sie in jedem Fall alle Einfälle auf. Wenn Ihnen dabei nicht ausreichend Ideen kommen, nutzen Sie doch einmal die Clock-Writing Technik.

Tipp: Clock-Writing

Um möglichst schnell ganz viele Ideen zu generieren, nehmen Sie einen Block, einen Füllfederhalter und einen Wecker. Stellen Sie den Wecker auf 7 Minuten, setzen den Füller an und beginnen zu schreiben. Notieren Sie zu Beginn nochmals die Ausgangsfrage, formulieren Sie diese in eigene Worte um und schreiben dann, ohne abzusetzen.

Notieren Sie alles, was Ihnen in den Sinn kommt und setzen den Stift erst ab, wenn der Wecker klingelt oder Sie mindestens fünf gute Antworten gefunden haben.

Arbeiten Sie so konzentriert die Fragen ab. Vergessen Sie nicht, jede Stunde eine Pause zu machen. Erst wenn Sie alle Fragen beantwortet haben, gehen Sie Ihre Texte durch und sichten die Einfälle.

Erster Schritt: Fragen an den Unternehmer

Erinnern Sie sich zurück an die Gründung oder Übernahme Ihres Unternehmens und beantworten folgende Fragen:

Was sind die unternehmerischen Grundmotive?

- *Was war damals eigentlich mein Motiv? Wieso habe ich dieses Geschäft gegründet oder übernommen? Was war der Anlass? Welche Träume, welche Wünsche hatte ich damals? Welche haben sich erfüllt - und welche sind noch offen?*
- *In welchen Geschäftssituationen fühle ich mich wirklich glücklich?*

- *Was sind meine persönlichen Vorlieben und Interessen? Wie könnte ich diese noch stärker in meinen Betrieb einbinden?*
- *Was würde ich tun, wenn mir jemand ein Angebot für meine Firma machte, ein Angebot, bei dem ich nicht „Nein" sagen könnte?*
- *Was wäre, wenn ich heute elf Millionen Euro im Lotto gewinnen würden? Würde ich in neue Produkte investieren, in neue Märkte, eine Vertretung oder meinen Betrieb verkaufen und Privatier werden?*
- *Wo werde ich in sieben Jahren sein, wie sieht dann mein Tag aus?*
- *Wie wird meine Familie sein? Wie viel Urlaub nehme ich dann pro Jahr und wie werde ich diesen verbringen?*
- *Gehört der Betrieb dann noch mir oder habe ich ihn verkauft?*
- *Welchen Raum werde ich in sieben Jahren meiner Firma geben, wie viel Platz wird meine Familie einnehmen und wie viel Zeit werde ich für mich und meine persönliche Freizeit verwenden?*

Zweiter Schritt: Fragen an das Strategie-Team

Was bewegt Ihr Team?

Schauen wir zurück auf die Geschichte unserer Firma, von der Gründung bis zum heutigen Tag und dann in die Zukunft.

- *Was waren die Meilensteine, die Höhen und Tiefen dieses Unternehmens?*
- *Wenn wir das Rad der Zeit zurückdrehen könnten, welche Dinge würden wir aus heutiger Sicht unterlassen? Was würden wir in jedem Fall anders machen? Welche Entscheidungen würden wir in jedem Fall genauso wieder treffen?*
- *Sind wir zur richtigen Zeit am richtigen Ort?*
- *Für wen haben wir die passenden Lösungen und wo liegen unsere besonderen Stärken?*
- *Was lieben unsere Kunden? Was hassen sie?*
- *Was sind die fünf größten Sorgen unserer Kunden? Haben wir Ideen oder können wir Verbindungen schaffen, um diese Sorgen zu lösen?*
- *Welche Gründe haben Kunden, beim Wettbewerb zu kaufen?*
- *Wer wird zukünftig unser Kunde sein und was wird er kaufen?*
- *Welche Probleme und Wünsche wird er haben?*
- *Zu welchen Firmen werden wir in sieben Jahren in Wettbewerb stehen? Sind es die gleichen Firmen oder könnten Branchenfremde eindringen?*
- *Wie wird unsere Branche in sieben Jahren aussehen? Welche Trends werden den Markt bestimmen?*
- *Welche neuen Technologien werden kommen? Und welche Produkte und Lösungen können wir daraus generieren?*
- *Wie werden unsere Geschäftsprozesse aussehen? Wie weit werden Internet, Telekommunikation und andere neue Technologien die Geschäftsformen verändern?*
- *Was würde fehlen, wenn es unsere Firma oder unsere Produkte nicht gäbe? Was macht unser Unternehmen erfolgreich, was macht es einzigartig? Wenn wir von Personen und Produkten abstrahieren: wofür stehen wir als Unternehmen, was ist unser innerstes (Leit-)Motiv?*

- *Was muss in den nächsten Jahren getan werden?*
- *Welche neuen Kunden und Zielgruppen könnten wir mit unseren Kenntnissen auch noch bedienen?*

Dritter Schritt: Kaufauslöser finden

Bei der Suche nach den Kaufauslösern, den so genannten „Kauf-mich-Knöpfen", dreht sich alles um die Frage:

Warum kaufen unsere Kunden bei uns?

- *Weshalb kaufen unsere Kunden bei uns?*

Jeder notiert 10 Gründe, weshalb die Kunden kaufen. Anschließend werden diese Gründe laut verlesen und geprüft:

- *Ist das wirklich ein Kaufauslöser? Würde der Kunde aus diesem Grund das eigene Unternehmen dem Wettbewerb vorziehen? Ist das ein so genannter Kauf-mich-Knopf?*

Nur Vorschläge, die diese Prüfung überstehen, werden auf die zentrale Liste der „Kauf-mich-Knöpfe" notiert.

Seien Sie dabei streng! Lassen Sie keine Allgemeinplätze zu. Neue Kunden kaufen nicht bei Ihnen, weil Sie die „besten Problemlöser" sind. Falls Sie ihnen nicht wirklich noch in der Phase des Kennenlernens eine Problemlösung präsentieren. Wenn in einer viel befahrenen Straße drei Ihnen unbekannte Metzgerei-Fachgeschäfte nebeneinander stehen und eines hat freie Parkplätze, wo würden Sie einkaufen?

Kaufen wirklich alle Menschen den preiswertesten Kaffee? Erinnern Sie sich noch an die Werbung, in der die Schwiegermutter zu Besuch kam? Das Motiv, JACOBS Kaffe zu kaufen, liegt in der Angst, sich zu blamieren und der Sicherheit, die diese Marke bietet, sich nicht zu blamieren, sondern sich im Gegenteil Anerkennung zu holen.

Verwechseln Sie auch nicht Produktausstattung mit Nutzen. Nicht die ausgefeilte Technik des Airbags ist der „Kauf-mich-Knopf", sondern die Sicherheit. Der Kauf eines BOSS-Anzugs hat etwas mit Attraktivität zu tun, mit Anerkennung und Erfolg. MARLBORO wird nicht wegen der Qualität des Tabaks gekauft. Trinkt jemand COCA-COLA, weil sie das preiswerteste Limonadengetränk ist? Gehen Sie Ihre letzten Neukunden-Geschäfte durch. Was war wohl das Motiv hinter dem Motiv? Welche Menschen waren die Entscheider, gab es da gemeinsame Denkmuster?

Welchen unmittelbaren Kundennutzen realisieren Sie?

In Ausnahmefällen kann es vorkommen, dass Sie aufgrund Ihrer sehr strengen Selektion fast alle Kaufauslöser wieder von der Liste streichen.

In diesem Fall führen Sie die Übung wie folgt fort. Versetzen Sie sich noch einmal in die Lage Ihrer Kunden und stellen die Frage nach dem Kaufmotiv:

Bei mangelhaftem eigenen Profil den allgemeinen Produktnutzen ermitteln

- *Wieso kauft ein Kunde überhaupt ein solches Produkt? Was ist das eigentliche Motiv? Was erwartet er wirklich, wenn er diese Leistung bestellt?*

Wieder erstellt jeder eine Liste von zehn Motiven. Notieren Sie alle Punkte auf dem Flip-Chart und bestimmen dann per Punktvergabe die wichtigsten fünf Motive.

Für jedes Motiv sollte die Gruppe dann in bewährter Methode mehrere Kaufauslöser suchen. Diesmal allerdings erweitern Sie den Gedankenhorizont in die Zukunft. Suchen Sie nach Kaufauslösern, die Ihr Unternehmen zukünftig Ihren Kunden bieten könnte.

Vierter Schritt: Ergebnisse gewichten und auswählen

Fassen Sie nun die Ergebnisse der verschiedenen Analysen zusammen. Dazu sollten Sie aus jedem Bereich die aus Ihrer Sicht für die Zukunft Ihres Unternehmens interessantesten Erkenntnisse auswählen. Wenn Sie sich im Team nicht über die Fokussierung einigen können, geben Sie jedem Teammitglied fünf Stimmen, mit denen er einen oder mehrere Punkte fokussieren kann und übernehmen dann die Einträge mit den meisten Punkten.

Märkte und Kunden

Folgende fünf Teilmärkte, in denen wir heute schon aktiv sind, haben ein besonders hohes zukünftiges Deckungsbeitrags-Potenzial:

1. ....
2. ....
3. ....
4. ....
5. ....

Unsere Stärken gegenüber der Konkurrenz

Bei der Wettbewerbsanalyse haben wir festgestellt, dass wir unsere Konkurrenz besonders in den folgenden fünf Punkten übertreffen:

1. ....
2. ....
3. ....
4. ....
5. ....

Unsere Kauf-mich-Knöpfe

Folgende fünf „Kauf-mich-Knöpfe", auch Unique Selling Proposition (USP) genannt, stehen im Mittelpunkt unserer Leistungen oder könnten von uns in den Mittelpunkt gestellt werden:

1. ....
2. ....
3. ....
4. ....
5. ....

Fünfter Schritt: Entwickeln Sie eine erste Vision

Notieren Sie für jeden Punkt ein Stichwort auf dem Flip-Chart und kreisen es ein. Hängen Sie das Blatt gut sichtbar auf.

Auf einem zweiten Blatt listen Sie die verschiedenen Visionsarten (siehe Kap. 2.2) auf:

- Technologien / Anwendungen
- Märkte / Marktnischen
- Führerschaft (Märkte, Qualität, Produkte...)
- Eroberung
- Überholen
- Kundennutzen
- Kombination obiger Visionsarten

Machen Sie eine kreative Pause und lassen die bisherigen Ergebnisse ins Unterbewusstsein einsickern. Danach sollte jedes Team-Mitglied mindestens drei Prototypen für mögliche Visionen entwickeln. Jeder Prototyp beginnt mit einem der folgenden Satzanfänge:

- *Wir sind ...*
- *Unser Unternehmen bietet ...*
- *Unsere Firma steht für ...*
- *Wir werden ...*

Lassen Sie die Vorschläge von einem Gruppenmitglied abschreiben, um sie zu anonymisieren und holen dann über eine gemeinsame Punktevergabe ein Stimmungsbild ein. Wenn sich kein eindeutiges Bild ergibt, übernehmen Sie die führenden zwei oder drei Prototypen in die nächste Strategiesitzung.

2.4 Exkurs Leitbild: Der Vision den richtigen Rahmen geben

Vor der Auswahl einer Strategie sollten Sie entscheiden, was erlaubt und was verboten ist. Denn erfolgreiche Unternehmer halten sich zwar immer an die Regeln, spielen aber hart an der Grenze, ohne diese zu überschreiten. Diese Grenzen werden einerseits durch die Gesetze und die im jeweiligen Land vorherrschende Ethik bestimmt, andererseits aber lassen diese vorgegebenen Regeln noch weite Interpretationsspielräume und jede Firma nutzt diese auf eine ganz eigene Weise. Wo ein Unternehmen lange Verträge und mehrseitige Geschäftsbedingungen benötigt, schließen andere Unternehmer noch Verträge mit Handschlag. Schwierig wird es aber, wenn innerhalb ein und derselben Firma die Menschen sich in grundlegenden Werten unterschiedlich verhalten.

Aktionsräume und Grenzen abstecken

Deshalb reicht die Vision alleine als Kompass für Ihre Mitarbeiter nicht aus. Der Kampf um die Zukunft eines jeden Unternehmens wird letztendlich beim Kunden entschieden. Wie aber erlebt Ihr Kunde Ihre Firma? Er sieht den Fahrer des Lieferwagens, hört die Stimme Ihrer Sekretärin und diskutiert mit Ihrer Hotline. Jeder dieser Mitarbeiter prä-

Wie erlebt Ihr Kunde Ihre Firma?

sentiert durch seine Kleidung, sein Verhalten und jeden seiner Sätze Ihr Unternehmen. Er trifft Stunde für Stunde Kunde um Kunde und prägt deren Sicht Ihres Unternehmen.

Sicher haben Sie schon einmal vor einem wichtigen Termin in den Spiegel geschaut und geprüft, ob Ihr Outfit stimmt. Aber können Sie sich darauf verlassen, dass sich Ihre Mitarbeiter genauso verhalten? Während die Vision den Weg in die Zukunft beleuchtet, gibt ein ergänzendes Wertesystem den Verhaltenskodex vor. Sorgen Sie dafür, dass jeder Mitarbeiter versteht, akzeptiert und verinnerlicht, für welche grundlegenden Werte seine Firma steht und welche generellen Leitlinien gelten. Dann können Sie viele Verfahrensanweisungen und Handbücher einsparen und trotzdem sicher sein, dass er Ihr Unternehmen gegenüber Ihren Kunden optimal vertritt.

Verbindlicher Verhaltenskodex für Ihre Mitarbeiter und Sie

Die Wirkung dieser Leitlinien wird wesentlich durch ihre Prägnanz geprägt. Wie können wir Spaß an der Arbeit erzeugen, wenn der neue Mitarbeiter sich zuerst durch ein fünfhundertseitiges Qualitäts-Management Handbuch arbeiten muss? Zehn Gebote reichen aus, um Millionen Christen in der ganzen Welt klare ethische Leitlinien zu geben. Und weil sich kaum jemand mehr als zehn Regeln merken wird, sollten Sie mit weniger auskommen.

Es gilt also, Prioritäten festzulegen. Steht Ihr Unternehmen für Genauigkeit – oder für Spaß am Erfolg? Bieten Sie in erster Linie Kontinuität – oder permanente Verbesserungen? Geht alle Macht vom Kunden aus – oder vom Chef? Sollen Mitarbeiter dienen – oder denken?

Sie sind Vorbild

Gerade bei der letzten Frage sei gewarnt: Mitarbeiter spüren, wenn etwas nicht stimmt. Hehre Grundsätze, die eine heile Welt vorspiegeln, sind kontraproduktiv. Im Mittelstand steht der Chef fürs Unternehmen, vermeiden Sie also jegliche Dissonanzen zwischen den Leitlinien und Ihrem persönlichen Auftritt. Sie sind das Vorbild, wenn Sie nicht die Regeln vorleben, wer dann?

Gehen Sie noch einmal Ihre persönlichen Aufschriebe sowie die Ergebnisse der Visions-Sitzungen durch und wählen die Werte aus, für die Sie selbst geradestehen können. Wenn Sie diese in Worte fassen, schlagen Sie zwei Fliegen mit einer Klappe. Erstens wird Ihr Leitbild authentisch und verstärkt Ihr persönliches Charisma. Und zweitens geben Sie Ihre unternehmerische Haltung an Ihre Mitarbeiter weiter und forcieren so Eigeninitiative, Engagement und Produktivität.

Beispielhafte Aufstellung von Leitlinien

- Wir verhelfen unseren Kunden zum Erfolg!
- Unsere Produkte müssen erst uns zu 100 Prozent überzeugen, bevor wir sie an einen Kunden weitergeben!
- Wir arbeiten vorausschauend!

- Wir übernehmen die Verantwortung für unsere Leistungen und Fehler!
- Wir hören unseren Kollegen und Kunden zu!
- Wir möchten erst verstehen, bevor wir verstanden werden!
- Wir nehmen Anregungen als Ansporn zur Verbesserung!
- Wir akzeptieren jeden Menschen so, wie er ist!
- Wir verbessern unseren Service – jeden Tag!

So einfach es wäre, diese oder andere Leitlinien einfach abzuschreiben, so gefährlich ist es auch. Durch die Diskrepanz zwischen Leitlinien und Leitfigur wird der Energiefluss gestört, schlimmstenfalls werden die Leitlinien und damit der Unternehmer zum Gespött der Mitarbeiter. Suchen Sie deshalb nach eigenen Werten und fassen diese in eigene Worte.

Diskrepanz zwischen Leitfigur und Leitlinien vermeiden

Wenn Sie allerdings glauben, dass Ihr persönliches Wertesystem nicht auf Ihre Mitarbeiter übertragbar ist, kann das eine Störung in Ihrem Unternehmen signalisieren. In diesem Fall schauen Sie einmal hinter die Kulissen. Sind Sie wirklich mit Ihrem Unternehmensergebnis zufrieden? Wie, glauben Sie, reden Ihre Mitarbeiter über Sie? Wie denken Ihre Kunden über Ihre Einstellung? Könnte es nicht sein, dass die persönlichen Einstellungen und Werte eines Unternehmers in direktem Zusammenhang mit seinem geschäftlichen Erfolg stehen?

So hart und schwierig ein Wandel der persönlichen Werte ist, kann er doch eine Chance sein, aus festgefahrenen Strukturen auszubrechen und erfolgreicher zu werden. Allerdings kann er nur selten vollständig mit eigener Kraft realisiert werden. Wenn Sie hier Handlungsbedarf erkennen, suchen Sie sich einen passenden Sparringspartner.

3 So erstellen Sie eine praktikable Strategie

Der Scheinwerfer Vision strahlt den zu besteigenden Gipfel an. Das Leitbild gibt der Gemeinschaft eine Identität und stellt die Regeln für den kommenden Anstieg. Im dritten Schritt gilt es, eine Route herauszuarbeiten, welche abgestimmt auf die eigenen Stärken und in vollem Bewusstsein der gegnerischen Mannschaft den Titel der Erstbesteigung sichert.

Wie wollen Sie Ihre Vision umsetzen?

Eine gute Strategie gewährleistet einen nutzbringenden Ressourceneinsatz und stellt sicher, dass die Kräfte auf den Punkt genau fokussiert werden. Bei Olympia zählt nicht die Zeit im Vorlauf, sondern nur die Form, die der Sportler im Finale zeigt. Wer eine Goldmedaille anvisiert, verzichtet womöglich im Vorfeld auf manches sportliche Ergebnis.

Strategie sorgt für die Konzentration der Kräfte

Strategie sorgt also für die Konzentration der Kräfte. Ohne klare Strategie kommt es in der Praxis zur Verzettelung, das Unternehmen läuft zwar auf Hochtouren, die eingesetzten Energien aber verpuffen oder bringen Ergebnisse hervor, die nicht zueinander passen. Die Strategie bündelt deshalb alle betrieblichen Aktivitäten und muss folgende Fragen beantworten:

- *Auf welchen Geschäftsfeldern werden wir agieren?*
- *Wo liegt der zentrale Nutzen für unsere Kunden?*
- *Welche nachhaltigen Wettbewerbsvorteile streben wir an?*
- *Welche Kernkompetenzen werden wir zur Umsetzung benötigen?*
- *Wo liegen unsere spezifischen Stärken und Schwächen und wie werden wir diese in unserer Strategie berücksichtigen?*
- *Welche zentralen Trends können Markt, Kunden und Umfeld verändern und wie werden wir auf diese unterschiedlichen Szenarien reagieren?*
- *Welche externe Unterstützung in Form von Beteiligungen, strategischen Allianzen oder Kooperationen werden wir zur Zielerreichung anstreben?*

Mittelständische Unternehmer beantworten und begründen diese Fragen häufig aus dem Bauch heraus. In Konzernen dagegen werden dicke Ordner mit Zahlen, Fakten und Analysen hervorgeholt.

Beide Ansätze sind richtig und falsch zugleich. Wer sich in Zahlen und Details verliert, verliert den Überblick. Wer sich dagegen nur auf seine Gefühle verlässt, riskiert den Sprung in unbekannte Gewässer, ohne deren Tiefe zu kennen. In der Praxis bewährt sich eine Kombination beider Verfahren. Die grundsätzliche Anwendung von Strategie ist einfach und setzt keine betriebswirtschaftlichen Spezialkenntnisse voraus, der gesunde Menschenverstand reicht aus. Die nachfolgenden Strategieansätze haben sich in der Praxis bewährt und geben Ihnen diesbezüglich Hilfestellungen.

Verschiedene Szenarien testen die Überlebensfähigkeit Ihrer Strategie gegenüber externen Einflussfaktoren

Da es um eine langjährige Ausrichtung geht, gestalten Sie im nächsten Schritt verschiedene Szenarien, um die Überlebensfähigkeit Ihrer Strategie gegenüber externen Einflussfaktoren zu erproben. Danach entwickeln Sie aus Ihrer Strategie die Zielpyramide Ihres Unternehmens. Dies ermöglicht einen Machbarkeitstest anhand Ihrer vorhandenen Ressourcen und ergibt gleichzeitig die Messlatte für das regelmäßige Controlling. Im letzten Schritt nehmen Sie eine Plausibilitätskontrolle vor, überprüfen eventuelle Engpässe und erstellen einen Projektplan zur Umsetzung.

Strategische Grundregel

Bei aller Euphorie über eine neue Strategie und deren Umsetzung sollten Sie aber immer eine Grundregel im Auge behalten:

- Das **kurzfristige Überleben** eines Unternehmens hängt von der Reichweite seiner finanziellen Mittel ab.
- Das **mittelfristige Überleben** eines Unternehmens hängt von seinem bisherigen Kerngeschäft ab.

- Das **langfristige Überleben** wird durch die Strategie gesichert, denn es kann drei bis sieben Jahre dauern, bis Sie die Ernte Ihrer neuen Vision einfahren.

> **Die richtige Reihenfolge zum strategischen Erfolg:**
> 1. Schützen Sie Ihr Unternehmen vor finanziellen Engpässen!
> 2. Sichern Sie Ihr Bestandsgeschäft gegen den Wettbewerb!
> 3. Bauen Sie vorhandene Geschäftsmöglichkeiten aus!
> 4. Nutzen Sie diese Basis, um dann in neue, ertragreiche und zukunftsfähige Geschäftsfelder zu springen!

3.1 Werkzeugkasten Strategie

3.1.1 Kämpfen: Wettbewerb ist Krieg

Der Urvater aller Strategielehren war der Krieg. Die unterlegenen Völker wurden assimiliert, in alle Winde zerstreut oder starben aus. Wirtschaftlicher Wettbewerb ist nichts anderes als Krieg mit anderen Mitteln. Dabei beantwortet Ihre Vision die Frage, in welchem Krieg Sie sich befinden. Die Strategie dagegen bestimmt, auf welchem Feld Sie sich mit welchen Truppen gegen welchen Gegner stellen werden.

Wirtschaftlicher Wettbewerb ist nichts anderes als Krieg mit anderen Mitteln

Jack Trout und Steve Rivkin definieren in ihrem strategischen Modell für das Überleben im 21. Jahrhundert vier Arten von Kriegen:
- Verteidigungskrieg
- Angriffskrieg
- Flankenkrieg
- Guerillakrieg

Die Positionierung des eigenen Unternehmens innerhalb dieser Gliederung bietet eine gute Ausgangsposition für die Suche nach einer Strategie.

Der Verteidigungskrieg

Marktführer befinden sich in einer permanenten Verteidigungsposition. Wenn der Abstand zum Wettbewerb groß genug ist, verlängern Marktführer die Lebenszyklen der vorhandenen Produkte, um einen möglichst großen Cashflow zu generieren. Schleicht sich Bequemlichkeit und Arroganz ein oder wird die rechtzeitige Entwicklung neuer Produkte vernachlässigt, kann auch das Imperium eines Marktführers zusammenbrechen.

Marktführer befinden sich in einer permanenten Verteidigungsposition

Nixdorf hatte in Deutschland mit seinen 8870 Computersystemen und der Anwendungssoftware Comet eine außerordentliche Marktstellung und verlor diese durch eine verspätete Reaktion auf die Angriffe der Wettbewerber. Gilette dagegen bringt alle paar Jahre neuartige Rasierer heraus und kontert damit schnell die Vorstöße der Konkurrenz.

Mögliche Angriffe des
Wettbewerbs vorhersehen
Wer sich als Marktführer in einem Verteidigungskrieg befindet, darf zwar durchaus einen Teil seiner Gewinne abschöpfen, muss aber mögliche Angriffe seiner Wettbewerber vorhersehen und darauf reagieren können. Wer ohne Not seine Preise senkt, verschenkt Geld, das Gleiche gilt für die Einführung neuer Produkte. Eine Strategie kann darin liegen, der Konkurrenz das Risiko der Neueinführung von Produkten zu überlassen und dann sich abzeichnende Trends mit der Macht des Marktführers abzuräumen. Wenn ein Marktführer aufgrund seiner Mengenvorteile eine Kostenführerschaft erreicht, hat er die Option, neu aufkommende Wettbewerber in einen tödlichen Preiskampf zu verwickeln.

Der Angriffskrieg

Der Angriffskrieg sollte
nur von der Nummer
zwei oder drei im Markt
geführt werden
Der Angriffskrieg sollte nur von der Nummer zwei oder drei im Markt geführt werden. Nur eine solche Position bietet die Ausgangslage und Ressourcen, um in der direkten Konfrontation mit dem Marktführer bestehen zu können. Trotzdem wird ein kluger Stratege auch im Angriffskrieg nicht kopflos frontal angreifen, sondern beim Gegner nach Schwachstellen suchen und dort angreifen.

Deshalb kommt gerade im Angriffskrieg der Konkurrenzaufklärung eine wesentliche Bedeutung zu. Diese wird dadurch vereinfacht, dass sie sich auf einen einzigen Gegner konzentrieren kann. Anschließend sollten alle betriebswirtschaftlichen Stärken und Schwächen mit dem Marktführer verglichen werden. Insbesondere müssen die versteckten finanziellen und technischen Ressourcen aufgedeckt werden, denn sollte ein solcher Angriff in einem Stellungskrieg stecken bleiben, überlebt das Unternehmen mit den besseren Reserven.

Der Flankenkrieg

Wer weder Marktführer noch die Nummer zwei in seinem Markt ist, sollte sich hüten, seine Gegner frontal anzugreifen.

Die eleganteste Methode ist der Flankenkrieg. Die Flanken waren in der klassischen Schlachtaufstellung am weitesten vom Befehlshaber entfernt und an einer Seite ungeschützt. Über die Flanke griff in der Regel an, wer sich nicht an die Regeln hielt.

Auf eingefahrenen oder
ungeschützten Märkten
die Karten neu mischen
Und genau diese beiden Punkte, die Suche nach ungeschützten Märkten und die Re-Definition von Regeln sind auch im Wirtschaftskrieg die entscheidenden Punkte für einen Flankenangriff. Man suche sich ein eingefahrenes Segment, in dem sich der Wettbewerb abgestumpft hat, und mische es mit alten oder neuen Ideen auf.

Landmaschinenhändler wandten sich plötzlich dem Verkauf von selbstfahrenden Rasenmähern zu. Aus Rollschuhen wurden trendige Inliner. Wer hätte sich vorstellen können, dass langsame, schwere Autos mit wenig Komfort und extrem hohem Benzinverbrauch Markterfolge erzielen könnten? Doch die Verkaufskurven von Jeeps und Geländewagen zeigten das Gegenteil.

„Warum, zum Teufel, darf ein Motorrad nur zwei Räder haben?" Mit dieser ketzerischen Frage begann der Siegeszug der vierrädrigen Motorräder, der so genannten Quads, mit denen auch ängstliche Leute, die sich vor Stürzen fürchten, trotzdem den Adrenalinschub genießen können.

Der Markt für Tee war verteilt, als die TEEKAMPAGNE mit der Idee, dem Verbraucher die Bevorratung des Tees zu überlassen und den qualitativ hochwertigen Tee preiswert per Post zu beziehen, über die Flanke in den Markt einbrach.

Durch die Veränderung von Regeln und eine andere Sicht auf die eigenen Möglichkeiten werden Marktbarrieren überwunden. CANON stellte fest, dass es alle Ressourcen hatte, um kleinste, „persönliche" Kopierer zu produzieren. Das änderte einen kompletten Markt. Michael DELL hatte in seiner Garage keinen Platz für ein Ladengeschäft. Zu einem Zeitpunkt, als andere Hersteller sogar noch einen Verkäufer zum Kunden schickten, begann er damit, Computer per Post zu verkaufen und wurde, soweit man ihn überhaupt wahrnahm, von den etablierten IT-Herstellern ausgiebig belächelt.

> *Durch die Veränderung von Regeln und eine andere Sichtweise werden Marktbarrieren überwunden*

Das Ändern von Regeln funktioniert aber auch im Kleinen. Der Glaser, der dem Kunden gleich die Fensterreinigung und einen langfristigen Service-Vertrag anbietet. Oder die Rohrreinigungsfirma, die feststellt, dass sie eine zentrale Disposition sowie alle weiteren Voraussetzungen hat, um via Internet einen umfassenden Hausmeister-Service anzubieten und so die Auslastung steigert und weiteres Wachstum sichert.

Erfolgreiche Angriffe über die Flanke eignen sich deshalb optimal für kleine und mittlere Unternehmen. Allerdings benötigt der Flankenangriff eine gute Vorbereitung, insbesondere durch die richtigen Segmentierungs-, Differenzierungs- und Fokussierungsstrategien.

> *Flankenangriffe eignen sich optimal für kleine und mittlere Unternehmen*

Guerilla-Krieg

Wenn – aus welchen Gründen auch immer – ein umfassender Flankenangriff nicht infrage kommt, wird es Zeit, sich mit dem Guerilla-Krieg vertraut zu machen. Guerillas greifen nie frontal an. Sie erobern abgelegene Täler und nutzen dabei den natürlichen Schutz durch die Gebirge. Sie suchen Zielgebiete, die für den Gegner nicht attraktiv erscheinen oder in denen er nicht stark genug ist und formen dann aus diesen Nischen einen eigenen Markt.

> *Von den Großen unbeachtete Nischen besetzen und dort einen eigenen Markt formen*

Durch den permanenten Blick und die Reaktion auf die vielen unterschiedlichen Situationen darf die Strategie im Guerilla-Krieg nicht eng und formal gefasst werden. Aufgabe des Generals ist es, die Strategie immer wieder der momentanen Situation anzupassen, ohne die Mission aus den Augen zu verlieren. Da die Gegner zwar in der Übermacht sind, sich aber daraus längere Entscheidungswege ergeben, muss der Guerilla-Führer auch die Kühnheit besitzen, kurzfristig und entschlossen Entscheidungen zu treffen, auch wenn ihm nicht alle Fakten zur Verfügung stehen.

Risikobereitschaft und erhöhter Einsatz ersetzen keine Strategie

Auf den ersten Blick scheint dieses Bild all jenen Recht zu geben, die auf eine Strategie verzichten und den Erfolg im erhöhten persönlichen Einsatz im Tagesgeschäft sehen. Doch davor sei gewarnt. Weil der Gegner so übermächtig ist, kann er durch reine Mehrarbeit nicht bezwungen werden. Oder, wie Jay Conrad Levinson, der Erfinder des Guerilla-Marketing, so treffend schreibt: *„Die erste Idee des Guerilla-Marketing lautet, dass Guerillas rückwärts planen. Sie beginnen mit ihren langfristigsten Zielen und arbeiten sich dann wieder zurück bis zur Gegenwart. (…) Die meisten Unternehmen sehen den Beginn des Weges vor sich, können jedoch nicht erkennen, wohin er in der Ferne führt. Ihre Kurzsichtigkeit bringt sie in Schwierigkeiten, wenn Veränderungen oder unvorhergesehene Ereignisse auftreten und sogar wenn sich plötzliche Erfolge einstellen."*

Immer die langfristige Strategie im Auge und mit der Bereitschaft, sich über einen Zeitraum von bis zu sieben Jahren dafür einzusetzen, achten Guerilla-Führer auf zwei Grundregeln der Guerilla-Führung

1. Leichtes Marschgepäck

* Es zählt nicht die Anzahl der Mitarbeiter, sondern deren Qualifikation.
* Es zählt nicht der Umsatz, sondern der Gewinn.
* Es zählen nicht die Gesamtkosten, sondern die Fixkosten, d.h. die monatliche Belastung, die kurzfristig nicht veränderbar ist.

2. Die Kenntnis des Geländes

* Sie kennen die Kunden besser als der Wettbewerb.
* Sie streben permanent nach dem Nutzen ihre Kunden.
* Sie kennen die Konkurrenz besser als diese sich selbst.
* Sie streben danach, diese Kenntnisse permanent zu verbessern.

3.1.2 Segmentieren: Eine Kettenreaktion in Gang setzen

Konzerne erwirtschaften Kostenvorteile durch große Absatzmengen

Konzerne benötigen große Absatzmengen, um in Produktion und Einkauf die gewünschten Kostenvorteile erzielen zu können. Denn mit zunehmender Fertigungsmenge, so die Theorie, sinken die Stückkosten. Große Anbieter streben deshalb nach möglichst breiten Absatzmärkten und versuchen, mit möglichst wenig Varianten möglichst vielen Kunden einen Zusatznutzen zu bieten. Denn jede Ausweitung an Produkten und Produktvarianten verringert durch die steigende Komplexität und die geringeren Stückzahlen die Produktivität.

Bildlich gesprochen benötigt ein Riese wesentlich mehr Energie, um seinen Bewegungsapparat zu motivieren und einen 10-Euro Schein aufzuheben als ein Zwerg.

Grobmaschiges Netz im Mengengeschäft

Natürlich segmentieren Konzerne ihre Märkte in Teilmärkte und ihre Kunden in Zielgruppen. Allerdings ist das von ihnen verwendete Netz sehr grobmaschig. Denn die sich ergebende Zielgröße muss ausreichen, um die Kosten für die zusätzliche Bewegung des Unternehmensapparats abzudecken. Gleichzeitig werden die Kundenbedürfnisse aber immer differenzierter. So entstehen immer wieder Nischen, die vom Marktführer und der Nummer zwei nicht bedient werden.

Nischen, die vom Marktführer und der Nummer zwei nicht bedient werden

Wenn ein Unternehmen bei dem stürmischen Kampf zwischen Marktführer und Verfolgern unterzugehen droht, gilt es, eine nicht ganz so ertragreiche Bucht anzusteuern, die zwar keine großen Fische, aber einen sicheren Fang ermöglicht. Durch den geringeren Wettbewerb kann sich das Unternehmen in dieser geschützten Bucht ungestört entwickeln und in der Regel sehr schnell eine starke Marktsituation erreichen und gute Gewinne erzielen.

Solch eine Bucht, auch Marktnische genannt, ermöglicht es auch, den Vorteil der 15-Prozent-Regel mitzunehmen.

Die 15-Prozent-Regel

Wenn Sie es erreichen, innerhalb eines Teilmarktes oder einer Zielgruppe mindestens 15 Prozent Marktanteil zu gewinnen, nimmt der Markt Sie wahr. Marktteilnehmer, die Sie nicht kennen, erhalten von mehreren Seiten Informationen über Ihr Unternehmen und beginnen Sie auch ohne einen direkten Erstkontakt als ernsthaften Anbieter in Betracht zu ziehen.

Ein wesentliches Merkmal für die Qualität Ihrer Zielgruppendefinition ist also die Frage:

- *Kann das Unternehmen in der gewünschten Zielgruppe binnen vertretbarer Zeit einen relevanten Marktanteil erzielen?*

Oder anders gesagt, wenn Sie sich nicht vorstellen können, in dem von Ihnen definierten Segment 15 Prozent Marktanteil zu erreichen, sollten Sie die Definition des Teilmarktes oder der Zielgruppe nochmals überdenken. Für die optimale Segmentierung finden Sie in den nachfolgenden Kapiteln „Differenzieren" und „Fokussieren" entsprechende Strategien.

Gerade Freiberuflern und kleineren Unternehmen fällt es häufig sehr schwer, das Segment so klein und differenziert zu definieren, dass eine Führerschaft erreicht werden kann. Falls es Ihnen auch so gehen sollte, erstellen Sie doch einmal eine Liste mit den 10 wichtigsten gemeinsamen Merkmalen Ihres „Traum-Kunden" bzw. im Firmenkunden-Bereich Ihres „Traum-Entscheiders".

Das Segment so klein und differenziert definieren, dass eine Führerschaft erreicht werden kann

- *Welche Kriterien verbinden die erfolgreichen Neukunden-Geschäfte der letzten 12 Monate?*
- *Welche Eigenschaften haben die Entscheider gemeinsam, die Sie zukünftig als Kunden gewinnen möchten?*

Überprüfen Sie die Liste auf Punkte mit Netzwerk-Eigenschaften. Das sind Eigenschaften, die eine Kommunikation zwischen den Mitgliedern einer Gruppe vermuten lassen. Wenn Ihre potenziellen Kunden bei-

Netzwerke innerhalb
Ihrer Zielgruppe fördern
Ihre Bekanntheit

spielsweise im gleichen Unternehmerverband sind, die gleiche Sportart spielen oder innerhalb einer Region die gleiche Automarke fahren. Je mehr gemeinschaftliche Merkmale Ihre Zielgruppe aufweist, desto höher ist die Wahrscheinlichkeit, dass diese Menschen einander kennen und miteinander – auch über Sie – reden könnten.

Risiken bei der Besetzung
von Nischen

Der Angriff auf kleinere Nischenmärkte ist eine der erfolgreichsten Guerilla-Strategien. Doch jede Strategie hat ihre eigenen Risiken. Stellen Sie deshalb bei der Anwendung der Segmentierungsstrategie folgende Punkte sicher:

- Überwachen Sie präventiv alle Veränderungen, die sich auf Ihre Nische auswirken können. Ein sehr gutes Instrument hierzu bietet das Strategische Radar, welches ich in meinem Buch „Wie junge Unternehmen Krisen bewältigen können", vorgestellt habe.
- Sorgen Sie für niedrige Fixkosten und eine bewegliche Organisation, damit Sie schnell auf Veränderungen reagieren können.
- Geben Sie sich nicht mit der Eroberung der Nische zufrieden. Gestalten Sie den Markt anschließend nach Ihren Vorstellungen um und sichern sich ab. Hierzu sollten Sie sich mit dem Thema „Schaffung von Marktbarrieren" beschäftigen.
- Schaffen Sie eine möglichst enge Kundenbeziehung. Gerade in Nischenmärkten ist es noch möglich, auch als kleineres Unternehmen ein eigenständiges Kundenbindungssystem einzuführen.

3.1.3 Differenzieren: Anders als die andern

„Im Immobiliengeschäft heißt die Devise: Lage, Lage, Lage.
Im Geschäftsleben Differenzierung, Differenzierung, Differenzierung. "
Robert Goizueta, ehemaliger Generaldirektor von Coca-Cola

Drei elementare
Erfolgsstrategien

Michael Porter, einer der führenden Strategieexperten, unterscheidet drei elementare Erfolgsstrategien:

- umfassende Kostenführerschaft
- Differenzierung
- Konzentration auf Schwerpunkte

Durch die Globalisierung der Märkte können Konzerne immer größere Stückzahlen in Ländern mit möglichst niedrigem Lohnniveau produzieren. Dadurch wird es für Mittelständler schwer, eine Strategie der Kostenführerschaft zu realisieren. Selbstverständlich gilt es, die Kosten im Unternehmen niedrig zu halten, aber die Position des Kostenführers einzunehmen und dann über einen langen Zeitraum strategisch abzusichern, überschreitet sicher die Möglichkeiten vieler lokal oder regional orientierter Unternehmen.

Die Strategie der Differenzierung ist besonders
für Mittelständler
Erfolg versprechend

Die Strategie der Differenzierung dagegen kann auch und gerade von mittelständischen Firmen angewandt werden. Das Grundprinzip der Differenzierung ist dabei ganz einfach:

EINE HÖHERE MARGE ERHÄLT NUR, WER SICH VOM WETTBEWERBER IN
EIGENSCHAFTEN UNTERSCHEIDET, DIE DEM KUNDEN WICHTIG SIND.

Wenn jemand über das Internet bestellt, wird er zwar unterschiedliche
Layouts wahrnehmen, aber nur die wenigsten Kunden werden davon eine Kaufentscheidung abhängig machen. Eine komplizierte Benutzer-
führung kann aber dazu führen, dass der Kunde den Kaufvorgang abbricht. Und wenn ein Shop auch für Neukunden den Kauf auf Rechnung
anbietet, kann dies ein entscheidender „Kauf-mich-Knopf" sein.

Noch wirksamer sind Differenzierungen, die nachhaltig wirken. Sie
bilden eine wirksame Wettbewerbsbarriere und sorgen für eine langfristige Gewinnsicherung. Wer seinem Kunden durch eine innovative Lösung 20 Prozent Ersparnis bietet und das mit einem Sechzigmonatsvertrag
absichert, sorgt für regelmäßige Einnahmen. Dabei liegt die Betonung auf
Ersparnis, nicht auf einem billigeren Angebot, denn das würde ja zu einem
Preiswettbewerb mit dem Kostenführer führen.

Differenzierungen, die nachhaltig wirken, bilden eine wirksame Wettbewerbsbarriere

Statt dessen gilt es beispielsweise bei Firmenkunden, die Probleme
und Sorgen seiner Zielgruppe so genau zu kennen, dass diese mit den angebotenen Lösungen eigene Einsparungen realisieren und damit eine Lösung, die zwar teurer ist, sich aber schneller amortisiert, bevorzugen. Genauso gut kann die Differenzierung darin liegen, für die Absatzprobleme
der Zielgruppe eine Lösung zu entwickeln, sich also um die Kunden der
Kunden zu kümmern.

Generell gilt:

JEDER FÜR DEN KUNDEN SPÜRBARE MEHRNUTZEN ERMÖGLICHT EINE
DIFFERENZIERUNG UND BIRGT HÄUFIG GENUG NOCH DIE CHANCE AUF
EINE ZUSÄTZLICHE PREISPRÄMIE.

Stellen Sie sich also die Frage, wie Sie sich aus Kundensicht vom Wettbewerb differenzieren können. Von der Antwort hängt die langfristige
Überlebensfähigkeit Ihres Betriebes ab, denn austauschbare Produkte
tendieren in der Rendite gegen Null. Schlimmer noch, bei austauschbaren Produkten wird sich der Marktpreis an der Kalkulation des Kostenführers orientieren und Sie haben nicht unter Kontrolle, wann Sie in die
roten Zahlen rutschen.

Wie können Sie sich aus Kundensicht vom Wettbewerb differenzieren?

Suchen Sie deshalb nach den wichtigsten Problemen Ihrer Kunden.
Sensibilisieren Sie jeden Mitarbeiter für dieses Thema. Hämmern Sie ih-
nen in Anlehnung an das Zitat von Kerstin Friedrich den Satz ein *„Die
Probleme und Sorgen unserer Kunden sind unsere Zukunft".*

Was sind die brennendsten Probleme Ihrer Kunden?

Im ersten Schritt notieren Sie alle Sorgen und Nöte Ihrer Kunden und
sammeln dann die Problemlösungen, von denen Sie glauben, dass Sie
sich damit entscheidend vom Wettbewerb unterscheiden. Suchen Sie
nach Stellen, an denen Sie nicht austauschbar sind, suchen Sie, über-
spitzt ausgedrückt, nach temporären Monopolen.

Richten Sie eine „Kunden-Problem-Sammelstelle" ein

Ändern Sie die Regeln Ihres betrieblichen Verbesserungswesens. Richten Sie eine „Kunden-Problem-Sammelstelle" ein. Das kann je nach Betriebsgröße ein Postkorb, ein Hängeordner oder ein spezieller Ordner im Netzwerk sein. Zahlen Sie Prämien, wenn Mitarbeiter von Kunden Probleme mitbringen und daraus mit den betrieblichen Produkten und Leistungen Lösungen entwickeln.

Fragen Sie in Zukunft nicht mehr *„Sind Sie mit uns zufrieden?"*, sondern *„Was können wir für Sie noch verbessern und welche Leistungen und Lösungen fehlen Ihnen?"*

Die Lösungen finden, die möglichst wenige Mitbewerber anbieten

Notieren Sie für alle Problemlösungen, wie viele Wettbewerber die gleiche Lösung haben. Denn Differenzieren heißt, die Lösungen zu finden, die möglichst wenige Mitbewerber anbieten. Führen Sie für diese Liste ein Ranking durch, d.h. bewerten Sie aus Kundensicht, welcher dieser Problemlösungen für ihn die größte seiner Sorgen beseitigt, dann die Nr. 2, die Nr. 3 usw. und Sie erhalten eine Hitliste für Ihre Differenzierung.

Ihre Zielgruppen müssen von Ihrem Angebot erfahren

Allerdings reicht es nicht, ein Angebot für die Lösung von Kundenproblemen zu entwickeln. Ihre Zielgruppe muss auch davon erfahren. Setzen Sie deshalb Ihre Differenzierungsstrategie in drei Schritten um:

1. Suchen Sie eine einfache, wirksame Lösung, die dem Kunden auf Anhieb einen Nutzen bietet.
2. Testen Sie die Lösung bei einem oder einer kleinen Gruppe von Kunden. Damit erarbeiten Sie sich Referenzberichte. Lassen Sie sich von diesen Kunden positive Aussagen, so genannte Testimonials, zu Ihrer Lösung geben. Je bekannter der Kunde, desto wirksamer das Zitat.
3. Entwickeln Sie ein Marketingkonzept, um sich bei der ausgewählten Zielgruppe durch die Problemlösung zu differenzieren.

Besonderen Erfolg werden Sie mit dieser Strategie haben, wenn Sie diese rationale Lösungskompetenz Ihres Unternehmens noch durch die persönliche Einstellung zum Kunden, die mentale Haltung Ihrer Mitarbeiter, verstärken.

Überprüfen Sie dazu doch einmal, ob sich Ihr Unternehmen bisher über die Einstellung zum Kunden differenzieren kann. Prof. Dr. Jörg Knoblauch teilt in seiner Temp-Methodik alle Firmen und deren Mitarbeiter in drei Zonen ein.

Test: Wie wichtig sind Ihnen Ihre Kunden?

Zone I: Der Kunde wird als lästiges Übel empfunden

In dieser Zone finden sich vor allem Kirchen, Kommunen und das Handwerk. Ein deutliches Signal für diese Einstellung ist die Terminaussage *„Ich komme am Mittwoch"*, allerdings mit der unausgesprochenen Fortsetzung *„... sage aber sicherheitshalber nicht, an welchem"*.

In der Regel wartet der Mitarbeiter, bis der Kunde sich meldet und „mit einem Auftrag droht".

Zone II Unser Kunde soll zufrieden sein

Viele mittelständische Unternehmen haben es inzwischen geschafft, aus der Zone I in die Zone II aufzusteigen. Für sie ist Kundenzufriedenheit kein leeres Wort, sondern ein Versprechen, das vom Kunden jederzeit und überall eingelöst werden kann.

Die Mitarbeiter gehen aktiv auf die Kunden zu. Sie verkaufen nicht über Druck, sondern hören zu und stellen sich immer wieder der Frage *„Was ist das brennendste Problem meiner Kunden?"*

Zone III Mein Kunde ist mein Fan

Nur wenige Firmen, Prof. Knoblauch zählt HEWLETT PACKARD, METTLER TOLEDO und PORSCHE dazu, haben es bisher in Deutschland geschafft, die Zone III zu erreichen. In dieser Zone ist es für Unternehmer und Mitarbeiter selbstverständlich, *„in den Gehirnwindungen des Kunden spazieren zu gehen".*

Damit der Kunde Ihr Fan wird, müssen Sie dafür Sorge tragen, dass er immer und immer wieder zwei Erfahrungen macht:

- Ihr Unternehmen gibt immer 110 Prozent, d.h. seine Erwartungen werden wieder und wieder übertroffen.
- Wenn er auf ein für ihn neues Problem stößt, dessen Lösung prinzipiell in Ihre Kernkompetenz fällt und er bei Ihnen anruft, können Sie immer schon eine Lösung anbieten. Denn Sie haben sich und Ihre Mitarbeiter so genau auf eine Zielgruppe eingestellt, dass Sie nicht nur Produkte und Leistungen erbringen, sondern wie ein Unternehmensberater gleich die effiziente Umsetzung begleiten können.

Im Rahmen der Diskussion dieser drei Zonen kommt häufig der Einwand, dass der Kunde nur ein Recht auf 100 Prozent der Leistung habe und gerade die letzten 10 Prozent besonders teuer seien und deshalb auch separat auf der Rechnung erscheinen müssten.

Das ist die Sicht des Lieferanten. Jeder Lieferant bewertet seine Aufträge eigentlich nur nach dem erzielten Gewinn. Wenn Ihre Marge drei Prozent vom Umsatz beträgt, sehen Sie bei einem Verkaufsvorgang in Höhe von 10.000 Euro nur den Gewinn von 300 Euro vor sich. Setzen Sie sich jetzt mal auf den Stuhl Ihres Kunden: Er tätigt bei einer Bestellung von 10.000 Euro eine Ausgabe von 10.000 Euro. Selbst wenn er diese halbiert, weil er die Kosten von der Steuer absetzen kann, verbleiben noch 5.000 Euro. Für ihn hat diese Lieferung deshalb ein um das 16-fache höheres Gewicht. Kann er dafür nicht erwarten, dass Sie 110 Prozent liefern?

Kundenerwartungen laufend übertreffen und 110 Prozent Leistung bieten

3.1.4 Fokussieren: Die Kraft auf den Punkt bringen

*„In der Konzentration ist der durchschnittlich Begabte
dem unkonzentrierten Genie überlegen!"*

Arnold Weissmann

*Konzentration auf
möglichst wenige
Schwerpunkte*

Die zweite auch für Mittelständler interessante Erfolgsstrategie von Michael Porter ist die Konzentration eines Unternehmens auf möglichst wenige Schwerpunkte. Verzetteln ist eine Sünde, deren negativen Wirkungen schon im Kleinen, beim Umgang mit der persönlichen Zeit, ins Auge fallen. Erfolgreiche Unternehmer und Manager konzentrieren ihre Aktivitäten auf wenige besonders wichtige Aufgaben und Produkte.

Haben Sie schon einmal einen Fernsehkommissar gesehen, der versucht, die verschlossene Tür mit seiner breiten Brust aufzusprengen? Er wird seine Kraft immer fokussieren und deshalb die schmale Schulter als den Punkt der Kraftübertragung wählen.

In der Strategie des Fokussierens geht es genau darum: alle Kräfte des Unternehmens wie in einem Brennglas auf den richtigen Punkt zu bündeln und so die Initialzündung für den Erfolg zu erreichen. Die Kunst besteht im Vereinfachen, Weglassen und Verzichten. Streichen Sie Kunden, Produkte, Regionen. Konzentrieren Sie sich auf wenige Kernkompetenzen. Sie erhalten dadurch folgende Vorteile:

Jede Vereinfachung senkt die Komplexität und damit die Kosten

*Vereinfachung hilft, das
wirklich Wichtige in den
Fokus zu stellen*

Je weniger Bälle Sie gleichzeitig in der Luft jonglieren, desto genauer können Sie den einzelnen Ball unter Kontrolle halten. Weil Ihnen mehr Aufmerksamkeit verbleibt. Jeder Lieferant, jeder Artikel, jede Region, die Sie streichen, reduziert den Aufwand für Verhandlungen, Planungen, Marketing, Controlling und Rechnungswesen.

Nur durch die radikale Fokussierung auf ein Kernsortiment von ca. 700 Artikeln ist es beispielsweise ALDI möglich, hochwertige Produkte zu einem äußerst niedrigen Preis bei einer minimalen Verwaltung anzubieten. Damit verzichtet ALDI zwar auf die Einnahmen aus über 49.300 weiteren Artikeln, die in SB-Warenhäusern noch angeboten werden, aber der Erfolg gibt ALDI recht.

Wie Dieter Brandes in seinem Buch „Die 12 Geheimnisse des ALDI-Erfolgs" erläutert, muss sich ein Einkäufer bei ALDI nur um 50 bis 100 Artikel kümmern, konzentriert damit aber ein Umsatzvolumen von 2 Milliarden Euro – ein vom Wettbewerb bisher nie erreichter Wert. Er kennt jeden seiner Artikel und Lieferanten genau, so sichert ALDI eine intensive Betreuung und eine hochwertige Qualitätskontrolle.

Die Produktivität steigt

*Als Spezialist mehr wissen
als der Wettbewerb*

Ein wesentlicher Vorteil der Fokussierung ist das dadurch drastisch ansteigende Know-how. Wenn Sie die Wahl hätten, würden Sie dann eine anstehende Herzverpflanzung von einem Allgemeinmediziner, einem

Chirurgen oder einem Spezialisten für Herzverpflanzungen vornehmen lassen?

Die Fokussierung nutzt die klassische Lernkurve. Das heißt, durch die Wiederholung gleichartiger Aufgaben können diese schneller und damit effektiver abgewickelt werden. Unser Gehirn verhält sich letztendlich nicht anders als eine komplexe Maschine in der Produktion. Für jedes Umschalten auf eine andere Arbeit wird ein spezielles Werkzeug benötigt. Je weniger wir wechseln, desto geringer sind die Rüstzeiten. Und wenn wir nur in Bereichen wechseln, die schon bekannt sind, können wir auf vorhandene Werkzeuge zugreifen und brauchen sie nur noch zu optimieren.

Marktzugang und Kundenbindung werden erleichtert

Wenn Ihr Verkäufer nur mit Einkäufern von Spielwarenhändlern zu tun hat, wird er sich schnell deren Sprache aneignen. Er lernt die saisonalen Schwankungen, liest deren Zeitschriften, informiert sich über aktuelle Trends und kann seine Verhaltensweise seinen Kunden anpassen. Den gleichen Effekt erhalten Sie bei jeder Fokussierung, ob Sie sich nun auf berufstätige Frauen kurz vor der Rente, Golf spielende Bankiers oder 14-jährige Punks konzentrieren.

Die Fokussierung auf klare Kernkompetenzen und eindeutige Zielgruppen erleichtert auch den Wechsel in die Zone *„Mein Kunde wird mein Fan"*. Denn erst die Fokussierung gibt Ihnen die Zeit und das Wissen, intensiv in die Welt Ihrer Kunden einzutauchen.

Die Fokussierung auf klare Kernkompetenzen und eindeutige Zielgruppen macht Kunden zu Fans

Wenn Sie Ihren Markt noch passend segmentieren, kommt die Wirkung der 15-Prozent-Regel dazu. Ihre Kunden werden Sie als Spezialisten schätzen lernen und dies dann innerhalb des Zielgruppensegments für Sie kommunizieren. Das reduziert Ihre Marketingkosten und erleichtert das Neukundengeschäft.

Wie aber kommen Sie in den Vorteil der Fokussierung? Im Prinzip ganz einfach: Konzentrieren Sie sich auf die Stärken Ihres Unternehmens. Das allerdings ist leichter gesagt als getan. Sehen Sie die Fokussierung als eine Komponente Ihres Strategie-Findungsprozesses an. Wenn Sie bis zu dieser Stelle noch keinen passenden Fokus gefunden haben, können Sie auch mit der Methode „Streichlisten" beginnen.

Das Streichlisten-Verfahren beginnt in der Vergangenheit. Lassen Sie frühere Entscheidungen keine Macht über Ihre Zukunft gewinnen. Als Unternehmer probieren Sie mehr als andere Menschen. Da ist es ganz natürlich, dass sich im Laufe der Zeit auch Ballast angesammelt hat, Bereiche, die zum Zeitpunkt der Entscheidung gut und richtig gewesen sein können, aber jetzt Ihrer Firma nur noch wie Ballast im Kiel liegen. Wirklich gute Unternehmer sind jederzeit bereit, vergangene Entscheidungen zu revidieren und dies auch und gerade dann, wenn dadurch der Eindruck entstehen könnte, es würde eine Fehlentscheidung revidiert werden. Manchmal ist es besser, sich die Frage zu stellen *„Wie und vor allem, wie schnell komme ich da wieder heraus?"*

Streichen Sie unnötigen Ballast

Nehmen Sie deshalb nochmals die Aufschriebe zur Visionsfindung zur Hand (siehe Kap. 2.3) und schneiden jetzt eine Schicht tiefer. Die entscheidende Frage lautet in diesem Fall: *„Was würde ich, ausgehend vom heutigen Kenntnisstand, nicht noch einmal tun?"*

- *„Welche Geschäftsbereiche würde ich nicht mehr beginnen?"*
- *„Welches Produkt oder Verfahren würde ich nicht mehr ins Sortiment nehmen?"*
- *„Welche Mitarbeiter würde ich nicht mehr anstellen?"*
- *„Welche Kunden würde ich nicht mehr annehmen?"*

Wenig Erfolgverspre-chendes ausschließen Nachdem Sie so die Vergangenheit reduziert haben, gehen Sie mit Ihren Gedanken in die Zukunft. Vielen Menschen fällt es viel leichter, klar zu definieren, welche Geschäfte sie nicht wollen. Aufgrund dieser Ausschlussliste lassen sich dann im zweiten Schritt die verbleibenden Gruppen definieren, die angestrebt werden. Die Fragen auf dieser Streichliste könnten wie folgt lauten:

- *„Welche Unternehmensgrößen an Kunden will ich nicht ansprechen? (Mitarbeiter, Umsatz, Potenzial, Rechtsform ...)"*
- *„Welche Produkte und Dienstleistungen will ich nicht oder nicht mehr anbieten?"*
- *„Welche Subbranchen passen nicht optimal zu meinem Unternehmen?"*
- *„Welche Regionen sind zu hart umkämpft?"*
- *„Welche Regionen oder Länder sind zu risikoreich oder zu weit entfernt?"*

Denken Sie immer wieder daran, die wichtigste Aufgabe des Unternehmers ist es, Schwerpunkte zu setzen und das Unternehmen richtig zu fokussieren. Wer sich bei geringen Kräften verzettelt, verliert.

3.1.5   Wachsen: Im Prinzip ja, aber wohin?

In Krisenzeiten wird immer zuerst an der Kostenschraube gedreht. Das ist auch richtig so, aber nur bis zu einem bestimmten Punkt. Während es früher ausreichte, so lange zu hungern, bis die sieben schlechten Jahre vorbei waren, werden die Unternehmen in den letzten fünfundzwanzig Jahren zunehmend mit strukturellen Veränderungen konfrontiert. In einer klassischen Rezession konnte es ausreichen, den Betrieb in einen kostengünstigen Winterschlaf zu versetzen und auf die nächste konjunkturelle Erholung zu warten.

Kostensenkungen reichen angesichts struktureller Krisen nicht aus Doch bei einer strukturelle Krise der Branche reicht dieses Konzept nicht aus. Im Gegenteil, die immer weiter zurückgehenden Umsätze zwingen das Unternehmen, die Kosten noch weiter anzupassen. So lange, bis das Unternehmen so schlank ist, dass es bei einer geänderten Geschäftslage gar keine zusätzlichen Umsätze mehr verarbeiten könnte, selbst, wenn es wollte.

Wer sich einem Strukturwandel nicht stellt und trotzdem eine Kostensenkungsstrategie fährt, zögert die Insolvenz oder Betriebsaufgabe nur hinaus und ermöglicht bestenfalls ein Sterben auf Raten. Dennoch gibt es auch und gerade in Strukturkrisen Gewinner. Diese Unternehmen wachsen gegen den Trend, und zwar in Umsatz und Ertrag. Wachstum kann also, wenn es richtig angegangen wird, eine passende Erfolgsstrategie sein.

In Umsatz und Ertrag gegen den Trend wachsen

Um mögliche Wachstumsfelder zu identifizieren, empfiehlt es sich, konsequent alle Felder des Wachstums-Portfolios auf mögliche Erweiterungschancen abzuklopfen. Grundsätzlich bieten sich jedem Unternehmen vier unterschiedliche Wachstumsalternativen an:

Vier unterschiedliche Wachstumsalternativen

1. Sie können mit Ihren vorhandenen Produkten auf den bisherigen Märkten wachsen.
2. Sie können mit den vorhandenen Produkten in neue Märkte gehen.
3. Sie können in Ihren angestammten Märkten neue Produkte und Lösungen verkaufen.
4. Sie können mit neuen Produkten und Lösungen in neue Märkte gehen.

Diese vier Alternativen bilden die Felder des Wachstums-Portfolios.

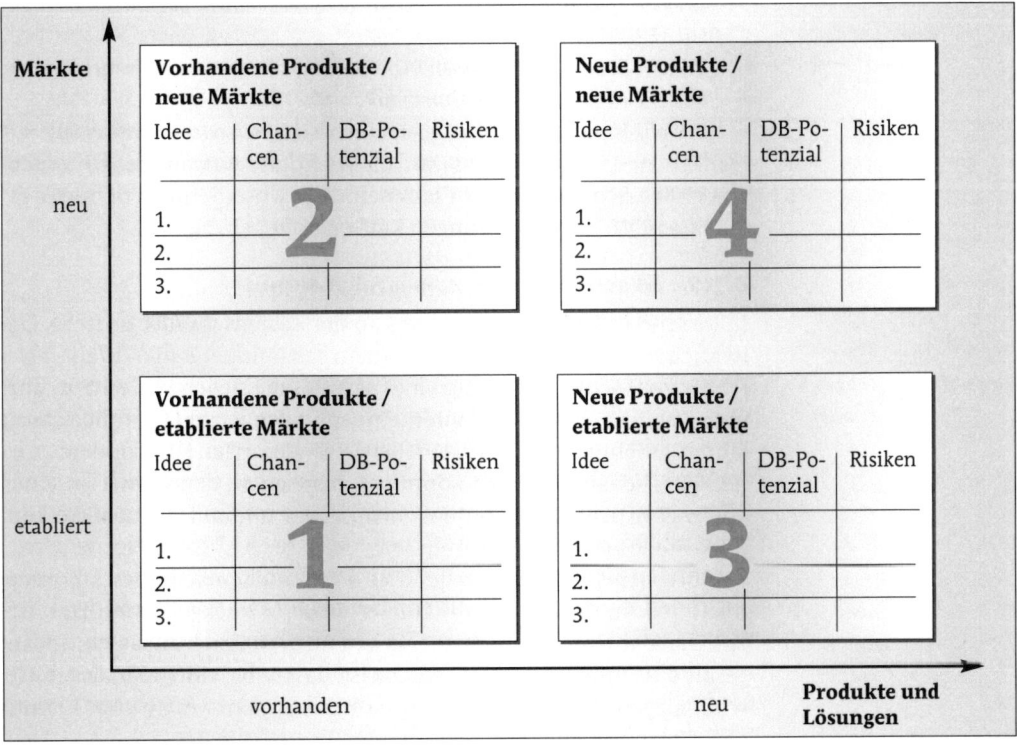

Abb. 3.1: *Erweiterungschancen im Wachstums-Portfolio*

Sammeln Sie für jedes der vier Wachstumsfelder mindestens zehn Ideen. Schätzen Sie die darin liegenden Chancen und wählen in jedem Feld die drei Einfälle mit den größten Chancen. Für jede dieser verbleibenden Alternativen veranschlagen Sie dann das mögliche Gewinn- bzw. Deckungsbeitrags-Potenzial und wägen die damit verbundenen Risiken ab.

Generell steigt das Risiko, je weiter Sie sich vom Bekannten zum Unbekannten bewegen

Generell steigt das Risiko, je weiter Sie sich vom Bekannten und Bewährten zum Neuen und Unbekannten bewegen. Je weniger Sie für das angestrebte Wachstum in neues Know-how, neue Produktionsanlagen und neue Märkte investieren müssen, desto weniger Risiken gehen Sie ein. So können Sie beispielsweise Ihren Kunden folgen, wenn diese neue Märkte in Osteuropa angehen. Oder Ihr Sortiment erweitern und den vorhandenen Kunden neue Lösungen verkaufen. Bevor Sie aber mit neuen Produkten in unbekannte Märkte expandieren, sollten Sie alle anderen vorhandenen Alternativen und Chancen ernsthaft geprüft und verworfen haben. Eine endgültige Entscheidung über die Wachstumsalternativen sollten Sie aber nur in Abstimmung mit den Ergebnissen der anderen Strategiemethoden fällen.

3.1.6 Multiplizieren: Mitfahrgelegenheiten suchen

Die Ressourcen anderer nutzen und eigene Mittel schonen

Viele Menschen halten ihre Visionen und Ziele niedrig, weil ihr Grundprinzip lautet: Große Ergebnisse benötigen noch größere Ressourcen. Doch diese Logik ist nur bedingt richtig. Wer es versteht, die Ressourcen anderer zu nutzen, schont eigene Mittel und multipliziert den Erfolg.

Im Rahmen einer Multiplikations-Strategie fassen Sie deshalb Ihr Sichtfeld weiter und verlassen eingefahrene Gleise, wenn Sie sich wieder und wieder folgende Fragen stellen:

- *„Wie können wir unsere Leistung vervielfachen?"*
- *„Auf wessen Schulter können wir uns stellen?"*
- *„Wer hat einen leichteren Zugang zur Zielgruppe?"*
- *„Wessen Leistungen würden unser eigenes Angebot ergänzen?"*

Kooperationsmöglichkeiten suchen

Ob im Marketing, im direkten Vertrieb, in der Pressearbeit oder in Einkauf, Produktion und Leistungserstellung, überall gibt es Möglichkeiten zur Kooperation. Gemeinschaftsaktionen mehrerer Firmen werden in der Marktforschung Omnibus-Befragungen genannt, weil sich die beteiligten Unternehmen die Kosten teilen. Wieso sollten Sie immer das Taxi selbst zahlen, suchen Sie mit offenen Augen nach Mitfahrgelegenheiten.

Fahnden Sie nach Motiven, die andere Firmen veranlassen könnten, mit Ihnen zu kooperieren. Wenn Sie neue Märkte durchdringen, gewinnt auch Ihr Lieferant. Wenn Sie als Einzelhändler werben, partizipieren Ihre unmittelbaren Nachbargeschäfte an der zunehmenden Kundenfrequenz. Wenn Sie Partner mit komplementären Angeboten finden, können beide Seiten an der Lösungspalette partizipieren.

Vorteile von Partnerschaften

Partnerschaften erleichtern es Ihnen
- neue Märkte oder Technologien anzugehen,
- die Risiken solcher „Erstbesteigungen" zu reduzieren,

- zusätzliche Vertriebswege zu erschließen,
- Überkapazitäten zu vermarkten,
- Kostenvorteile durch Größe zu erzielen,
- Ihre Produktpalette zu komplettieren,
- neue Produkte schneller in den Markt zu bringen,
- Einkaufsvolumina zu bündeln,
- Nicht-Kerngeschäfte auszulagern.

Die zweite Chance des Multiplizierens liegt in der Zusammenarbeit mit so genannten Multiplikatoren, d.h. Menschen oder Organisationen, die zwar nicht direkt zur Zielgruppe gehören, aber einen maßgeblichen Einfluss auf dieselbe ausüben. Dies können Verbände oder Verbandsvorsitzende sein, Universitäten bzw. einzelne Professoren, Kommunen oder Bürgermeister und natürlich die Fachpresse.

Multiplikatoren steigern Ihre Bekanntheit in den Zielgruppen

Analysieren Sie deshalb die Kommunikationsstrukturen Ihrer Zielgruppe. Stellen Sie fest, wer auf wen hört. Und prüfen dann, welche Projekte die Multiplikatoren reizen könnten, mit Ihnen zusammenzuarbeiten und die Vorteile Ihres Unternehmens der Zielgruppe mitzuteilen.

3.2 Die passende Strategie auswählen

„Selbst bei noch so ausführlicher Analyse wird es am Ende immer noch Dinge geben, die man nicht kennt, und man wird sich diesbezüglich mit Annahmen begnügen müssen. Diese Annahmen bilden die Grenzbedingungen jeder Alternative. Sie müssen sauber herausgearbeitet und dokumentiert werden, weil sie eine unverzichtbare Rolle für die Erkenntnis spielen, wann eine Entscheidung, die ursprünglich richtig gewesen sein mochte, aufgrund der Umstände falsch und unhaltbar wird."

Fredmund Malik

Aus den Ergebnissen Ihrer Unternehmensanalyse und den Ausarbeitungen zu den verschiedenen Strategiewerkzeugen können Sie nun verschiedene Strategieansätze auswählen. Wählen Sie hierzu maximal drei Ansätze aus. Beschreiben Sie für jeden dieser Ansätze in einem Absatz ein für Sie vorstellbares Strategie-Projekt.

Wählen Sie maximal drei Strategieansätze aus

Eigentlich sollten Sie im nächsten Schritt für jede dieser Alternativen einen konkreten Plan entwerfen, um Ihre strategische Entscheidung möglichst gut abzusichern. Wenn Ihre Zeit aber die Ausarbeitung dreier Pläne nicht zulässt, können Sie auch erst mithilfe der nachfolgenden Werkzeuge eine Vorentscheidung treffen und dann einen konkreten Plan zur Umsetzung entwerfen. Allerdings sollten Sie nach Fertigstellung des Projektplans Ihre Entscheidung nochmals überprüfen, insbesondere hinsichtlich der Merkmale Ressourceneinsatz, Plausibilität und Grenzbedingungen.

Eine optimale Strategie sollte eine Erfolg versprechende Chance-/Risiko-Quote aufweisen, mit den vorhandenen Ressourcen auskommen und eine hohe Flexibilität gegenüber sich verändernden Rahmenbedingungen aufweisen.

Kernfaktoren für Erfolgschancen

Gute Chancen versprechen Strategien, die möglichst viele der folgenden Punkte erfüllen:
- hoher Nutzen-Abstand zum Wettbewerb
- steigende Marktanteile
- wachsende Kundenzufriedenheit
- einfache Umsetzbarkeit

Auswirkungen auf den Ressourcen-Einsatz

Stehen ausreichend Ressourcen zur Verfügung?

Die Umsetzungsgeschwindigkeit und die Erfolgswahrscheinlichkeit einer Strategie hängt auch direkt von den benötigten Ressourcen ab:
- Know-how
- Mitarbeiter
- Finanzen
- Maschinen und Anlagen
- Verfügbarkeit der dazu notwendigen Produkte

Überprüfen Sie deshalb, ob alle diese Ressourcen in ausreichender Menge zur Verfügung stehen oder welche Auswirkungen die Erhöhung dieser Ressourcen auf Ihre Geschäftspläne haben wird.

Plausibilität prüfen

Prüfen Sie die Auswirkungen Ihrer Strategie auf die Ressourcen und das Unternehmensergebnis

Jede Strategie lässt sich ganz einfach in ein Excel-Zahlenwerk überführen. Mit ein paar Mausklicks können Sie Ihren Umsatz steigern, ohne die Kosten zu verändern. Zahlenspiele sind wichtig, um die Auswirkungen Ihrer Strategie auf die Ressourcen und das Unternehmensergebnis zu ermitteln. Versperren Sie sich durch solche Simulationen aber nicht den Blick auf das Wesentliche.

Für eine abschließende Beurteilung Ihrer Strategie sollten Sie sich statt dessen wieder auf den gesunden Menschenverstand zurückziehen. Überlegen Sie sich eine Reihe von Fragen, um die grundsätzliche Logik Ihrer Pläne zu erproben.

Den gesunden Menschenverstand walten lassen

Womit können Sie das Vorhaben vergleichen? Gibt es bestätigte Informationen zu den Wachstumsraten, zum Lohnniveau, zu den Preisen, zum Markt, mit denen Sie das Zahlenwerk überprüfen können? Wenn Sie den geplanten Umsatz auf Stunden pro Mitarbeiter und Tag herunter brechen und kommen auf einen 26-Stunden Tag, kann das nicht funktionieren. Wenn Sie Autos oder Maschinen vermieten und Ihre Auslastung rechnerisch über 100 Prozent liegt, müssen Sie schon eine ganz besondere Strategie entwickelt haben, ansonsten sollten Sie die Sache noch einmal überdenken.

Fragen Sie sich auch, welche Strategien Ihre Wettbewerber fahren werden. Wenn Sie mit öffentlich zugänglichen Informationen gearbeitet haben, kann dann Ihr Kollege zu den gleichen Schlussfolgerungen kommen? Und wenn, wie würde sich das auf Ihre Strategie auswirken?

Welche Strategien fährt Ihr Wettbewerb?

Grenzbedingungen festlegen

Betrachten Sie die Strategiefindung einmal als ein Planspiel, eine Art Unternehmenssimulation. Wie in jedem Spiel gibt es einen Satz Regeln und ein Spielfeld, welches die Grenzen der Spielwelt vorgibt. Während Sie Ihre Strategien erarbeitet haben, wurde Ihr Denken automatisch auf eine bestimmte Sicht des Spielfeldes eingegrenzt. Je nach Herkunft, Bildung und Lebenserfahrung haben Sie Annahmen über das Verhalten von Märkten, Wettbewerbern und Mitarbeitern getroffen. Diese automatischen Annahmen, häufig mit dem negativ besetzten Begriff Vorurteil bezeichnet, setzen die Regeln und Grenzen Ihres Spieles.

Strategiefindung ist einer Unternehmenssimulation vergleichbar

Treten Sie deshalb gedanklich einen Schritt zurück und suchen nach den ein solches Spiel bestimmenden Voraussetzungen, deren Veränderungen Ihre Planung hinfällig machen würden. Nach Grenzwerten, deren Überschreiten dem objektiven Beobachter sagen würden, dass eine Fehlentscheidung getroffen wurde.

Sehen Sie auch über den eigenen Tellerrand

Wenn Sie beispielsweise davon ausgegangen wären, dass die Preise für Öl und Koks stabil bleiben werden, würden Ihre Strategien zuzeiten des Irakkrieges oder Ende 2004, als der chinesische Boom für eine überdurchschnittliche Nachfrage sorgte, nicht mehr funktionieren. Eine andere versteckte Annahme kann bei exportorientierten Unternehmen die Vermutung sein, dass der Dollarkurs stabil bleiben wird.

Sehr oft wird auch vergessen, das Verhalten der Konkurrenz zu hinterfragen. Wenn Sie aber mit Ihrer Strategie spürbare Marktanteile gewinnen werden, kann es gut sein, dass Ihr Wettbewerber reagiert. Haben Sie seine Reaktion vorhergesehen? Was beispielsweise würde passieren, wenn er seine Preise drastisch senkt?

Das Verhalten der Konkurrenz hinterfragen

Arbeiten Sie die verschiedenen Strategie-Ansätze noch einmal durch und notieren Sie, welche Rahmenbedingungen Sie für die jeweilige Strategie angenommen haben. Für jede Rahmenbedingung bestimmen Sie einen Indikator und legen dann eine Bandbreite fest, innerhalb derer die Strategie funktioniert. Sollte das Gelingen Ihre Strategie beispielsweise maßgeblich vom Stundensatz eines Facharbeiters abhängen, notieren Sie, bis zu welchem Höchstbetrag die Ergebnisse Ihrer Strategie nicht gefährdet sind. Wenn Ihre Strategie die Mindestauslastung Ihrer Produktionsanlagen oder Ihres Service-Teams voraussetzt, notieren Sie auch diese.

Bandbreite ermitteln, innerhalb derer die Strategie funktioniert

Durch die Festlegung der Grenzbedingungen überdenken Sie nochmals die Durchführbarkeit Ihre Strategie. Gleichzeitig legen Sie damit objektive Ampelwerte für Ihre Unternehmenssteuerung fest. Wenn diese Grenzwerte über- bzw. unterschritten werden, muss es zukünftig in Ihren Ohren klingeln. Die Ampel springt sozusagen auf Rot und Sie müssen auf die Bremse treten. Keine Strategie ist unfehlbar und jeder Unternehmer darf Fehler machen. Unverzeihbar aber ist es, mögliche Risiken nicht einzuplanen und beim Eintritt einer solchen Veränderung nicht sofort korrigierend einzugreifen.

Entscheidungstabelle erstellen

Wenn Sie zu diesem Zeitpunkt noch zwischen verschiedenen Alternativen schwanken, erstellen Sie eine Vergleichstabelle. Für jedes aufgeführte Kriterium vergeben Sie eine Punktzahl in der Bandbreite von -10 und +10 Punkte.

- **Erfolgs-Potenzial**
  (Je größer die Steigerung, desto höher die Punktzahl)
  - Umsatz
  - Deckungsbeitrag
  - Marktanteil
  - Kundennutzen
- **Ressourcenbedarf**
  (Niedriger Ressourcenbedarf wird mit höherer Punktzahl belohnt)
  - Personal
  - Maschinen und Anlagen
  - Finanzen
  - Know-how
- **Umsetzbarkeit**
  (Je einfacher die Umsetzung, desto höher ist die Punktzahl)
- **Risiko-Einschätzung** *(Bewertet werden die beiden größten Risiken. Je größer das Risiko, desto niedriger die Punktzahl)*

strateg. Alternative	Erfolgs-potenzial				Ressourcenbedarf				Umsetzbarkeit	Risikoeinschätzung		Ergebnis
	Umsatz	Deckungs-beitrag	Markt-anteil	Kunden-nutzen	Perso-nal	Ma-schinen	Finan-zen	Know-how		Risiko 1	Risiko 2	
Projekt 1	10	8	8	10	0	0	0	10	5	- 10	- 5	36
Projekt 2	7	10	5	6	10	10	5	0	8	- 2	- 2	57
Projekt 3	5	6	1	5	0	10	8	8	10	- 2	- 2	49

Abb. 3.2: Entscheidungstabelle

Die Möglichkeit, Zahlen und Gefühle in Punkte umzuwandeln, versachlicht die Bewertung

Selbstverständlich bietet eine solche Aufgliederung keine statistisch abgesicherte Entscheidungsgrundlage. Aber die Möglichkeit, Zahlen und Gefühle in Punkte umzuwandeln, versachlicht die Bewertung und gibt gute Anhaltspunkte für die Entscheidung. Noch besser sichern Sie die Auswahl ab, wenn Sie die Punktevergabe nicht nur alleine oder mit dem Strategie-Team vornehmen, sondern auch Ihre Führungskräfte involvieren.

4 Aktionsplan: In fünf Schritten von der Strategie zum Ergebnis

4.1 Schritt 1: Das Strategie-Projekt fixieren

Wie wollen Sie eine Abkürzung finden, wenn Sie das Ziel nicht kennen?

Wenn Sie sich über Ihre Visionen und Strategien im Klaren sind, wird es Zeit, diese in einem Zielsystem zu fixieren.

Die Beschreibung konkreter Ziele bildet die Brücke von der Theorie zur Praxis und gleichzeitig eine klare Navigationshilfe bei der Umsetzung. Wer Ziele vorgibt, kann Aufgaben delegieren und deren Erledigung kontrollieren. Wer selbst mit Zielen arbeitet, kann rechtzeitig Abweichungen erkennen und frühzeitig korrigierend eingreifen.

Konkrete Ziele bilden eine klare Navigationshilfe bei der Umsetzung

Doch bei der Umsetzung von Visionen und Strategien geht es nicht um die Erarbeitung von operativen Zielsystemen, die beispielsweise den monatlichen Soll-/Ist-Vergleich mit der betriebswirtschaftlichen Auswertung ermöglichen. Jede strategische Neuausrichtung eines Unternehmens ist einmalig, besonders und speziell. Oder anders gesagt, alle notwendigen Schritte, die durchgeführt werden müssen, um das Unternehmen aus der aktuellen Situation in den neuen Zustand zu versetzen, sollten zu einem Projekt zusammengefasst werden.

Die strategische Neuausrichtung eines Unternehmens sollte in Form eines Projektes erfolgen

„Ein Projekt ist ein Vorhaben, in dem Personal-, Sach- und Finanzmittel in neuartiger Weise organisiert sind und ein einmaliger Leistungsumfang unter Zeit- und Kostenvorgaben durchgeführt wird, um nutzbringende, durch quantitative und qualitative Ziele beschriebene Änderungen herbeizuführen." (ICB – International Project Management Association Competence Baseline)

Für jedes Projekt wird ein Projektleiter eingesetzt. Dieser hat die Aufgabe, die festgelegten Ziele zu den vereinbarten Terminen unter Einhaltung der dafür reservierten Ressourcen zu erreichen.

Bevor Sie sich selbst zum Projektleiter für die Umsetzung des Strategie-Projekts ernennen, sollten Sie den Projektauftrag schriftlich fixieren. Durch die Niederschrift wird die Aufgabe für Sie verbindlicher, denn Sie schließen einen Vertrag mit sich selbst. Sie können später Ihre Ziele, Ressourcen und Termine jederzeit überprüfen.

Den Projektauftrag schriftlich fixieren

Letztendlich ist die Erstellung des Projektauftrags auch eine Art Endkontrolle. Wenn Sie nicht die richtigen Worte finden, um das Projekt zu beschreiben, ist Ihnen die Umsetzung der Strategie noch nicht wirklich klar oder Ihr Instinkt hat noch Vorbehalte. Nehmen Sie solche Warnungen sehr ernst, denn Ihre Unsicherheiten werden sich auf Ihre Mitarbeiter übertragen. Wer, glauben Sie, wird Ihrer Strategie folgen, wenn nicht einmal Sie selbst davon überzeugt sind?

Der Projektauftrag für Ihre strategische Neuausrichtung sollte folgende Punkte enthalten:

Inhalte eines Projektes
zur strategischen
Neuausrichtung

- Ihre Vision
- Beschreibung des Zielzustands, d.h. Ihre Unternehmenssituation nach erfolgreicher Umsetzung
- Beschreibung der Ausgangssituation
- Erläuterung der geplanten Strategie
- Messbare Ziele (zur Kontrolle des Umsetzungsfortschritts)
- Geplante Vorgehensweise
- Verantwortlichkeiten
- Geplanter Ressourcenbedarf
- Grenzbedingungen und deren Ampel-Indikatoren
- Mögliche Risiken

Wenn Sie den Projektauftrag formuliert haben, ernennen Sie sich selbst zum Projektleiter und legen im nächsten Schritt die Teilziele in Form von Meilensteinen fest.

4.2 Schritt 2: Die Meilensteine festlegen

In der Theorie wäre Ihre nächste Aufgabe, alle anfallenden Arbeitsschritte zu notieren, diese den vorhandenen Mitarbeitern zuzuordnen und in eine zeitliche Reihenfolge zu bringen. Doch Strategie-Projekte können Sie nicht auf dieser Ebene planen, sonst verlieren Sie die im Tagesgeschäft notwendige Flexibilität. Außerdem würde eine solche Planung einen sehr hohen Zeitaufwand für die Erstellung und die permanente Aktualisierung durch sich möglicherweise ergebende Umbesetzungen bedeuten.

Um das Tagesgeschäft bewältigen zu können, das Projekt in einzelne Module untergliedern

Andererseits müssen Sie aber Umsetzung und Erfolg der Strategie sicherstellen. Gliedern Sie deshalb Ihr Gesamtprojekt in zeitlich aufeinander folgende Module und vergeben für jedes dieser Mini-Projekte eigene Ziele. Solche Endpunkte von Teilprojekten nennt man Meilensteine. Meilensteine sind Wegmarkierungen, welche jeweils den Abschluss von strategisch wichtigen Teilzielen wie z.B. Fertigstellung eines Prototypen, Anlauf der Serienproduktion oder Beginn der Markteinführung festlegen.

Die Arbeit mit Meilensteinen bietet Ihnen zentrale Vorteile:
- **Konzentration:** Sie verzetteln sich nicht mit der gleichzeitigen Abarbeitung verschiedener Teilprojekte, sondern kümmern sich ergänzend zum Tagesgeschäft immer nur um eine einzige strategische Aufgabe.
- **Kontrolle:** Sie kontrollieren nie das gesamte Projekt, sondern nur den Abstand zum nächsten Meilenstein.
- **Korrektur:** Jeder Meilenstein bietet Ihnen die Möglichkeit, die Strategie und das weitere Vorgehen auf ihre Machbarkeit hin zu überprüfen, zu korrigieren oder das Strategie-Projekt sogar ganz abzubrechen, wenn beispielsweise Grenzbedingungen erreicht oder überschritten wurden.

4.3 Schritt 3: Kommunizieren

„Bevor Sie einen Mitarbeiter an die Arbeit schicken, sollten Sie ihm erklären, warum er tun sollte, wofür Sie ihn bezahlen. "
Ferdinand F. Fournies

Schon im Tagesgeschäft übersehen wir immer wieder, dass Mitarbeiter für die Erledigung ihrer Aufgaben ausreichend Informationen benötigen. Wenn ein Mitarbeiter nicht versteht, warum er etwas tun soll, sinken Motivation und Arbeitsleistung, schlimmstenfalls bleibt die Aufgabe liegen. Die Neuausrichtung eines ganzen Unternehmens mithilfe von Visionen und Strategien bedarf der Unterstützung aller Mitarbeiter.

Nur umfassend informierte Mitarbeiter sind motivierte Mitarbeiter

Naturgemäß haben die Mitarbeiter aber nur einen beschränkten Einblick in die aktuelle Unternehmenssituation und das geschäftliche Umfeld. Außerdem fehlt jeder Person, die nicht direkt am Strategiefindungsprozess beteiligt wurde, der direkte Bezug zur entwickelten Strategie. Erst die gezielte Information aller Mitarbeiter über das „Warum", das „Wie" und das „Wohin" schafft hier die Grundlage für eine erfolgreiche Mitarbeit.

Geben Sie deshalb Ihrem strategischen Erfolgs-Triumvirat vor seiner Veröffentlichung einen letzten sprachlichen Schliff. Denn Sie müssen erst die Sprachbarriere überwinden, bevor Sie mit Ihren Angestellten über die Inhalte diskutieren können. Fassen Sie Vision, Ziele und Strategien auf maximal einer DIN A4 Seite zusammen.

Fassen Sie Vision, Ziele und Strategien auf maximal einer DIN A4 Seite zusammen

Wenn ein Mitarbeiter die Vision liest, sollte sie Begeisterung wecken, motivieren und einen einzigartigen Blick auf Ihr Unternehmen werfen. Sie sollte „unter die Haut" gehen. Ihre Strategie wird leichter verstanden, wenn Sie dabei folgende Regeln berücksichtigen:
- kurze Sätze wählen
- Fremdworte streichen
- auf bekanntere Worte zurückgreifen
- schreiben wie Sie sprechen
- Phrasen und Allgemeinplätze vermeiden

Streichen Sie absolute Verallgemeinerungen (wie z.B. maximaler Gewinn, der beste Problemlöser). Formulieren Sie statt dessen möglichst konkret (praktische Befestigungslösungen im Dachbereich für den erfahrenen Heimwerker).

Möglichst konkret formulieren

Lesen Sie Vision, Strategie und Ziele laut vor und prüfen ihren Gesamteindruck. Sind alle Sätze
- klar und verständlich,
- kurz,
- bildlich,
- einprägsam?

Unterziehen Sie Ihre Ausarbeitung nun noch zwei abschließenden Tests. Diese stellen sicher, dass jemand, der Ihr Erfolgs-Triumvirat liest, ohne Sie zu kennen, Ihr Geschäft erraten und verstehen könnte.

Fahrstuhltest

Stellen Sie sich vor, Sie begegnen im Fahrstuhl Ihres Restaurants dem Vorsitzenden Ihrer Hausbank und er fragt Sie nach Ihrem Unternehmen. Sind Vision und Strategie so klar, kurz und knapp, dass Sie diese in der Zeit kommunizieren können, die Ihr Fahrstuhl benötigt, um die drei Stockwerke bis zum Erdgeschoss zu fahren?

Schülerzeitung

Stellen Sie sich vor, die 13-jährige Redakteurin der lokalen Schülerzeitung sitzt vor Ihnen und möchte in einem Interview über Ihre Firma berichten. Können Sie Ihre Visionen, Strategie und Ziele ohne Änderungen vorlesen oder würden Sie einfachere Worte wählen?

Wenn Ihre Ausarbeitung diesen Ansprüchen genügt, wird es Zeit, sie zu kommunizieren. Sie sollten Ihren Mitarbeitern das Projekt in keinem Fall nur schriftlich oder gar per E-Mail mitteilen. Damit würden Sie die Bedeutung der geplanten Veränderung herunterspielen und sich gleichzeitig um die Chance bringen, auftauchende Sorgen und Ängste aufzunehmen.

Das geplante Strategie-Projekt den Mitarbeitern behutsam nahe bringen

Denn jede geplante Veränderung erzeugt bei den betroffenen Mitarbeitern erst einmal einen Schock mit dem Resultat einer Abwehrhaltung. Häufig führen die auftauchenden Ängste zu einer emotionalen Blockade, sodass der Betroffene keinen rationalen Argumenten zugänglich ist. In diesem Fall ist es ratsam, die Diskussion nicht eskalieren zu lassen, sondern erst einmal zuzuhören und in einer zweiten Runde, wenn sich der Mitarbeiter ein wenig an den Gedanken gewöhnt hat, Punkt für Punkt seine Sorgen durchzugehen. Dieses Gespräch sollte möglichst unter vier Augen erfolgen.

Visionen und Strategien betreffen das gesamte Unternehmen, schon aus diesem Grund sollten Sie den Weg einer zentralen Veranstaltung wählen. Eine solche Auftaktsitzung eines neuen Projekts wird von den Fachleuten Kick-off-Meeting genannt. Eine gelungene Kick-off-Veranstaltung gibt entscheidende Start-Impulse für das Gelingen Ihres Strategie-Projekts. Denn in dieser Veranstaltung trifft jeder Ihrer Mitarbeiter eine Vorentscheidung über Sinn oder Unsinn der neuen Vision, über die Auswirkungen auf seine persönliche Situation und seine persönliche Mitwirkung.

Kick-off-Veranstaltung zu Beginn des Projektes

Um Ihrem Projekt einen guten Start zu verschaffen, sollten Sie bei Ihrem Kick-off folgende Punkte berücksichtigen:

Geben Sie der Veranstaltung einen besonderen Rahmen. Wenn zumindest irgend etwas anders ist als auf der letzten Betriebsversammlung, werden die Mitarbeiter wach. Im Prinzip ist es dabei egal, ob Sie einen kleinen Imbiss servieren, anschließend ein Glas Sekt reichen, einen Gastredner zur Einstimmung engagieren oder das Kick-off in ein externes Hotel verlegen. Letzteres hätte den Vorteil, dass Sie eine Klausurtagung anschließen könnten, in der Sie erste Maßnahmen besprechen und verabschieden können.

Der gewählte Rahmen sollte allerdings nicht nur zum Anlass, sondern auch zur aktuellen Unternehmenssituation und Ihrer Vision passen. Wenn Sie eine Verlagerung ins Ausland ankündigen, sollten der Rahmen wesentlich spartanischer ausfallen als bei der Verkündung einer Eroberungsstrategie.

Ihr Verhalten während und in den ersten Tagen nach der Veranstaltung sollte zu 100 Prozent visions- und strategiekonform sein. Falls Sie ankündigen, Ihr gesamtes Herzblut einzubringen und jederzeit für jedermann zur Verfügung zu stehen, sich dann aber nach Ihrer enthusiastischen Rede kurz und knapp aus privaten Gründen verabschieden, können Sie das Projekt begraben. *Mit gutem Beispiel vorangehen*

Nehmen Sie die Veranstaltung und Ihre Mitarbeiter wichtig. Das zeigt sich auch in der Vorbereitung Ihrer Rede. Viele Chefs haben zwei Arten von Reden: die brillante, bis in den letzten Halbsatz überlegte Kundenpräsentation und den *„Was wollte ich noch sagen"*-Einheitsbrei für die Mitarbeiter. Mit diesem Projekt werden Sie die wichtigste und teuerste versteckte Ressource Ihres Betriebes aktivieren, Ihre Mitarbeiter! Dazu müssen Sie ausnahmsweise nicht in Gehälter, sondern „nur" in eine gute Vorbereitung auf diese Präsentation investieren.

Denn Mitarbeiter, die das erste Mal mit der Neuausrichtung konfrontiert werden, werden eine Vielzahl von Fragen haben. Und jede unbeantwortete Frage wird sowohl das Tagesgeschäft als auch Ihr Strategie-Projekt als heimliche Hypothek belasten. Stellen Sie deshalb sicher, dass auf Ihrer Kick-off-Veranstaltung die folgenden Fragen beantwortet werden: *Unbedingt zu beantwortende Fragen*
- Wie haben sich Firma und Markt entwickelt und warum benötigen wir diese Neuausrichtung gerade jetzt?
- Was sind unsere zukünftigen Visionen, Strategien und Ziele?
- Welchen Nutzen erwarten wir uns für das Unternehmen?
- Welche Vorteile und Sicherheiten bringt es für jeden Einzelnen?
- Welche Veränderungen werden sich für die Mitarbeiter ergeben?
- Wie sieht der Projektplan aus, welche Meilensteine gibt es?
- Wer sind die Verantwortlichen, gibt es Arbeitsteams und wie setzen diese sich zusammen?
- Was sind die ersten konkreten Schritte?

4.4 Schritt 4: Leben

Führen heißt vor allem Vorangehen. Gerade wenn ein Unternehmen einen Veränderungsprozess durchmacht, stehen Inhaber und Führungskräfte unter sehr genauer Beobachtung. Ihre Mitarbeiter werden nicht

Ihre Mitarbeiter werden
nicht die Richtung ändern,
solange Sie nicht
vorangehen

die Richtung ändern, solange Sie nicht vorangehen. Ihre Angestellten werden darauf achten, ob Sie in Ihrem Management Abweichungen dulden. Jede Ausnahme, die Sie zulassen, zehrt an der Kraft Ihrer Visionen. Jeder Schritt, den Sie selbst in die alte Richtung gehen, torpediert Ihre Strategie.

Die ersten hundert
Tage entscheiden über
den Erfolg der Vision

Wird ein Kanzler oder Präsident gewählt, so gibt man ihm einhundert Tage, um sich in den neuen Job einzuarbeiten. Bei der Einführung einer neuen Vision ist es genau umgekehrt. Die ersten hundert Tage entscheiden über den Erfolg. Sie selbst müssen jeden dieser Tage die Vision vorleben, d.h. lesen, sprechen, ansprechen und mit Beispielen beleben. Ob Sie mit einem Kunden telefonieren, im Lager nach einer Lieferung schauen oder die Verkäuferbesprechung leiten, seien Sie sich Ihrer neuen Visionen, Strategien, Leitbilder und Ziele bewusst.

Anker als Merkpunkte
setzen, die verhindern,
dass Sie in den alten
Trott verfallen

Setzen Sie sich deshalb Anker, also Merkpunkte, die verhindern, dass Sie in den alten Trott verfallen. Das können kleine rote Punkte sein, die Sie auf Ihr Handy, Ihr Telefon und auf den Terminkalender kleben. Oder wechseln Sie den Sitz Ihrer Armbanduhr von links nach rechts, wie es Ignazio Lopez als damaliger Einkaufschef von VW vormachte. Als Zeichen und ständige Ermahnung für die sich ändernden Zeiten trugen er und seine Mitarbeiter die Armbanduhr an der rechten Hand.

Tipp: Ziehen Sie die Visions-Karte

In jedem Bürogeschäft gibt es vorbereitete Blankovisitenkarten für Tintenstrahl und Laserdrucker. Lassen Sie diese von Ihrer Sekretärin mit dem Firmenlogo und Ihrer Vision bedrucken. Auf die Rückseite kommen Stichworte zu den drei wichtigsten Zielen.

Stecken Sie eine Karte so in Ihren Geldbeutel, dass Sie diese immer sehen, wenn Sie ihn öffnen. Das ist Ihre persönliche Erinnerungskarte. Die bleibt so lange dort, bis Ihnen die neue Vision in Fleisch und Blut übergegangen ist.

Einen weiteren Satz dieser Karten tragen Sie immer bei sich. Jedes Mal, wenn sich ein Mitarbeiter mit der Umstellung schwer tut, überreichen Sie ihm eine Visions-Karte. Wenn er schon eine hat, soll er die zweite an seinen Bildschirm kleben. Die nächste kann er in sein Auto legen. Spätestens bei der vierten Karte wird es ihm peinlich und er beginnt, danach zu leben – wenn er merkt, dass Sie nicht nachgelassen haben, das Thema weiter zu verfolgen und zu leben.

Den Mitarbeitern für
zusätzliche Aufgaben
Freiräume und Befugnisse
einräumen

Es reicht aber nicht, die Vision zu predigen. Stellen Sie sicher, dass Ihre Mitarbeiter auch die notwendigen Freiräume erhalten, um die zusätzlichen Aufgaben zu bewältigen. Projekte laufen immer neben dem Tagesgeschäft. Aber in vielen Firmen wurde so viel Personal abgebaut, dass für die Bewältigung weiterer Arbeiten keine Zeit mehr zur Verfügung steht.

In diesem Fall gilt es, entweder personelle Abhilfe zu schaffen oder dem Mitarbeiter zu helfen, seine anstehenden Aufgaben neu zu priorisieren.

Weisen Sie bei der Delegation von Aufgaben immer auf den Gesamtzusammenhang und die Bedeutung für das Strategie-Projekt hin. Arbeiten Sie nicht nur selbst an der neuen Strategie, arbeiten Sie sichtbar daran. Nur wenn Ihre Mitarbeiter sehen können, welchen Weg Sie gehen, werden sie Ihnen folgen. Informieren Sie deshalb regelmäßig über den Projektstand, denn nur eine regelmäßige Kommunikation der Projektziele und -fortschritte hilft den Mitarbeitern, Widerstände, Ängste und Misstrauen abzubauen. *Arbeiten Sie sichtbar an der neuen Strategie*

Jürgen Dormann, Chef des Industrieausrüsters ABB, führte beispielsweise eine so genannte „Freitagsmail" ein. Darin erläutert er regelmäßig allen Mitarbeitern seine Überlegungen. Andere Alternativen, die Mitarbeiter über den Projektstand zu informieren, sind Aushänge am Schwarzen Brett, Artikel in der Mitarbeiterzeitschrift oder Rundläufe.

Je größer und schwieriger die von Ihnen angestrebte Veränderung des Unternehmens, desto mehr sollten Sie diese Informationsmedien aber nur als begleitende Maßnahmen sehen und statt dessen auf die persönliche Berichterstattung in Besprechung zurückgreifen. Bewährt hat sich die Festlegung von Jour fixe Terminen, zum Beispiel jeden ersten Montag im Monat. Damit stellen Sie sicher, dass sich diese Gelegenheit zur Aussprache einprägt und vermeiden, dass die Kommunikation aufgrund der Terminhektik des Tagesgeschäfts abbricht. Sie könnten ja beispielsweise in der Anlaufphase des Projekts einmal im Monat zu einem Strategie-Frühstück einladen. *Persönliche Berichterstattung in Besprechungen*

Je mehr Widerstand oder Betroffenheit Sie bei den Beteiligten spüren, desto intensiver sollten Sie kommunizieren statt nur zu informieren. Bedenken Sie, dass jede E-Mail, jeder Aushang und jedes Schreiben eine Informations-Einbahnstraße ist. Sie teilen mit, ohne das Gesicht Ihrer Mitarbeiter zu sehen und ohne eine direkte Gelegenheit für Fragen zu bieten. Aber so lange Sie nicht erfahren, wo der Schuh wirklich drückt, können Sie das Problem nicht ausräumen. *Kommunizieren statt nur informieren*

4.5 Schritt 5: Kontrollieren

Um Ihr strategisches Ziel nie aus den Augen zu verlieren, müssen Sie regelmäßig kontrollieren, ob Ihr Unternehmensschiff noch auf Strategie-Kurs ist. Dabei sollten Sie nicht warten, bis die Termine für die geplanten Meilensteine erreicht sind – sonst erreichen Sie diese womöglich nie. *Planen Sie an jedem Monatsbeginn Zeit ein, um den Projektstand und die Zielerreichung zu kontrollieren*

Planen Sie an jedem Monatsbeginn Zeit ein, um den Projektstand und die Zielerreichung zu kontrollieren. Am einfachsten ist dies, wenn Sie schon mit dem in meinem letzten Buch vorgeschlagenen Monats-TÜV (siehe Tipp) arbeiten. Der Monats-TÜV greift auf die bewährte Methode des Jour fixe Termins zurück und sichert so eine regelmäßige Kontrolle.

Legen Sie für jedes strategische Ziel sowie für die Teilziele in den jeweiligen Meilensteinen Indikatoren fest, d.h. Maßzahlen, die Ihnen den Grad der Zielerreichung signalisieren. Achten Sie darauf, dass Sie nur maximal 50 Prozent dieser Indikatoren an Daten aus der Buchhaltung fixieren. Denn das Rechnungswesen ist eine nachgelagerte Funktion und gibt Ihnen immer nur verspätet über längst vergangene Ereignisse Auskunft.

Nehmen Sie sich zu Beginn des Strategie-Projekts ausreichend Zeit und suchen Sie nach Indikatoren, die Ihnen frühzeitig ein Nachlassen der Kräfte bzw. Abweichungen von Ihrer Strategie signalisieren. Wenn Ihre Strategie beispielsweise die Gewinnung von Kunden in einer völlig neuen Zielgruppe beinhaltet, werden Sie möglicherweise lange warten müssen, bis Ihr Rechnungswesen die ersten spürbaren Umsätze verbuchen kann. Wählen Sie statt dessen vorlaufende Indikatoren aus dem operativen Geschäft, also beispielsweise die Anzahl von realisierten Kontakten, Anzahl und Höhe der neuen Angebote und dann den Auftragseingang.

Diskutieren Sie die Auswahl dieser Kennzahlen mit den jeweiligen Mitarbeitern. Diese können neue Ideen einbringen, helfen Ihnen, die generellen Ziele in praktikable Teilschritte und -ziele zu zerlegen und erfahren mehr über das geplante Vorgehen. Damit erhöhen Sie schon im Vorfeld Akzeptanz und Identifikation mit der neuen Strategie.

Tipp: Der Montags-TÜV

Der zweite Montag im Monat gehört dem Unternehmens-TÜV. Diese monatliche Vorsorge-Untersuchung stellt das wichtigste Instrument der Unternehmenssteuerung und der Früherkennung von Krisen dar und muss deshalb unbedingt eingehalten werden.

Für die Tagesordnung erstellen Sie eine Checkliste, in der Sie Ihre strategischen Ziele und die festgelegten Indikatoren und Kennzahlen notiert haben. Überprüfen Sie nacheinander die ausgewählten Signalgeber zu den Bereichen:

- Finanzen
- Unternehmensergebnis
- Produktivität
- Marktentwicklung
- Strategie

Neben der eigentlichen Früherkennung bietet Ihnen der Montags-TÜV die Gelegenheit, sich Ihre Strategien ins Gedächtnis zu rufen und für den folgenden Monat die wichtigsten Aktivitäten zu planen. Leiten Sie das Unternehmen nicht alleine, nutzen Sie diese Gelegenheit auch zur Abstimmung aller wesentlichen Investitions- und Personalentscheidungen.

5 Checkliste: Die Macht der Vision nutzen und sofort richtig anwenden

Maßnahme	Wer	bis wann	Kontrolle am	erledigt
Vorbereitung				
Strategie-Team bilden				
Termine für Visions- und Strategiefindung festlegen				
Unternehmertagebuch beginnen				
Unternehmer-Analyse nach dem 4-Faktoren Modell				
Analyse der Teilmärkte				
• geographische Gliederung				
• technische Faktoren / Produktgruppe				
• Auftragsvolumina				
• betriebsspezifische Gliederungen				
Konkurrenzaufklärung				
• Strategie				
• Produkte				
• Kosten				
• Markt				
• Personal				
• Effizienz				
• Innovation / Forschung und Entwicklung				
• Finanzstärke				
Wettbewerbsordner anlegen				
• als Ablage				
• als Verzeichnis auf dem Server				
Benchmark mit Konkurrenz				
Vom Traum zur Vision				
Fragen an den Unternehmer				
Fragen an das Strategie-Team				
Kaufauslöser finden				
Gewichten und auswählen				
Vision entwerfen				
Leitbild erstellen				

Maßnahme	Wer	bis wann	Kontrol-le am	erledigt
Eine Strategie entwickeln; strategische Methoden durchdenken				
Kämpfen				
Segmentieren				
Differenzieren				
Einschätzung der Fitness-Zone				
Fokussieren				
Wachsen				
Multiplizieren				
strategische Ansätze entwickeln				
• Plausibilität prüfen				
• Grenzbedingungen festhalten				
• Entscheidungstabelle erstellen				
Strategie festlegen				
Umsetzung				
Strategie-Projekt aufsetzen				
• Projektauftrag erstellen				
• Meilensteine festlegen				
Kommunizieren				
• sprachlicher Feinschliff				
• Kick-off-Veranstaltung planen				
• Kick-off durchführen				
• Anker für die ersten 100 Tage setzen				
• Visions-Karten drucken lassen				
• Jour fixe Termine für regelmäßige Kommunikation festlegen				
Kontrollieren				
• Montags-TÜV einrichten				
• Indikatoren zur Zielerreichung festlegen				

Teil III

Erträge steigern, das Geheimnis, mit geringerem Einsatz bessere Ergebnisse zu erzielen

Die Schatzgräber

Ein Winzer, der am Tode lag,
Rief seine Kinder an und sprach:
„In unserm Weinberg liegt ein Schatz;
Grabt nur danach!" – „An welchem Platz?"
Schrie alles laut den Vater an.
„Grabt nur-!" O weh! Da starb der Mann.

Kaum war der Alte beigeschafft,
So grub man nach aus Leibeskraft.
Mit Hacke, Karst und Spaten ward
Der Weinberg um und um gescharrt.

Da war kein Kloß, der ruhig blieb,
Man warf die Erde gar durchs Sieb
Und zog die Harken kreuz und quer
Nach jedem Steinchen hin und her.
Allein da ward kein Schatz verspürt
Und jeder hielt sich angeführt.

Doch kaum erschien das nächste Jahr,
So nahm man mit Erstaunen wahr,
Dass jede Rebe dreifach trug.
Da wurden erst die Söhne klug
Und gruben nun jahrein, jahraus
Des Schatzes immer mehr heraus.

Gottfried August Bürger

1   Test: Wie hoch ist Ihr Ertragspotenzial

1.1   Können Sie Ihren Umsatz noch steigern?

	nein	Ansätze vorhanden	im Prinzip ja	ja
Verfolgen Sie eine differenzierte Preispolitik?	❏	❏	❏	❏
Überarbeiten Sie regelmäßig Ihre Rabatte und Konditionen?	❏	❏	❏	❏
Sind Ihre Kunden von Ihren Leistungen wirklich überzeugt?	❏	❏	❏	❏
Führen Sie regelmäßig Umsatzsteigerungs-Programme durch?	❏	❏	❏	❏
Kennen Sie die möglichen Potenziale Ihrer Kleinkunden (C-Kunden)?	❏	❏	❏	❏
Arbeiten Sie mit Hitlisten und ABC-Analysen?	❏	❏	❏	❏
Gehen Sie dem Verlust von Kunden nach?	❏	❏	❏	❏
Kennen Sie die Gründe Ihrer Noch-Nie-Käufer?	❏	❏	❏	❏
Besuchen Sie persönlich regelmäßig kleine und große Kunden, um nach deren Bedürfnissen zu fragen?	❏	❏		❏
Haben Sie eine spezielle Organisationseinheit für die Neukunden-Gewinnung?	❏	❏	❏	❏
Multiplikator	0	1	3	5
Ergebnis				

1.2   Orientieren Sie sich wirklich am Deckungsbeitrag?

	nein	Ansätze vorhanden	im Prinzip ja	ja
Erzielen Sie höhere Gewinne als die Konkurrenz?	❏	❏	❏	❏
Kann jeder Außendienstmitarbeiter den Begriff Deckungsbeitrag erläutern?	❏	❏	❏	❏
Kennen Ihre Außendienstmitarbeiter die erzielten Deckungsbeiträge?	❏	❏	❏	❏
Kann Ihr Innendienst sagen, welche Produkte besonders profitabel sind?	❏	❏	❏	❏
Wird Ihr Außendienst nach den erzielten Deckungs-beiträgen bezahlt?	❏	❏	❏	❏

	nein	Ansätze vorhanden	im Prinzip ja	ja
Messen Sie die Kundenrentabilität?	❏	❏	❏	❏
Kennen Sie für Ihre Kundengruppen den durchschnittlichen Lebenszeit-Deckungsbeitrag?	❏	❏	❏	❏
Multiplikator	0	1	3	5
Ergebnis				

1.3 Kennen Sie Ihre Engpassfaktoren im Vertrieb?

	nein	Ansätze vorhanden	im Prinzip ja	ja
Reicht Ihre Verkaufsmannschaft, um den Umsatz spürbar zu steigern?	❏	❏	❏	❏
Nutzen alle Ihre Mitarbeiter mit Kundenkontakt (von der Sekretärin bis zum Servicetechniker) jede Chance, zusätzlichen Umsatz zu generieren?	❏	❏	❏	❏
Kennen und verfolgen Sie die aktive Verkaufszeit Ihres Außendienstes?	❏	❏	❏	❏
Gibt es klare Regeln für die Touren- und Besuchsplanung?	❏	❏	❏	❏
Liefern Sie zeitlich und inhaltlich immer so, wie es der Kunde wünscht?	❏	❏	❏	❏
Wird der Leistungsumfang bei Auftragsannahme immer so geklärt, dass es nicht zu Stornos kommt?	❏	❏	❏	❏
Haben Sie eine Retouren- bzw. Reklamationsquote von nahezu 0 Prozent?	❏	❏	❏	❏
Wird bei Ihnen ein kleiner Auftrag wesentlich schneller erfasst und abgewickelt als ein Großauftrag?	❏	❏	❏	❏
Arbeiten Ihre Mitarbeiter nach einem Verkaufshandbuch?	❏	❏	❏	❏
Führen Sie regelmäßig Testanrufe und Testkäufe durch, um sich einen objektiven Eindruck Ihres Unternehmens zu verschaffen?	❏	❏	❏	❏
Multiplikator	0	1	3	5
Ergebnis				

0 bis 45 Punkte

Stopp! Umsatz ist die Voraussetzung zum Erfolg. Ohne ausreichenden Umsatz kann kein Unternehmen existieren. Was nützen hochwertige Lösungen, qualifiziertes Personal und eine effiziente Organisation, wenn niemand die Produkte kauft. Ob Ihre Umsätze einbrechen, leicht

Stopp! Ohne ausreichenden Umsatz kann kein Unternehmen existieren.

zurückgehen oder auch nur stagnieren, in diesem Kapitel sind Sie genau richtig. Und falls Ihre Umsätze steigen, lernen Sie hier, wie Sie sich die Rosinen herauspicken und zukünftig aus jeder Umsatzsteigerung noch mehr Gewinn holen.

46 bis 90 Punkte

Sie haben die Bedeutung von Umsatz und Deckungsbeitrag erkannt

Sie haben die Bedeutung von Umsatz und Deckungsbeitrag erkannt und arbeiten regelmäßig daran, Ihre Organisation auf diese beiden wichtigen Erfolgsfaktoren auszutrimmen. Da kommt dieses Kapitel genau richtig für Sie, denn Ideen zur Umsatzsteigerung kann man nicht genug haben. Vor allem, da Sie durch den regelmäßigen Blick auf die erzielten Deckungsbeiträge immer wählerischer werden. Umsatz ist nicht gleich Umsatz und es gilt, die richtigen Leckerbissen zu finden. Erfahren Sie deshalb, mit welchen einfachen Mitteln Sie sich auf die richtigen Umsätze konzentrieren und Ihr Unternehmensergebnis selbst bei stagnierenden Umsätzen steigern können.

91 bis 135 Punkte

Die ständige Optimierung von Umsatz und Deckungsbeitrag ist für Sie eine Selbstverständlichkeit

Prima. Die ständige Optimierung von Umsatz und Deckungsbeitrag ist für Sie und Ihre Verkäufer eine Selbstverständlichkeit. Eigentlich könnten Sie zufrieden sein und das Kapitel überspringen. Wenn Ihr Unternehmen aber in der Lage wäre noch mehr abzusetzen, überprüfen Sie, ob Sie alle Methoden zur Umsatzsteigerung und Deckungsbeitragsoptimierung einsetzen. Und stellen sicher, dass kein heimlicher Engpass Ihre Verkaufsergebnisse blockiert.

2 Von Umsätzen, Deckungsbeiträgen und Blockaden

„Holen wir zuerst den Umsatz, dann machen wir ihn profitabel."
Allan Stewart

Die Strategie greift zeitlich verzögert

Mit der Entwicklung einer Vision und der dazugehörigen Strategie sichern Sie das langfristige Überleben Ihres Unternehmens und fokussieren alle Ressourcen auf die gemeinsamen Ziele. Doch bis diese Strategie greift und sichtbare Ergebnisse erzielt, können schnell zwölf Monate und mehr ins Land gehen.

Spannen Sie in der Zwischenzeit das magische Quadrat des Erfolgs weiter, indem Sie Ihre Erträge steigern und sich ergänzend auf die Geschäfte mit den attraktivsten Deckungsbeiträgen konzentrieren. Steigende Umsätze und zunehmende Deckungsbeiträge multiplizieren sich im Ergebnis, sodass Sie Ihre Gewinnsituation spürbar verbessern werden.

Hierzu stellen wir Ihnen in diesem Kapitel eine Vielzahl von einfachen, aber wirkungsvollen Methoden und Maßnahmen zur Verfügung. Diese werden Ihnen helfen, schon binnen sechs Monaten erste Gewinnsteigerungen zu verbuchen.

Binnen sechs Monaten erste Gewinnsteigerungen verbuchen

Das Geheimnis liegt in einer Kombination der drei wichtigsten Hebel:
1. Eines klassischen Umsatzsteigerungs-Programmes
2. Einer konsequenten Deckungsbeitrags-Orientierung
3. Der Auflösung von Engpässen und Blockaden

Doch seien Sie gewarnt. Um Ihren Umsatz kurzfristig um 15 Prozent zu steigern und dabei Ihr Betriebsergebnis um 20 Prozent zu verbessern, reicht es nicht aus, die nachfolgenden Seiten zu lesen, zustimmend zu nicken und vielleicht die ein oder andere Idee bei Gelegenheit irgendwann einmal im Tagesgeschäft umzusetzen.

Kunden werden heute hart umworben, zusätzlichen Umsatz gibt es nicht geschenkt und Ihre Wettbewerber haben vielleicht schon gestern ein Umsatzsteigerungsprogramm aufgesetzt.

Notieren Sie deshalb gleich jetzt die Namen für Ihr Projektteam „Umsatzsteigerung". Ein oder zwei Verkäufer, je ein Mitarbeiter vom Innendienst und vom Service. Dazu kommt noch ein Projektassistent, der dem Team die notwendigen Daten aus den verschiedenen Quellen wie z.B. der Warenwirtschaft und dem Rechnungswesen aufbereitet.

Fixieren Sie die Eckpunkte des Projekts in einem Projektauftrag (siehe Kap. 4.1 „Das Strategie-Projekt fixieren"). Definieren Sie Ihre Umsatz- und Gewinnziele. Wählen Sie einen Projektzeitraum von sechs Monaten. Planen Sie möglichst bald eine Kick-off-Veranstaltung ein. Für die beiden darauf folgenden Monate planen Sie einen wöchentlichen Jour fixe. Danach sollte sich das Team so weit eingespielt haben, dass ein 14-tätiger Rhythmus reicht, um über die Ergebnisse der verteilten Aufgaben zu diskutieren und das weitere Vorgehen abzustimmen.

Fixieren Sie die Eckpunkte des Projekts in einem Projektauftrag

> **Tipp: Ernennen Sie einen Projekt-Assistenten**
>
> Trennen Sie sich zuerst von der Idee, die erforderlichen Zahlen und Analysen könnten Ihr Steuerberater oder die Buchhaltung liefern. Letztere betrachten nur einen kleinen Ausschnitt Ihrer Unternehmensinformationen. Außerdem unterliegen Ihre Daten von der Entstehung bis zur Buchhaltung regelmäßig mehreren Verdichtungen und entziehen sich damit einer detaillierten Analyse.
>
> In den meisten mittelständischen Betrieben steht in keiner Datenbank, wie oft welcher Verkäufer auf welchem Weg mit seinen Kunden Kontakt aufnimmt. Kaum ein Faktur-Journal speichert die Umsätze nach demographischen Kriterien oder dokumentiert in einer Art Kundenbilanz, wie viele Kunden täglich gewonnen, gehalten oder verloren

werden. Die für die Beantwortung der Fragen notwendigen Data-Mining-Arbeiten schrecken die Team-Mitglieder häufig ab. Manch wichtige Frage bleibt ungestellt, wenn der Fragesteller „zur Belohnung" die Aufgabe bekommt, der Sache auch nachzugehen.

Berufen Sie deshalb einen Projektassistenten in Ihr Team, der für die Datenbeschaffung und Aufbereitung zuständig ist. Dadurch wird das Team in seinen Fragestellungen mutiger. Die Projektassistenz spezialisiert sich auf die Datenbeschaffung und wird darin mit der Zeit immer effizienter. Gleichzeitig stellen Sie sicher, dass Sie unverfälschte Ergebnisse erhalten. Denn gerade Verkäufer lassen sich ungern in die Karten schauen. Wenn jeder Mitarbeiter seine eigenen Auswertungen erstellt, besteht die Gefahr, dass er dabei Daten bewusst oder unbewusst manipuliert.

2.1 Die Voraussetzung: graben, graben, graben

Das Informationspotenzial der angesammelten Daten voll ausschöpfen

In jedem Unternehmen sammeln sich Tag für Tag, Woche für Woche Informationen an. Nur in den seltensten Fällen werden die Möglichkeiten, welche diese Daten bieten, wirklich ausgeschöpft. Der Steuerberater sorgt für die Aufbereitung der gesetzlich vorgeschriebenen Zahlen sowie für eine betriebswirtschaftliche Auswertung. Der Controller, wenn sich das Unternehmen denn überhaupt einen solchen leistet, verteilt Kosten und Erlöse auf Kostenstellen und Kostenträger und führt regelmäßige Soll- / Ist-Vergleiche durch.

Alle diese Analysen sind richtig und notwendig. Aber dabei werden die Daten immer und immer wieder nach einem gleich bleibenden Muster strukturiert. Oder bildlich gesprochen, diese Analysen fahren immer wieder die gleichen Stollen im Bergwerk ab und sorgen zwar für eine Kontrolle der aktuellen Situation, nicht aber für neue Erkenntnisse. Wer Neues

Wer Neues erfahren möchte, muss quer denken

erfahren möchte, muss quer denken. Bereit sein, die eingefahrenen Wege zu verlassen und mehrere Versuchsstollen in den Datenberg zu treiben, wohl wissend, dass nicht jede Analyse auf einen Goldschatz stoßen kann.

Data-Mining: nach Daten „schürfen"

Es gilt also, den Datenberg wieder und wieder umzugraben, ihn nach immer neuen Kriterien auszuwerten, eben ein professionelles Data-Mining, wie die Amerikaner es nennen, zu betreiben. Weil die Analyse der eigenen Daten nach den unterschiedlichsten Gesichtspunkten zwar sehr Erfolg versprechend, aber äußerst harte Arbeit ist, werden hierzu auf dem Softwaremarkt unter hochtrabenden Begriffen wie Data-Warehouse oder Business-Intelligence viele Lösungen angepriesen. Alle haben aber eines gemeinsam. Es sind nur Werkzeuge, die Ihnen helfen, den Stollen voranzutreiben. Selbstverständlich erleichtern und beschleunigen diese Programme die Analysen. Aber nur, wenn vorher alle Daten eingetragen wurden. Aber diese Programme können nur dann Antworten liefern, wenn jemand die richtigen Fragen stellt.

Oder anders gesagt, Data-Mining können Sie unabhängig von jeder Software- und Hardware-Ausstattung betreiben. Die Mechanismen für ein erfolgreiches Data-Mining sind gleich. Es ist egal, ob Sie mit dem Taschenrechner, einer EXCEL-Tabelle, den Standard-Auswertungen Ihres Warenwirtschaftsprogramms oder mit POWERPLAY, einem weltweit führenden Analyse- und Reportingsystem des Marktführers COGNOS, arbeiten. Diese grundlegenden Prinzipien bilden den Schlüssel zur Steigerung von Umsatz und Deckungsbeitrag, denn sie ermöglichen es, ungenutzte Potenziale und Chancen zu identifizieren.

1. Segmentieren Sie Ihre Daten

Um auf neue Informationen zu stoßen, gilt es, die Daten immer wieder neu aufzugliedern. Gruppieren Sie beispielsweise Ihre Kunden nach Regionen, nach Verbänden, nach Branchen, nach Größenklassen oder ordnen Sie diese Ihren Geschäftsbereichen zu. Überlegen Sie regelmäßig, welche Arten von Segmentierung Ihnen zu einer neuen Sichtweise verhelfen könnten. So können Sie Ihre Artikel nach Eigen- und Fremdbezug, nach Lieferanten, nach Produktgruppen, Geschäftsbereichen oder Anwendungsbereich beim Kunden gliedern. Jedes dieser Merkmale wird nachfolgend, wie auch im Data-Mining, als **Dimension** bezeichnet.

Daten kontinuierlich neu gruppieren, um neue Bezüge und Abhängigkeiten zu entdecken

2. Suchen Sie nach Spitzen

Nach dem Pareto-Prinzip werden 20 Prozent der Daten Ihnen 80 Prozent der wichtigen Informationen liefern. Ein wichtiges Hilfsmittel, um die richtigen 20 Prozent zu identifizieren, ist die auf- oder absteigende Sortierung der Daten. Aus einer Zahl im Mittelfeld werden Sie kaum neue Erkenntnisse gewinnen. Überprüfen Sie immer die ersten und die letzten Werte einer sortierten Tabelle. Welches sind Ihre Top-Kunden? Lohnt es sich, diese intensiver zu bearbeiten? Aber auch die andere Seite der Liste kann interessant sein. 20 Prozent Ihrer kleinen Kunden bergen 80 Prozent des Umsatzsteigerungspotenzials.

Zahlen jenseits der mittleren Normalverteilung analysieren

Anstatt also eine Liste komplett durchzuarbeiten, lassen Sie sich die Liste möglichst auf drei Arten sortieren:

Nach absoluten Werten

Diese fokussiert beispielsweise Ihre fünf größten Abnehmer in der gewählten Periode. Lassen Sie sich gleichzeitig noch den Prozentsatz auswerfen, den der Umsatz mit diesem Kunden am Gesamtumsatz ausmacht und eine Spalte, in der diese Anteile kumuliert werden. Sie erhalten dann automatisch eine ABC-Analyse nach Umsatz. Die größten Kunden, die zusammen 80 Prozent Ihres Umsatzes ausmachen, werden als A-Kunden bezeichnet. Da diese Kunden den Großteil Ihres Geschäfts ausmachen, bedürfen sie immer ihrer besonderen Aufmerksamkeit.

Umsatzstarken A-Kunden besondere Aufmerksamkeit widmen

Kunde	Umsatz	prozentualer Anteil am Gesamtumsatz	prozentualer Anteil kumuliert	Einstufung
Hügler	3.400 €	34,0 %	34,0 %	A
Meier KG	2.800 €	28,0 %	62,0 %	A
Schulze AG	1.400 €	14,0 %	76,0 %	A
Eckstein	800 €	8,0 %	84,0 %	A
Alisaho ...	420 €	4,2 %	88,2 %	B

Abb. 2.1: Sortierung nach Umsatz absteigend (ABC – Analyse)

Nach Veränderungen

Daten immer auf Abweichungen hin untersuchen

Im nächsten Schritt sollten Sie Ihre Daten immer auf Abweichungen hin untersuchen. Dazu nehmen Sie die Werte der Vorperiode (Jahr, Quartal oder Monat) auf und ermitteln die absolute und prozentuale Abweichung. Sortieren Sie nun nach der prozentualen Abweichung und Sie können im Beispiel der Kundenumsatzliste feststellen, bei welchen Kunden der Umsatz um mehr als 20 Prozent anstieg und bei welchen er um mehr als 20 Prozent abfiel. Beides sind deutliche Signale zum Eingreifen.

Sortieren Sie aber auch noch einmal nach der absoluten Abweichung. Damit stellen Sie die richtige Gewichtung Ihrer A-Kunden sicher. Denn wenn bei einem Ihrer Großkunden der Umsatz nur um zwei oder drei Prozent abfällt oder ansteigt, hat dies spürbare Auswirkungen auf Ihren Gesamtumsatz.

Im Vergleich zum erreichbaren Potenzial

Ein guter Verkäufer beurteilt einen Kunden nicht nur nach erreichten Steigerungsraten und absoluten Umsätzen. Wenn er den gesamten Bedarf eines Kunden abdeckt, wird jede weitere Verkaufsmaßnahme verpuffen und aufgrund der höheren Kosten den Deckungsbeitrag schmälern. Wenn er allerdings das Potenzial bei einem großen Unternehmen nicht einmal annähernd ausschöpft, kann alleine der Ausbau dieser Kundenbeziehung zu ungeahnten Umsatzsteigerungen führen.

Nach Möglichkeit das gesamte Potenzial eines Kunden ausschöpfen

Deshalb sollten Sie, so weit möglich, auch die möglichen Potenziale in Betracht ziehen. Schätzen Sie die bei Ihren Kunden, Produkten, Regionen etc. möglichen Potenziale und sortieren Ihre Auswertungen danach. Konzentrieren Sie Ihre Vertriebsaktivitäten auf die Bereiche mit dem größten Potenzial.

3. Gehen Sie von oben nach unten vor (Top-down)

Jede Analyse sollte mit hoch verdichteten Informationen beginnen, also an der Spitze Ihrer Informationspyramide. Wenn Sie dort in einem Datenfeld ein interessantes Muster, beispielsweise eine gravierende Abwei-

chung zwischen Ihren Ergebnissen und dem möglichen Potenzial erken- *Von oben nach unten*
nen, gehen Sie eine Ebene tiefer und suchen dort nach dem gleichen *Muster erkennen*
Muster. Um eine schnelle Analyse zu ermöglichen, sollten die oberen
Ebenen möglichst nur fünf bis zehn Elemente umfassen.

Ein typisches Beispiel für die Top-down Analyse ist die Auswertung
nach Verkaufsregionen. Wenn der Umsatz in der Region Süd abfällt, wird
diese Region nach Niederlassungen gegliedert. Den Umsatz der Niederlassung mit der größten Abweichung wiederum kann man nach Verkäufern oder Kundengruppen analysieren und im letzten Schritt kommt
man zur Quelle, einer Liste von 20 bis 30 Kunden, als mögliche Ursache
des Problems.

Die Top-down Analyse hat den Vorteil, dass Sie nicht von Zahlen und
Listen erschlagen werden, einen Blick für das Ganze bekommen und
doch sehr schnell auf den Punkt kommen.

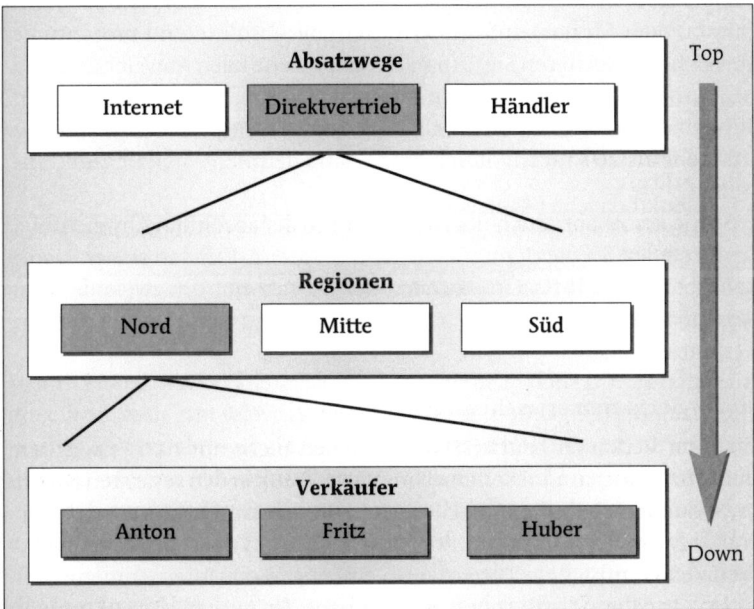

Abb. 2.2: *Top-down Analyse*

4. Kombinieren Sie mehrere Dimensionen

Die meisten Unternehmer steuern ihr Unternehmen schon durch Top-
down Analysen und gliedern ihre Daten nach ABC-Kriterien. Allerdings
fokussiert jede Auswertung immer nur ein Kriterium und bietet deshalb
nur ein ein-, maximal zweidimensionale Erklärungsmodelle. Diese reichen heute aber nicht mehr aus, um neue Impulse zur Umsatzsteigerung
zu gewinnen. Immer differenziertere Kundenbedürfnisse und immer
komplexere Märkte verlangen nach mehrdimensionalen Auswertungen.

Aus diesem Grund werden beim Data-Mining immer mehrere Merkma-le, sprich Dimensionen, miteinander verknüpft. Nehmen wir ein Bei-spiel aus dem Baugeräteverkauf. Der Einfachheit halber analysieren wir drei Dimensionen: Geschäftsbereiche, Produktgruppen und Verkaufs-gebiete. Die Daten stehen Ihnen in diesem Fall in einer Art Würfel zur Verfügung:

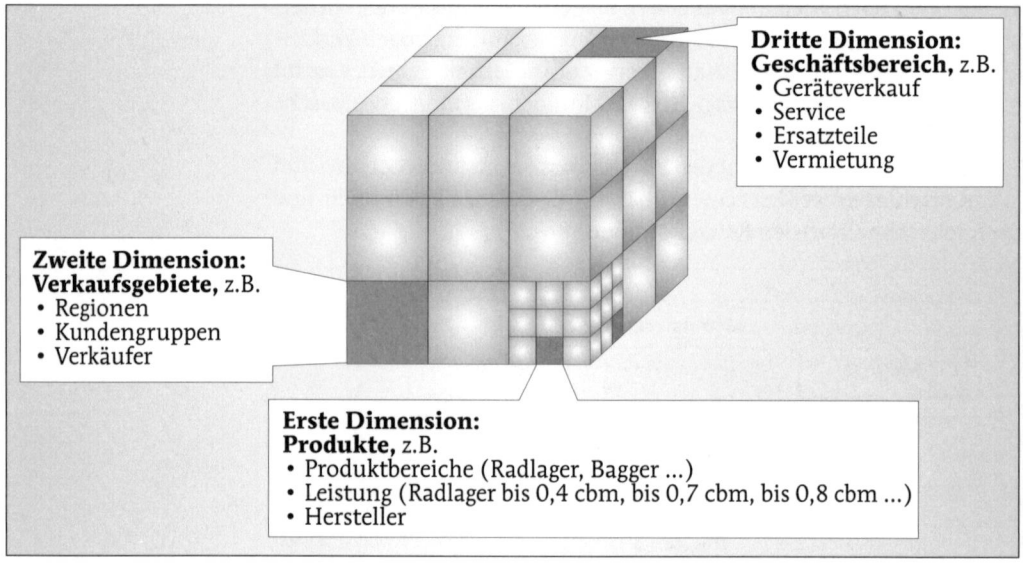

**Dritte Dimension:
Geschäftsbereich,** z.B.
• Geräteverkauf
• Service
• Ersatzteile
• Vermietung

**Zweite Dimension:
Verkaufsgebiete,** z.B.
• Regionen
• Kundengruppen
• Verkäufer

**Erste Dimension:
Produkte,** z.B.
• Produktbereiche (Radlager, Bagger ...)
• Leistung (Radlager bis 0,4 cbm, bis 0,7 cbm, bis 0,8 cbm ...)
• Hersteller

Abb. 2.3: Dreidimensionales Datenmodell

Im ersten Schritt suchen Sie jetzt auf der obersten Ebene in jeder Dimen-sion nach Auffälligkeiten. Sie stellen beispielsweise fest, dass die Region Nord im dritten Quartal besser abschneidet als die anderen Verkaufsge-biete. Nun prüfen Sie, ob sich diese Abweichung in den anderen Dimen-sionen niederschlägt und stellen fest, dass die Zuwächse aus dem Ge-schäftsbereich Vermietung kommen und dort vom Produktbereich Radlader verursacht werden.

Im nächsten Schritt gehen Sie eine Ebene tiefer. Der Umsatzzuwachs wird von den kleinen Radladern verursacht. Die Analyse der Kunden-gruppen ergibt, dass fast alle zusätzlichen Radlader-Vermietungen aus der Landwirtschaft kommen.

5. Der Umgang mit den Ergebnissen

Den Ursachen für sich in
der Analyse ergebende in-
teressante Zusammenhän-
ge auf den Grund gehen
Wenn Sie auf der Basis Ihrer Analysen interessante Zusammenhänge ent-decken, beginnen Sie mit der eigentlichen Ursachenforschung. Dabei sollten Sie Schritt für Schritt alle infrage kommenden internen und exter-nen Ursachen durchgehen. So könnte Ihr Außendienstmitarbeiter seine Besuchsfrequenz geändert haben, ein neuer Wettbewerber auftauchen oder sich ein anderer zurückziehen. Ihr Preis-/Leistungsverhältnis wird

vom Kunden nicht wahrgenommen oder der dortige Einkäufer hat gewechselt und der neue unterhält gute Beziehungen zum Wettbewerber.

Wenn Sie meinen, die Ursache gefunden zu haben, formulieren Sie eine These. Die könnte beispielsweise so lauten: *„Die Zielgruppe Landwirte hat in der Erntezeit einen zusätzlichen Bedarf an Radladern, der durch die Genossenschaften nicht abgedeckt wird."*

Im nächsten Schritt sollten Sie den Realitätsgehalt dieser These überprüfen. Zahlen können auch zufällig miteinander korrelieren oder in einen falschen Zusammenhang gebracht werden. Denn wenn der Bestand an Störchen zunimmt und gleichzeitig die Geburtenrate steigt, muss das nicht heißen, dass der Klapperstorch die Kinder bringt.

Um die Richtigkeit einer solchen Hypothese zu prüfen, reicht es nicht, darüber lange und ausdauernd zu diskutieren. Der einfachste Weg ist immer noch die direkte Befragung. In vielen Fällen genügt es, direkt zwei oder drei Kunden anzurufen und zu fragen. Wählen Sie nicht die bequemere Lösung, nur Ihren zuständigen Vertriebsmitarbeiter zu fragen. Er wird diese These noch nie mit dem Kunden diskutiert haben und Ihnen nur sagen, was er über die Meinung des Kunden zu wissen glaubt.

Im Zweifelsfall die Kunden direkt befragen

Recherchieren Sie ergänzend in Zeitschriften und im Internet nach passenden Veröffentlichungen. Nehmen Sie Kontakt mit Leuten auf, die sich in diesem Umfeld auskennen. Oft können Ihnen die lokalen Vertreter der Branchenverbände, Mitarbeiter von IHK, Handwerkskammern, Unternehmerverbänden und Gemeinden wertvolle Informationen geben.

Ergänzend in Medien recherchieren

Dabei geht es nicht darum, eine wissenschaftliche Arbeit zu schreiben. Häufig reichen ein paar Stunden intensiver Recherche, um festzustellen, wieso eine These nicht funktionieren kann. Oft ergeben sich aber auch zusätzliche Impulse, welche die These verfeinern und die Ausgangsposition für die sich daraus ergebende Aktivität verbessern.

In unserem Beispiel könnten die Analyse ergeben, dass der außergewöhnlich hohe Bedarf an kleinen Radladern bei den Landwirten durch die Insolvenz eines Landmaschinenhändlers bedingt war und nur rein zufällig in der Erntezeit stattfand. Daraufhin wäre die These zu variieren: *„Durch die zunehmenden Insolvenzen von Landmaschinenhändlern ergeben sich für uns neue Marktchancen."*

Im Rahmen solcher Analyse- und Recherche-Arbeiten sollten Sie immer Ihr zentrales Ziel im Auge behalten. Data-Mining dient nur dazu, alle Vertriebsaktivitäten Ihres Unternehmens auf eine Umsatz- und Ergebnissteigerung zu fokussieren.

Alle Vertriebsaktivitäten Ihres Unternehmens auf eine Umsatz- und Ergebnissteigerung fokussieren

Um dies realisieren zu können, benötigen Sie bestätigte Thesen, die Ihnen für klar abgegrenzte Bereiche die drei strategischen Fragen beantworten:

* *„In welchen Segmente werden wir (relativ leicht) wachsen?"*
* *„Wo machen wir weiter wie bisher?"*
* *„Welche Aktivitäten können oder sollten wir reduzieren?"*

Tipp: Starten Sie eine Besuchs-Offensive

Kaum jemand kann Ihnen mehr über Ihre Produkte, Qualität und Vertriebsleistung sagen als Ihr Kunde. Planen Sie in jedem Fall eine Reihe von persönlichen Gesprächen bei Ihren Kunden ein. Sie erhalten wichtige Informationen und verbessern Ihre Kundenbeziehungen. Achten Sie darauf, nicht nur Ihre „Lieblingskunden" zu befragen. Wählen Sie für die Befragung Kunden aus unterschiedlichen Regionen, Branchen und Größenklassen.

Stellen Sie folgende Themen in den Mittelpunkt Ihrer Interviews:
- Leistungsspektrum
- Produkte
- Bestell- und Lieferprozess
- Preise und Konditionen
- Service
- Außendienst
- Werbung und Verkaufsförderung
- Gesamteindruck
- Empfehlungen

Nutzen Sie die Gelegenheit aber auch, um Ihren Kunden nach seiner aktuellen Situation, seinen Problemen und seinen Einschätzungen zur Branche zu fragen. Denken Sie daran, dass jedes Problem Ihres Kunden für Sie ein Fingerzeig zur Verbesserung Ihrer Geschäftssituation sein kann. Klagt Ihr Kunde beispielsweise über Finanzierungsprobleme, sollten Sie im Projektteam über die Möglichkeiten anderer Zahlungskonditionen oder eines erweiterten Finanzierungs-, Leasing- oder Vermietangebots diskutieren.

3 Erster Schritt: Den Umsatz steigern

3.1 Variieren Sie Ihre Preise

Vor allem im Handwerk werden Preise immer noch in Form einer Zuschlagskalkulation gebildet. Mit diesem Verfahren soll ein ausreichender Deckungsbeitrag sichergestellt werden. Aber das ist ein Mythos. In Wirklichkeit stellt eine solche Kalkulation nur eine Sache sicher: dass der Betrieb seine Umsatz- und Gewinnpotenziale nicht ausschöpft. Im schlimmsten Fall kann eine solche Kalkulation sogar in den Ruin führen, wenn der Betrieb in einem wettbewerbsintensiven Umfeld seine Kosten-

Mit Zuschlagskalkulationen schöpft der Betrieb seine Umsatz- und Gewinnpotenziale nicht aus

struktur als gegeben hinnimmt und durch die Zuschläge zu nicht markt-
gerechten Preisen anbietet.

Der Preis hat nichts mit den Kosten zu tun. Der maximal erzielbare *Der Preis hat nichts mit*
Preis hängt immer von der aktuellen Situation des Kunden und dem *den Kosten zu tun*
Marktumfeld ab. Befindet sich der Kunde in einer Notlage und ist kein
Wettbewerber in Sicht, so kann der Preis die Selbstkosten um ein vielfa-
ches übersteigen. Befinden sich dagegen Überkapazitäten von vergleich-
baren Produkten am Markt und ist der Kunde bereit, die verschiedenen
Konkurrenzangebote gegeneinander auszuspielen, liegt der erzielbare
Preis vermutlich unter den Gestehungskosten.

Die Quintessenz:

NEHMEN SIE DEN PREIS, DEN DER MARKT GERADE NOCH TOLERIERT!

Grundlage der Preisbildung ist die so genannte **Preis-Absatz-Funktion**. *Zusammenhang zwischen*
Diese stellt den Zusammenhang zwischen dem Angebotspreis und der *Angebotspreis und*
damit abgesetzten Menge dar. Für die meisten Märkte gilt die so genann- *der damit abgesetzten*
te **Standard-Absatz-Funktion**. Diese geht davon aus, dass bei fallenden *Menge darstellen*
Preisen die Absatzmengen steigen. Und umgekehrt, dass Preiserhöhun-
gen zu einem Absatzrückgang führen. Natürlich gibt es Ausnahmen von
dieser Regel, wenn beispielsweise der Kunde bei zu niedrigen Preisen vor
einem Kauf zurückschreckt, weil er Qualitätsmängel vermutet. In jedem
Fall ermöglicht uns aber die Standard-Absatz-Funktion, Funktion und
Wirkung einer Preisdifferenzierungs-Strategie zu beleuchten.

Der besondere Charme einer Preisdifferenzierungs-Strategie liegt in *Hebelwirkung einer Preis-*
ihrer Hebelwirkung. Der Umsatz eines Artikels ergibt sich aus dem Ver- *differenzierungs-Strategie*
kaufspreis pro Stück (Stückpreis) mal der verkauften Menge. Wenn wir
vom erzielten Stückpreis die direkten Stückkosten abziehen, ergibt sich
der Deckungsbeitrag pro Stück. Multiplizieren wir diesen Gewinnanteil
mit der verkauften Menge, erhalten wir den Deckungsbeitrag des Artikels.

Umsatz	=	Stückpreis • verkaufte Menge
Deckungsbeitrag pro Stück	=	Stückpreis – direkte Stückkosten
Deckungsbeitrag eines Artikels	=	Deckungsbeitrag pro Stück • verkaufte Menge

Steigt nun der Verkaufspreis beispielsweise um einen Euro pro Stück, erhöht sich auch der Deckungsbeitrag um einen Euro, denn der Stückpreis
bleibt gleich. Oder anders gesagt: Jeder Euro Preiserhöhung erhöht Ihren
Gewinn um einen Euro, der Hebel zur Ergebnisverbesserung beträgt 1:1
– ein unschlagbares Verhältnis. Allerdings scheidet in vielen Fällen eine
direkte Preiserhöhung aus. Preisdifferenzierung ist nun eine Strategie,

Den Umsatz steigern, ohne
eine direkte Preiserhöhung
vornehmen zu müssen
den Umsatz zu steigern, ohne eine direkte Preiserhöhung vornehmen zu
müssen.

Nehmen wir einmal an, ein Unternehmen würde sein Produkt nur zu
einem einzigen, vorher festgelegten Preis verkaufen, dann entspräche
der dabei zu erzielende Deckungsbeitrag in unserem Beispiel in der Abbildung „Preis-Absatz-Funktion" der hellgrau hinterlegten Fläche in Abbildung 3.1.

Allerdings zeigt diese Abbildung auch, dass dadurch Absatzchancen
verschenkt werden. Denn hätte das Unternehmen zu niedrigeren Preisen
angeboten, wäre mehr abgesetzt worden. Umgekehrt werden aber auch
Preischancen nicht genutzt, denn eine ganze Reihe von Kunden wäre bereit gewesen, auch zu höheren Preisen zu kaufen. In der Abbildung werden diese durch Preis-Differenzierung möglichen Steigerungspotenziale
als dunkelgrau hinterlegte Flächen ausgewiesen.

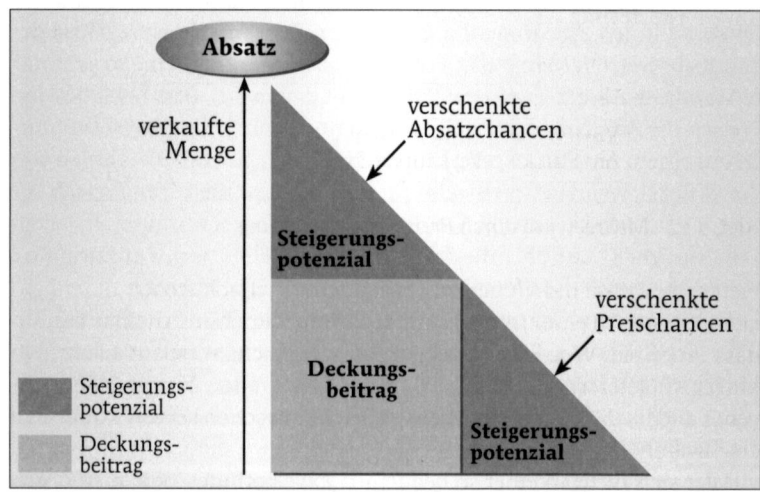

Abb. 3.1: Preis-Absatz-Funktion

*Preisdifferenzierung
ermöglicht es, Steigerungspotenziale abzuschöpfen*
Angenommen, das Unternehmen wäre in der Lage, durch verschiedene
Differenzierungsmaßnahmen am Markt zukünftig nicht nur mit einem,
sondern mit sechs weiteren Preisen aufzutreten, könnte ein großer Teil
dieses Steigerungspotenzials abgeschöpft werden. Aus den beiden großen
Dreiecken schneidet sich das Unternehmen so weitere Zuwächse im
Deckungsbeitrag (siehe Abbildung 3.2).

*Für jeden einzelnen
Verkaufsvorgang den
optimalen Preis finden*
Aber auch bei sechs unterschiedlichen Preisen verschenkt der Anbie-
ter immer noch ein paar Preis- und Absatzchancen. Um das gesamte
Deckungsbeitragspotenzial abzuschöpfen, müsste es für jeden einzelnen
Verkaufsvorgang den optimalen Preis finden. Dies ist nicht nur theore-
tisch denkbar, es wird sogar in Einzelfällen in der Praxis angewandt.

Wenn es beispielsweise um spezifische Produktionsanlagen, hochwertige Maschinen oder komplexe Projekte geht, lohnt es sich für die An-

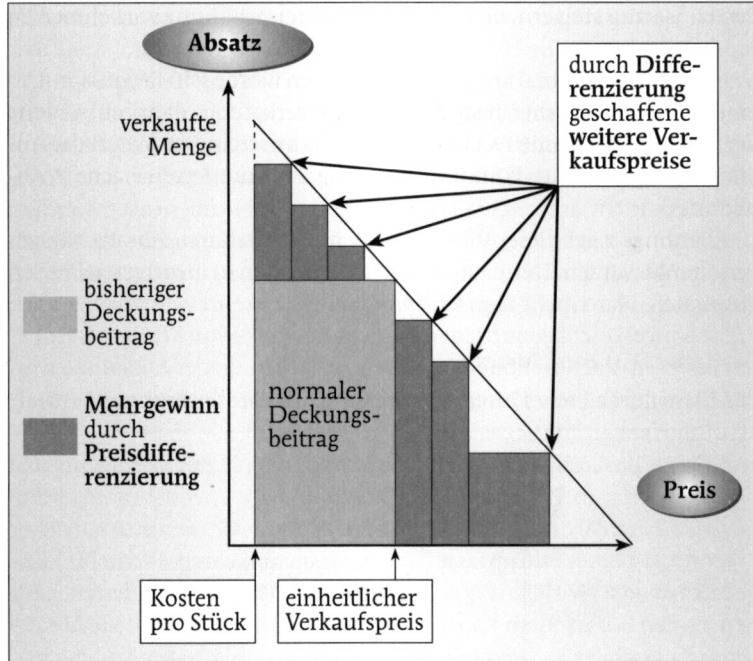

Abb. 3.2: Mehrgewinn durch Preis-Differenzierung

bieter, die Preise individuell zu verhandeln. Vielfach stehen die möglichen Kunden in einer intensiven Konkurrenzbeziehung zueinander, sodass ihnen der Weg eines direkten Preisvergleichs versperrt bleibt. Ein kluger Anbieter wird in diesen Fällen den Leistungsumfang in jedem Angebot anders darstellen, um Preisvergleiche zwischen seinen Kunden zu erschweren.

Den Leistungsumfang in jedem Angebot anders darstellen, um Preisvergleiche zu erschweren

Wer sich nicht in einer so bequemen Lage befindet, dem bieten sich trotzdem noch verschiedene Möglichkeiten der variablen Preisgestaltung an. Prinzipiell lassen sich sechs unterschiedliche Arten der Preisdifferenzierung unterscheiden:

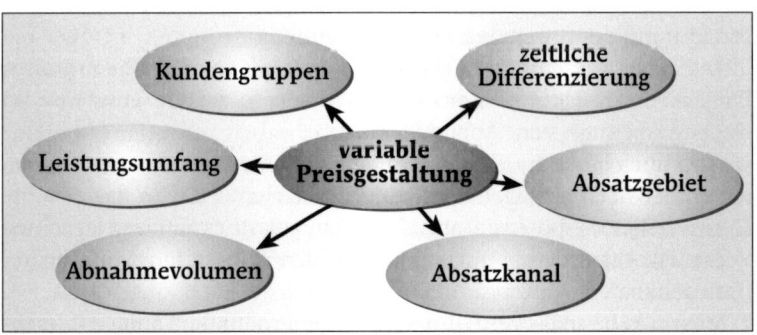

Abb. 3.3: Arten der Preisdifferenzierung

Prüfen Sie alle aufgeführten Vorschläge. Beachten Sie, dass es nicht darauf ankommt, ob Ihr Unternehmen wirklich einen Kostenvorteil hat, wenn Sie ihn dem Kunden gegenüber als Begründung für einen Sonderpreis darstellen. Entscheidend ist, dass Sie solche Ersparnisse oder Vorteile glaubwürdig vermitteln können. Und dass es klare Regeln gibt, wann diese Preise zum Tragen kommen. Nur so stellen Sie sicher, dass Preisnachlässe nicht auf andere Geschäftssituationen übertragen werden. Und rechnen Sie vor der Einführung variabler Preismodelle Ihr Steigerungspotenzial durch. Es gilt, einen Mehrumsatz zu erzielen und nicht, die bestehenden Umsätze zu kannibalisieren.

Zeitliche Differenzierung

Die Dringlichkeit eines Bedarfs übt einen deutlichen Einfluss auf den Preis aus

Die Dringlichkeit eines Bedarfs übt einen deutlichen Einfluss auf den Preis aus. Denn wer in Eile ist oder glaubt, in einer Notsituation zu sein, sieht in erster Linie die Lösung und nicht den Preis. Ein typisches Beispiel sind die Getränkepreise in Tankstellen, Flughäfen und auf Autobahnraststätten. Auch die Zuschläge für einen 24-Stunden-Lieferservice beruhen auf dieser Erkenntnis. Dieses Prinzip lässt sich aber auch umkehren. Wenn Ihr Kunde Zeit hat oder die Lieferung nicht an einen Zeitpunkt gebunden ist, können Sie den Bedarf Ihren Kapazitäten anpassen. Sie können neue Absatzchancen erschließen, wenn Sie spezielle Preisnachlässe für Frühbucher, Frühbesteller oder Schnellentschlossene einräumen. Oder Sie bieten Sonderkonditionen, wenn die Bestellung für eine Auslastung in den saisonschwachen Zeiten, beispielsweise im Sommerloch, erfolgt.

Spezielle Preisnachlässe für Frühbucher, Frühbesteller oder Schnellentschlossene

Beispielsweise stehen bei allen Autovermietungen, die von Geschäftskunden leben, die meisten Fahrzeuge jedes Wochenende ungenutzt auf dem Hof. Durch spezielle Wochenendtarife nutzen die Vermieter zusätzliche Absatzchancen im Privatkundensegment. Ein noch extremeres Beispiel bietet der Flugverkehr. Wenn Sie mit einer Linienmaschine nach New York fliegen, können Sie davon ausgehen, dass die Passagiere mindestens neun unterschiedliche Preise gezahlt haben – und die höchsten Preise den günstigsten Tarif um das Dreifache überschreiten.

Am häufigsten wird die zeitliche Differenzierung aber für die Platzierung von Sonderangeboten verwendet. Dabei ist gerade diese Art von Preisdifferenzierung ein Spiel mit dem Feuer.

Mit regelmäßigen Sonderangeboten unterspülen Sie Ihr reguläres Preissystem

Mit regelmäßigen Sonderangeboten unterspülen Sie Ihr reguläres Preissystem. Der Kunde wartet dann mit der Bedarfsdeckung auf das nächste Sonderangebot. Wenn Sie für ein Produkt aus Ihrem Standardsortiment ein Sonderangebot planen, halten Sie sich zumindest an die vier goldenen Grundregeln für Sonderangebote:

1. Begrenzen Sie das Angebot auf einen engen Zeitraum und legen immer ein Ablaufdatum fest. Dadurch erhöhen Sie die Dringlichkeit des Angebots.
2. Sorgen dafür, dass sich alle in Ihrem Unternehmen an diese Begrenzung halten, Sie werden sonst unglaubwürdig.

3. Begründen Sie Ihr Angebot – seien Sie im Zweifel kreativ. Ob Messerabatt, Räumungsverkauf, Restposten, Versicherungsschäden oder Kundeninsolvenz. Eine Begründung verstärkt die Bedeutung und Einmaligkeit der Aktion und nimmt ihr gleichzeitig die Schärfe. Bedenken Sie, wie sich diejenigen Ihrer Kunden fühlen werden, die gestern noch für den gleichen Artikel 20 Prozent mehr zahlen mussten.
4. Überprüfen Sie, ob mit dem Sonderangebot Ihr Umsatzvolumen in Summe wirklich steigt. Wenn Sie über diese Aktion keine Neukunden gewinnen und kein Wettbewerbsdruck besteht, verschenken Sie bares Geld.

Warnung:

UNBEGRÜNDETE PREISNACHLÄSSE SIND WIE EINE DROGE. SCHON EIN VERSUCH KANN IHRE KUNDEN SÜCHTIG MACHEN.

Absatzgebiet

Prüfen Sie, welche Möglichkeiten es gibt, Ihre Preise nach Absatzgebieten zu differenzieren. Das gilt nicht nur für Ihre Exporte, bei denen Sie für jedes Zielland einen anderen Markt vorfinden und Ihre Preise dementsprechend anpassen sollten.

In Regionen mit hoher Konkurrenz oder niedriger Kaufkraft differenzieren

Auch im Inland gibt es Regionen mit hoher Konkurrenz oder niedriger Kaufkraft. Um dort Ihre Absatzziele zu erreichen, werden Sie Ihre Preise differenzieren müssen. Andererseits können Sie in Gebieten mit hoher Kaufkraft oder hoher Marktdurchdringung einen höheren Preis erzielen.

Achten Sie bei der Überprüfung regionaler Differenzierungsstrategien aber auch auf kulturelle Unterschiede und Sprachbarrieren. Möglicherweise können Sie diese in Kombination mit einer leichten Variation Ihrer Werbe- oder Verkaufsförderung für eine differenzierte Preisgestaltung nutzen.

Auch die Transportkosten können ein Unterscheidungsmerkmal bieten. Überprüfen Sie Ihre Verkaufsregionen auf natürliche Barrieren wie z. B. Gebirge, größere Seen oder Flüsse ohne Brücken. Häufig sorgen solche Behinderungen für lokale Marktabschottungen. Vergleichen Sie deshalb die Auswirkungen dieser Störungen auf Verkaufsaktivitäten, Transportkosten und Preisfindung Ihrer Wettbewerber.

Wenn Ihr Markt allerdings sehr transparent ist und die Transportkosten keine Rolle spielen, sollten Sie mit dieser Art der Preisdifferenzierung sehr vorsichtig sein. Was passiert, wenn die Preisdifferenz die Transportkosten überschreitet, sehen Sie in der Automobilindustrie, wo Re-Importe das innerdeutsche Preisgefüge spürbar beeinflussen.

Absatzkanal

Eine sehr einfach durchzuführende und für den Kunden leicht nachvollziehbare Möglichkeit bietet die Differenzierung nach dem gewählten Absatzkanal.

Bestellungen per E-Mail verursachen wesentlich geringere Prozesskosten als die manuelle Aufnahme per Orderbogen durch den Außendienstmitarbeiter. Etwas geringer ist die Einsparung bei telefonischen Bestellungen oder Fax-Aufträgen. Allerdings birgt die Umgehung des Außendienstes auch eine Gefahr. Der Kunde wird zur Selbstständigkeit erzogen. Wenn er erst einmal an das Medium Internet gewöhnt ist, wird er auch die dort angebotenen Preisagenten ausprobieren.

Dem Kunden ein komplettes Logistik-konzept anbieten

Besser ist es, dem Kunden ein komplettes Logistikkonzept anzubieten. Wenn Sie den Kunden beispielsweise durch ein Einkaufsportal in ihre Prozesse einbinden und so im Lagermanagement oder in der elektronischen Auftragsabwicklung Kosten senken, können Sie diesen Vorteil in Form von speziellen Bestellkonditionen weitergeben. Prüfen Sie auch den umgekehrten Weg, die Abläufe des Kunden zu optimieren. Sie könnten beispielsweise ein Internetportal zur Verfügung stellen, über das die Kundenmitarbeiter direkt bestellen. Wenn Sie in Vertretung des Kunden die Berechtigung der Bestellung sowie die Einhaltung der Budgets sicherstellen, die Auslieferung koordinieren und die nach Kostenstellen gegliederten Rechnungen elektronisch übermitteln, kann der Einkauf Ihres Kunden sich nach dem Abschluss einer entsprechenden Rahmenvereinbarung auf höherwertige Teile konzentrieren.

Kommissionslager beim Kunden

Oder Sie schlagen vor, bei Ihrem Kunden ein Kommissionslager einzurichten. Die Ware lagert direkt beim Kunden, dieser zahlt aber erst bei Entnahme. Durch ein solches Lager vor Ort schöpfen Sie einen großen Teil des entstehenden Bedarfs ab, reduzieren die Klein- und Notbestellungen und können so Ihre Touren wesentlich besser planen. Da der Kunde im Prinzip ein anderes Leistungsbündel erhält, können Sie auch den Preis variieren.

Sonderpreise für Selbstabholer

Eine weitere Möglichkeit der Preisdifferenzierung ist der Aufbau neuer Absatzkanäle. Lassen Sie doch besonders sparsame Kunden zu sich kommen und machen Selbstabholern einen Sonderpreis. Wenn Ihre Kunden das Angebot annehmen, richten Sie im nächsten Schritt einen Fabrikverkauf ein. Sie sparen Transport- und Vertriebskosten und können durch die reduzierte Abgabe von Rest- und Überbeständen neue Zielgruppen erschließen.

Ein Versandgeschäft gründen

Wie sieht es in Ihrer Branche mit dem Versandgeschäft aus? Gibt es Kundengruppen, die Sie im Direktvertrieb nicht erreichen, die aber bereit wären, diese Leistung im Versandhandel zu beziehen? Denken Sie an Michael Dell, der sich aus Kostengründen kein Ladengeschäft leisten konnte und deshalb als Erster begann, PCs per Post zu verkaufen. Wenn Sie befürchten, dadurch Ihre bestehenden Kunden- und Händlerbeziehungen zu stören, sollten Sie das Versandgeschäft unter separatem Namen und abweichender Anschrift betreiben. Einen besonders einfachen Weg hierzu bieten E-Bay und vergleichbare Online-Marktplätze. Auf diesen Plattformen können Sie ohne großen Aufwand Ihre Waren auch außerhalb Ihrer angestammten Verkaufsgebiete vermarkten. Sie benöti-

gen nur einen Internetzugang und natürlich die entsprechende Versand-
logistik. Ihre Firma muss dabei nicht einmal mit dem eigenen Namen
auftreten, nur der jeweilige Käufer lernt den Lieferanten aufgrund der
Bestätigungsmail sowie der Liefer- und Rechnungspapiere kennen.

Abnahmevolumen

Der Mengenrabatt ist wohl die häufigste Art der Preisdifferenzierung. *Rahmenverträge über*
Dabei sollten Sie nicht nur auf die einzelne Bestellung schauen, sondern *eine jährliche Abnahme-*
sich möglichst eine stabile Geschäftsbeziehung sichern. Wenn Sie mit *menge sichern die*
Großkunden einen Rahmenvertrag über eine jährliche Abnahmemenge *Kundenbeziehung*
abschließen, sichern Sie sich Ihre Grundauslastung – und Ihre Kundenbeziehung.

Wenn Sie Ihre Produkte über Händler vermarkten, können Sie auch *Rabattstaffelung auch*
die Umsatzqualität beeinflussen. Staffeln Sie Ihre Rabatte nicht nur nach *nach der Produkt-*
den umgesetzten Mengen, sondern nach der Produktattraktivität. Dieses *attraktivität*
Instrument kann in zwei Richtungen eingesetzt werden. Reduzieren Sie
die Rabatte auf Selbstläufer, vor allem, wenn diese konkurrenzlos sind.
Forcieren Sie statt dessen durch gezielte Rabatte den Verkauf höherwer-
tiger Produkte.

In der Regel wird der Mengenrabatt immer dann angeboten, wenn jemand eine größere Menge abnehmen würde – aber nur, wenn es diese
Menge billiger gibt. Ein solches Verhalten ist aber nicht vorgegeben, es
kann auch über einen Informations- oder Erziehungsprozess erreicht
werden. So konnte sich die eingangs erwähnte Projektwerkstatt TEEKAM-
PAGNE nur zum größten Teeversandhaus Deutschlands entwickeln, weil
sie ihren Kunden beibrachte, wie man Tee lagert und den Vorteil der
größeren Abnahmemenge zu einem günstigeren Preis kommunizierte.

Interessante Beispiele zur volumenbezogenen Preisgestaltung zeigt
auch der RUSCH Verlag auf. Alexander Rusch bietet nicht nur Preisnachlässe beim Erreichen eines bestimmten Bestellwertes, sondern denkt
weiter. Er schlägt dem Kunden vor, doch gleich eine komplette Audio-
thek anzulegen und sofort die komplette Sammlung aller beim RUSCH
Verlag verfügbaren Hörbücher zu bestellen. Und er sichert die langfristige Kundenbeziehung, indem er die zukünftig erscheinenden Hörbucher
im Abonnement anbietet (www.rusch.ch).

Leistungsumfang

Jede Veränderung des angebotenen Leistungsumfangs führt zu einer dif- *Welche Komponenten Ihres*
ferenzierten Wahrnehmung des Produkts und kann damit zur Preisdif- *Angebots empfindet der*
ferenzierung eingesetzt werden. Finden Sie heraus, welche Komponen- *Kunde als Preissignal?*
ten Ihres Angebots der Kunde als Preissignal empfindet. Beim Kauf eines
PCs kann dies für eine bestimmte Zielgruppe die Taktrate des Prozessors
sein. Sie können nun einen möglichst hochwertigen Fokus anbieten und
die Nebenleistungen senken. Oder Sie entbündeln Ihr Angebot, senken
den Signalpreis für die zentrale Komponente und bieten die Zusatzleis-

Dem Kunden genau so viel Zusatzleistungen anbieten, wie seine persönliche Preisvorstellung hergibt

tungen separat an. Wenn Sie dabei die zusätzlichen Services in viele kleine Schritte und Varianten aufteilen, nähern Sie sich einer optimalen Ausnutzung der Preis-Absatz-Funktion an. Jedem Kunden können Sie dadurch genau so viel Zusatzleistungen anbieten, wie seine persönliche Preisvorstellung hergibt.

Ein sehr schönes Beispiel hierfür ist der amerikanische PC-Hersteller und Weltmarktführer Dell. Hier kann der Kunde die Basisausstattung des gewählten PCs schrittweise in immer neue Leistungsdimensionen konfigurieren, indem er Schritt für Schritt durch alle ausbaufähigen Komponenten geführt wird. Selbst beim Service nutzt Dell die Chancen einer möglichst variablen Preisgestaltung. Über die (kostenfreie) gesetzliche Garantie hinaus bietet Dell dem Privatkunden folgende kostenpflichtige Zusatzleistungen:

- 2 Jahre Abholgarantie
- 3 Jahre Abholgarantie
- 2 Jahre Vor-Ort-Garantie
- 3 Jahre Vor-Ort-Garantie
- und einen Full-Service-Vertrag

Eine andere Art der Preisdifferenzierung betreiben die Druckerhersteller. Um in den Genuss der Kostendegression bei der Produktion großer Stückzahlen zu kommen und gleichzeitig für unterschiedliche Kunden differenzierte Preise anbieten zu können, reduzieren sie softwaregesteuert die Druckgeschwindigkeit. So basiert letztendlich eine ganze Modellreihe, deren Verkaufspreise eine Bandbreite von mehreren hundert Prozent des Einstiegsmodells abdecken, auf nur einem einzigen Basisgerät.

Auch die Musikbranche versucht, mit der Leistungsdifferenzierung die Absatzkrise zu überwinden. Der Musikkonzern BMG startete im August 2004 ein gestaffeltes Preissystem für CDs. Mit der Billigversion ohne Cover sollen vor allem neue, preisempfindliche Käuferschichten gefunden werden. Auf der anderen Seite wird versucht, mit speziellen DVD-Editionen inklusive ausgewählter Extras ein Hochpreissegment aufzubauen.

Kundengruppen

Preise nach der Kaufkraft der Kunden differenzieren

Transportunternehmen, Museen, Theater und andere kommunale Einrichtungen differenzieren ihre Preise nach der Kaufkraft der Kunden. So gibt es spezielle Schüler- und Seniorenangebote. Greifen Sie dieses Beispiel auf und liefern den weniger zahlungskräftigen Kunden gleich ein komplettes Finanzierungs- oder Leasingangebot. Wenn Sie vorher eine entsprechende Rahmenvereinbarung mit einer Leasinggesellschaft oder Bank abschließen, erhalten Sie sogar noch eine Vermittlungsprovision.

Die Demag Plastics Group beispielsweise kann laut einer Notiz in der Financial Times Deutschland rund zwei Drittel ihrer Kunststoff-Spritzgussmaschinen nur verkaufen, weil sie ihren Kunden Ratenzahlung anbietet. Das bayerische Unternehmen hat dafür eine Vereinbarung mit der Deutschen Leasing. *„Wir sind Maschinenbauer und keine Bank. Aber wir wollen Aufträge. Und wenn der Kunde dafür eine Finanzierung braucht, bekommt er sie"*, sagt Demag-Chef Franz.

Inzwischen durchgesetzt haben sich Differenzierungen nach der Art der Geschäftsbeziehungen. So wird üblicherweise zwischen Privat- und Firmenkunden, Händlern, Kollegen und Mitarbeitern unterschieden. Andere Branchen differenzieren durchaus noch weiter. Bei Büromöbeln beispielsweise können sich die Preise nicht nur nach dem Absatzkanal, sondern auch nach der Kundengruppe richten. Ein leicht modifiziertes Produktprogramm, spezielle Kataloge und ein schlagkräftiger Vertrieb sorgen dafür, dass Apotheker andere Preise erhalten als Ärzte und deren Preise wiederum sich von der normalen Firmenpreisliste erheblich unterscheiden können. *Differenzierung nach Art der Geschäftsbeziehung in Firmen-, Privatkunden, Händler, Kollegen und Mitarbeiter*

Orientieren Sie sich am Kundennutzen. Wenn dieser nur geringe Lagerkapazitäten hat, ist er bereit, für die mehrmalige Belieferung separat zu bezahlen. Fehlt es ihm am Know-how zur Installation, wird er einen Preis inklusive Installation bevorzugen. Kundengruppen, die auf Sicherheit Wert legen, können durch einen Full-Service-Vertrag abgegrenzt werden. Unternehmen, die keine langfristige Bindung eingehen möchten, werden eher eine teurere Kurzzeitmiete akzeptieren. *Orientierung am Kundennutzen*

Überarbeiten Sie Ihr vorhandenes Rabatt-System

Viele Firmen verschenken Geld, weil sie historisch gewachsene Rabatt- und Konditionssysteme fahren. Niemand traut sich, an den bestehenden Vereinbarungen mit den Kunden zu rütteln – obwohl diese erfahrungsgemäß zu mehr als 80 Prozent unter ganz anderen Voraussetzungen abgeschlossen wurden. Die Vorsicht ist dem Grundsatz nach berechtigt, denn eine voreilige Änderung des Rabattsystems kann auch gute Kunden schnell verprellen. *Sich von historisch gewachsenen Rabatt- und Konditionssystemen verabschieden*

Überprüfen Sie dennoch Ihre bisher gewährten Rabatte und Konditionen. Achten Sie dabei vor allem darauf, dass Leistung und Gegenleistung in einem gesunden Verhältnis zueinander stehen.

Achten Sie auf eine transparente, nachvollziehbare Konditionsgestaltung. Wenden Sie die Differenzierungsregeln auf Ihr Rabattsystem an. Bieten Sie Nachlässe im Austausch für veränderte Leistungen. Wer die Aufträge online liefert, spart Ihnen Geld und erhält es in Form von Onlineboni zurück. *Transparente, nachvollziehbare Konditionsgestaltung*

Schätzen Sie zusammen mit dem Vertrieb die Auswirkungen des neuen Rabattsystems ab. Welche Kunden werden sich schlechter stellen, welche von den neuen Verfahren und Regeln profitieren. Analysieren Sie die Verlierer-Gruppen erst mit den in Kapitel 4 „Deckungsbeitrags-Management" vorgeschlagenen Methoden. Möglicherweise tragen diese Kunden gar nicht ausreichend zu Ihrem Geschäftsergebnis bei, sodass Sie teilweise auf deren Umsätze verzichten können.

> **Tipp: Erhöhen Sie Ihre Preise nach dem Pareto-Prinzip**
>
> Wenn für Sie keine der angesprochenen Differenzierungs-Strategien passt, denken Sie doch über eine generelle Preiserhöhung nach. Bevor Sie diese Idee pauschal ablehnen, gehen Sie doch für ein paar Minuten ins Detail:
>
> Erstellen Sie eine Umsatz-Hitliste Ihrer Kunden (nach Umsatz absteigend sortiert). Nehmen Sie sich die ersten 30 Kunden vor und stellen sich folgende Frage: *„Würde ich den Kunden verlieren, wenn ich die Preise um 3 Prozent anhebe?"*
>
> Falls Sie die Frage mit Nein beantworten, probieren Sie es mit 4 Prozent, dann mit 5 Prozent. Bei einem Ja probieren Sie es mit 2 Prozent und dann mit 1 Prozent. Notieren Sie das Ergebnis und fahren mit dem nächsten Kunden fort.
>
> Wenn Sie Ihre 60 wichtigsten Kunden durchgearbeitet haben, bereiten Sie die Preiserhöhung vor. Federn Sie die Erhöhung ab, indem Sie gleichzeitig die Preise für Auslaufartikel und Langsamdreher reduzieren.

3.2 Fokussieren Sie die richtigen Kunden

Viele Umsatzsteigerungs-Programme scheitern, weil sie breit statt spitz angelegt sind. Die Umsatzplanung wird durchgängig über alle Kundensegmente, Verkäufer und Regionen angehoben. Gleichzeitig stellt das Unternehmen einen möglichst hohen, gerade noch tragbaren Betrag für ein ergänzendes Marketing zur Verfügung. Die Werbeagentur setzt mit diesen Mitteln eine kurzfristige Verkaufsförderungsaktion auf. Doch Marketing nach dem Gießkannenprinzip sorgt zwar dafür, dass jeder nass wird, aber keiner genügend Wasser erhält, um damit neue Früchte tragen zu können.

Statt Marketing nach dem Gießkannenprinzip Konzentration auf die Bestandskunden

Um kurzfristige Umsatzsteigerungen zu erzielen, sollte das Unternehmen statt dessen seine Verkaufs- und Marketinganstrengungen auf die profitabelsten und schnellsten Erfolgschancen konzentrieren.

Der schnellste und gleichzeitig preiswerteste Weg zu mehr Umsatz führt über den Bestandskunden. Je nach Branche kostet es zwischen 5- und 10-mal mehr, einen Neukunden zu gewinnen als über genaue Kenntnisse seiner Bedürfnisse bei einem Bestandskunden ein Zusatzgeschäft zu generieren.

Kevin J. Clancy, der den Mythos *„Ein Unternehmen sollte mehr Geld in die Werbung neuer Kunden als in den Ausbau der Beziehungen zu bestehenden Kunden investieren"* als „Harakiri-Paradoxon" bezeichnet, hat die Ergebnisse seiner diesbezüglichen Analysen wie folgt zusammengefasst:

Kundentyp	Marketing-anstrengungen	Wert für den Anbieter	Kosten der Aktivität
Neue Kunden gewinnen	Hoch	Niedrig	Hoch
Vorhandene Kunden binden	Mittel	Hoch	Mittel
Bei vorhandenen Kunden expandieren	Niedrig	Mittel	Niedrig

Abb. 3.4: Das Harakiri-Paradoxon (nach Kevin J. Clancy)

Dabei unterscheidet Clancy noch zwischen Kundenbindungs- und Expansionsaktivitäten. Denn wenn der Aufwand für die Gewinnung von Neukunden so hoch ist, darf bei aller Expansionsorientierung nicht vergessen werden, die Leine bei den vorhandenen Kunden nicht zu lockern. Denn jeder verlorene Kunde muss mit viel Aufwand durch einen Neukunden ersetzt werden.

Ein einfaches und doch wirksames Mittel, um einen Überblick über seine Kunden zu erhalten, ist die Kundenbilanz (Abb. 3.5). Sie liefert Ihnen einen vierteljährlichen Überblick über Ihre Zu- und Abgänge. Damit können Sie frühzeitig ein Abbröckeln der Stammkundschaft erkennen und rechtzeitig eingreifen. Wenn Sie dieses Verfahren in Ihren regelmäßigen Unternehmens-TÜV aufnehmen möchten, sollten Sie im zweiten Schritt die Einzelwerte aus der Monats- oder Quartalsbilanz in eine Jahresübersicht, eine Kunden-Bestandskontrolle (Abb. 3.6), übertragen.

Die Kundenbilanz liefert Ihnen einen vierteljährlichen Überblick über Ihre Zu- und Abgänge

Kunden – 2. Quartal	Anzahl	Umsatz (Tausend Euro)
Umsatz mit Bestandskunden	245	3.700
Neukunden		
Marien KG	1	120
Römerfels GmbH	1	23
Jagelski	1	15
BGL Verband	3	23
Summe	6	181
Verlorene Kunden		
Appollon	1	135
Maxi Sauer	1	86
Summe	2	191

Abb. 3.5: Beispiel einer Kundenbilanz

Leider gibt es viele Branchen, vor allem im Einzelhandel und in der Gastronomie, in der solche Kundenbilanzen nicht geführt werden können. Denn selbst mit zunehmender Verbreitung von Kundenkarten bleibt ein Großteil der Geschäftsvorfälle anonym.

Kunden	1. Quartal Vorjahr	1. Quartal aktuell	2. Quartal Vorjahr	2. Quartal aktuell	3. Quartal Vorjahr	3. Quartal aktuell	(...)
Bestand	230	241	227	246	222		
Neu	12	8	7	6	9		
Verloren	15	3	12	2	8		

Abb. 3.6: Beispiel einer Kunden-Bestandskontrolle

Aber selbst dort kann das Unternehmen zumindest eine Kunden-Bestandskontrolle vornehmen. Dazu werden jeden Abend die Daten „Anzahl Kunden / Geschäftsvorfälle / Bons" und „Durchschnittsbon je Geschäftsvorfall" aus den Kassen ausgelesen und in einem Wochenbericht notiert. In der Zentrale werden diese Wochenberichte dann in die Kunden-Bestandskontroll-Liste übernommen.

> **Tipp: Warnsignal für Unternehmenskrise**
>
> Wenn Sie der Ursache für einen Umsatzabfall nachgehen und über die Monate der Umsatz pro Bon gleich bleibt, die Kundenzahl aber kontinuierlich zurückgeht, verlieren Sie regelmäßig Kunden. Das ist ein deutliches Warnsignal für einen drohenden Unternehmensinfarkt, denn es weist auf strukturelle Probleme hin. In solchen Fällen reicht es nicht, den Umsatz mit einem operativen Umsatzsteigerungs-Programm auszuweiten. Wenn dieses nicht greift und sich der Trend fortsetzt, sind möglicherweise alle finanziellen Reserven erschöpft und reichen nicht mehr für einen vollständigen Turn-Around des Unternehmens.
>
> In diesen Fällen sollten Sie, möglichst unter externer Begleitung, eine komplette Analyse der Ist-Situation und der strategischen Optionen vornehmen, um das Unternehmen neu zu positionieren. Versuchen Sie auch nicht, den Umsatzabfall nur durch Kostensenkungsprogramme zu kompensieren. Kein Unternehmen der Welt kann einen strukturell bedingten, kontinuierlichen Umsatzrückgang durch reine Kostensenkungsmaßnahmen ausgleichen – außer, es stellt den Betrieb ein.

3.2.1   Sichern Sie Ihre Kundenbasis ab

Verständnis der Situation des Kunden

Der Ausgangspunkt für die Sicherung und den Ausbau des Bestandsgeschäfts ist das Verständnis der Situation des Kunden. Nur wer versteht, was seinen Kunden beschäftigt, kann sein Verkaufskonzept darauf abstimmen. Informieren Sie sich deshalb über die zentralen Veränderungen innerhalb Ihrer Kundengruppen. Fragen Sie bei Ihrer Besuchs-Offensive den Entscheider direkt nach den Veränderungen, die ihn beschäftigen.

Sammeln, bewerten und gewichten Sie diese Punkte mit Ihrem Projekt-team. Stellen Sie sich dabei immer die Frage, welche Sorge den Kunden aktuell am stärksten beschäftigt. Suchen Sie sich die drei wichtigsten Themen heraus und verknüpfen Sie diese mit Ihrem Produktangebot:

Verknüpfen Sie die wichtigsten Probleme Ihrer Kunden mit Ihrem Produktangebot

- Vielleicht sind die Kunden unsicher, in welche Richtung sich ihre Branche entwickeln wird. In diesem Fall möchten sie sich nicht bin-den und werden Angebote mit einer möglichst kurzen zeitlichen Bin-dung bevorzugen. Nehmen Sie Kurzzeitmieten ins Angebot auf.
- In Krisenzeiten steht die Liquidität im Vordergrund, auch wenn dies vom Kunden nicht immer so gesagt wird. Die Problematik können Sie aber genauso gut in dem anwachsenden Forderungsbestand erken-nen. In diesem Fall wird die Finanzierung zum Erfolgsfaktor. Suchen Sie einen strategischen Finanzierungspartner.
- Wenn die Zeiten schlechter werden, gerät das Prestigedenken in den Hintergrund. Wer mit seinem Markennamen argumentiert, gerät ge-genüber glasklaren Amortisations- und Nutzenrechnungen ins Hin-tertreffen. Machen Sie dem Kunden ein Angebot, bei dem er nicht Nein sagen kann. Beispielsweise könnten Sie eine Abrechnung nach Grund-pauschale sowie Nutzung durch den Kunden anbieten, also nach Kilo-meter, Betriebsstunden, Seiten oder produzierten Stückzahlen.
- Falls der Kauf Ihrer Produkte zu einer längerfristigen Bindung des Kunden führt und sich Ihre Branche im Umbruch befindet, wird Si-cherheit zum Thema. Sie müssen Ihrem Kunden die Sicherheit bieten, gestärkt aus der Krise hervorzugehen und auch langfristig der richtige Partner zu sein. Nutzen Sie hierzu die Markennamen Ihre großen Lie-feranten bzw. Hersteller. Zeigen Sie dem Kunden, dass Ihr Unterneh-men eine durchdachte, langfristig orientierte Strategie fährt.
- Früher war Mode vor allem für Textilhändler ein Thema. Heute grei-fen diese Strömungen in immer mehr Branchen über. Wenn Sie plötz-lich unerwartet mit modischen Trends und Entwicklungen konfron-tiert werden, sollten Sie diese nicht unter den Tisch kehren. Überlegen Sie im Team, wie Sie mit möglichst einfachen Mitteln den Trend adap-tieren und davon profitieren können, ohne selbst neue Produkte auf-zulegen. Kurzfristige Steigerungen können Sie nur erreichen, wenn Sie alten Wein in neue Schläuche füllen.

3.2.2 Weiten Sie Ihr Bestandsgeschäft aus

Schon im Kapitel 2.1 über das Data-Mining wurde das Konzept der Potenzialanalyse erläutert. Dabei wird für jeden Kunden geschätzt, wie hoch der Umsatz sein würde, wenn das eigene Unternehmen den gesam-ten Bedarf decken würde. Wenn sich der Vertrieb nun um die größten Potenzialfelder kümmert, so die Theorie, kann der Umsatz drastisch ge-steigert werden.

Das gesamte Umsatz-potenzial eines Kunden ausschöpfen

Allerdings sagt das Umsatzpotenzial eines Kunden noch nichts über den zur Gewinnung notwendigen Aufwand. Wird dieser durch zusätzliche Preisnachlässe erzielt, so kann das Ergebnis kontraproduktiv werden. Desgleichen kann der Versuch, das Potenzial eines Konzernkunden zu heben, sich in einer nicht enden wollenden Irrfahrt durch die verschiedensten Standorte, Funktionen und Verantwortlichen totlaufen. Deshalb sollte eine mehrstufige Potenzialanalyse gewählt werden:

Erster Schritt: Kunden-Einstufung nach Potenzial

Nehmen Sie eine Kundenliste mit den Umsätzen der letzten drei Jahre und lassen jeden Verkäufer für seine 100 größten Kunden schätzen, wie hoch der Gesamtbedarf für Ihre Produkte pro Jahr ist. Wenn Sie von dieser Zahl den Vorjahresumsatz abziehen, erhalten Sie das nicht realisierte Umsatzpotenzial.

Übertragen Sie nun von jedem Verkäufer die zwanzig Kunden mit dem höchsten Umsatzpotenzial in eine zentrale Tabelle. Diese enthält nun das Ausgangsmaterial für den nächsten Schritt.

Fragen zum Ausloten des Kundenpotenzials

Der Verkäufer sollte sich beim Ausloten des Kundenpotenzials die folgenden Fragen stellen:

- *„Wie viel Prozent des Gesamtbedarfs dieses Kunden decken wir ab?"*
- *„Wie viel davon steht in den nächsten sechs Monaten zur Disposition bzw. Neuverhandlung?"*
- *„Gibt es bei dem Kunden Bestelllimitierungen, d.h. darf nur ein bestimmter Prozentsatz eines Artikels von einem einzigen Lieferanten bezogen werden?"*
- *„Welche anderen Artikel und Leistungen kämen bei diesem Kunden in Frage?"*
- *„Wie nutzt der Kunde unsere Waren, die Artikel, das Dienstleistungsangebot, gibt es andere Nutzungsarten, die bei ihm den Verbrauch erhöhen würden?"*

Zweiter Schritt: Aufwands- / Nutzen-Ranking

High-Potentials: Kunden mit dem besten Aufwands- / Nutzen-Verhältnis

Berufen Sie eine Verkäufersitzung ein, um die Kunden mit dem besten Aufwands- / Nutzen-Verhältnis, die so genannten High-Potentials, zu ermitteln. Falls Sie mehr als fünf Außendienstmitarbeiter beschäftigen, sollten Sie je nach Organisationsform für jeden Geschäftsbereich oder jede Region eine separate Sitzung durchführen, da das Verfahren bei zu großer Teilnehmerzahl ineffizient wird.

Ausgangsbasis für das Aufwands- / Nutzen-Ranking ist die nach dem Umsatz-Potenzial absteigend sortierte Kundenliste der beteiligten Verkäufer. Die Abarbeitung erfolgt in Zehnerschritten, d.h. in jeder Runde werden die zehn Kunden mit dem höchsten noch verbleibenden Umsatzpotenzial auf einem Flip-Chart notiert und gemeinsam nach den drei folgenden Kriterien bewertet:

Bewertungskriterien

- **Zusatzaufwand:** Wie viel Zeit wird der Verkäufer investieren müssen, um das Umsatz-Potenzial dieses Kunden mindestens zur Hälfte auszunutzen?

- **Entscheidungszeitraum:** Wie lange benötigt der Kunde für seine Entscheidungen, d.h., wie viel Zeit wird vom Beginn einer Verkaufsoffensive bis zur Entscheidung vergehen?
- **Preisqualität:** Welcher Preis wird sich bei der Ausnutzung des Potenzials erzielen lassen?

Zu Beginn einer Runde fasst jeder Verkäufer kurz für seine Kunden die aktuelle Situation zusammen und gibt dann für jedes der drei Kriterien seine persönliche Schätzung ab. Wenn alle zehn Kunden vorgestellt wurden, folgt eine fünfzehnminütige Diskussion. Häufig ergeben sich in dieser Diskussion schon klare Schwerpunkte, welche Potenziale wirklich entwicklungsfähig sind und wo undurchdringbare Barrieren existieren.

Wenn sich aber in der Diskussion keine Einigung über die High-Potentials finden lässt, muss das Ranking entscheiden. Jeder hat dabei insgesamt zehn Punkte zur Verfügung, darf aber je Kunde nur maximal drei Punkte kumulieren.

Wie viel Kunden Sie insgesamt durch dieses Bewertungsverfahren schleusen, hängt von Ihrer Unternehmensgröße, der Potenzialeinschätzung und Ihren Zielen ab. Sie sollten aber zumindest die dreißig Top-Potenziale analysieren, bevor Sie das weitere Vorgehen entscheiden.

Dritter Schritt: Auswahl der High-Potentials

Es ist effizienter, kurzfristig realisierbare Potenziale mittlerer Kunden zu heben, als monatelang auf die Entscheidung von Großkunden zu warten. Genauso spielt die erzielbare Preisqualität bei der Umsatzplanung eine wichtige Rolle. Es könnte also sein, dass die Spitzenreiter der beispielhaften Listen in Abbildung 3.7 wesentlich bessere Entwicklungsmöglichkeiten bieten als die Nachzügler der Top-Listen. Stellen Sie deshalb die verschiedenen Ergebnisse in Bezug zueinander.

Kurzfristig realisierbare Potenziale mittlerer Kunden heben

Umsatzpotenzial Top 1 bis 10			Umsatzpotenzial Top 11 bis 20		
Kunde	Umsatzpotenzial	Ranking	Kunde	Umsatzpotenzial	Ranking
Adams	144	4.	ZUB	55	3.
Meier	132	1.	Sauer	52	1.
Schnorr	120	3.	M & N	50	2.
Schäuble	108	5.	Nagele	48	3.
Schiller	98	2.	Hasel	45	4.
OHK	80	6.	InNet	30	6.
Knorre	74	9.	Samton	28	10.
ABC Ltd.	70	8.	NIP	20	9.
Onkon	65	10.	Gressler	15	8.
Schwarze	58	7.	Schulz	10	7.

Abb. 3.7: Auswahl der High-Potentials

Hierzu hängen Sie die ersten beiden Potenzialanalysen nebeneinander auf. Nehmen Sie jetzt aus der Liste mit den niedrigeren Umsatzpotenzialen den Kunden mit dem besten Ranking und vergleichen ihn mit den Kunden der stärkeren Liste. Falls er insgesamt ein besseres Aufwands- / Nutzenverhältnis aufweist, erhält er einen entsprechenden Platz auf der Liste der Top-Potentials. Im vorstehenden Beispiel gibt das Verkäuferteam den Firmen Sauer und M&N stärkere Chancen als den beiden Firmen Knorre und ABC Ltd.

Auf die gleiche Art verfahren Sie mit Ihren weiteren Listen, bis Sie ausreichend für Ihr Umsatzsteigerungsprogramm gerüstet sind.

Vierter Schritt: Lassen Sie realistische Pläne erstellen

Lassen Sie jeden Verkäufer einen kurzen Zeit- und Vorgehensplan erstellen

Damit die Chancen aus diesen High-Potentials nicht im Tagesgeschäft verloren gehen, lassen Sie jeden Verkäufer einen kurzen Zeit- und Vorgehensplan erstellen. Prüfen Sie ab, ob dieser Plan realistisch ist. Vielfach sind die Potenziale ungleich verteilt. Vermeiden Sie möglichst eine Neuverteilung der Kunden. Das würde Ihre Verkäufer demotivieren und möglicherweise die Zielkunden beunruhigen. Beides erschwert aber eine kurzfristige Umsatzsteigerung.

Erleichtern Sie ihnen statt dessen das reguläre Geschäft. Gehen Sie gemeinsam die vorhandenen Kundensituationen durch und setzen Prioritäten. Überlegen Sie, welche B- und C-Kunden in die Betreuung des Innendienstes übergeben werden könnten. Entlasten Sie Ihre Verkäufer von allen indirekten Arbeiten, sodass diese sich voll auf ihre direkte Verkaufstätigkeit konzentrieren können.

3.2.3   Suchen Sie nach den richtigen Neukunden

Regelmäßige Gewinnung neuer Kunden, um die Verluste aus dem Bestand zu kompensieren

Die regelmäßige Gewinnung neuer Kunden sollte ein wesentliches Element jeder Unternehmensstrategie sein, um die Verluste aus dem Bestand zu kompensieren. Allerdings ist die Gewinnung von neuen Kunden ein langwieriger und aufwändiger Prozess. Um kurzfristig spürbare Umsatzeffekte zu erzielen, reicht es nicht, wenn die vorhandenen Verkäufer zusätzlich zur Sicherung und Weiterentwicklung des Bestandsgeschäfts noch Neukundengewinnung betreiben. Denn gute Verkäufer kennen den Mehraufwand für die Gewinnung eines Neukunden sehr genau und finden deshalb viele Gründe, dieses Geschäftsfeld zu vernachlässigen.

Ein separates Neukunden-Team konzentriert sich auf schnelle Abschlüsse (Quick-Wins)

Bilden Sie deshalb ein separates Neukunden-Team. Dieses bekommt die Aufgabe, sich auf so genannte Quick-Wins, also schnelle Abschlüsse, zu konzentrieren. Dabei helfen die nachfolgenden Grundsätze der Neukunden-Gewinnung:

- Kunden zurückzugewinnen ist einfacher als neue Geschäfte anzubahnen.
- Einfache Entscheidungswege und direkte Ansprache des Entscheiders erleichtern das Geschäft.

- Suchen Sie Kriterien, die auf einen möglichst kurzen Entscheidungs-zeitraum hinweisen.
- Wählen Sie Zielgruppen mit hohem Umsatzpotenzial.
- Bilden Sie möglichst kleine, homogene Gruppen und arbeiten diese nacheinander ab.
- Achten Sie auf möglichst einfache und preiswerte Möglichkeiten der Ansprache.
- Testen Sie mehrere Gruppierungen und wählen die mit der höchsten Reagierer-Quote.

Um die Zielgruppe weiter einzugrenzen, empfiehlt sich die Anwendung des von Willi Bayer entwickelten Kunden-Radars. Damit haben Sie gleichzeitig ein Instrument zur Verfügung, welches Ihnen in einer sehr frühen Phase des Interessentengesprächs zeigt, wie weit dieser Kontakt Ihren Zielen entspricht und ob es sich lohnt, ihn weiterzuverfolgen.

Das Kunden-Radar zeigt Ihnen schon sehr früh, ob es sich lohnt, einen Kontakt weiterzuverfolgen

Für die Erstellung eines Neukunden-Radars diskutieren Sie im Projekt-team, welche Kriterien in Ihrem Geschäft ein Quick-Win haben sollte. Lassen Sie die letzten Abschlüsse Revue passieren und notieren die Ge-meinsamkeiten. *„Welche Merkmale führten zu einer schnellen Entschei-dung, wodurch zeichneten sich besonders gehaltvolle Neugeschäfte aus?"*

Im nächsten Schritt führen Sie eine Bewertung durch und selektieren die zehn wichtigsten Kriterien. Notieren Sie zu jedem Kennzeichen, mit welcher Frage oder auf welchem Weg diese Information am einfachsten zu ermitteln ist. Verwenden Sie diese Fragen bei Ihren Erstgesprächen, auf Messen, Veranstaltungen und bei Ihren Telefonaten.

Vergeben Sie für jedes Merkmal je nach Erfüllungsgrad bis zu drei Punkte. Wenn Sie alle Punkte kumulieren, erhalten Sie das Quick-Win-Potenzial. Hier ein Beispiel:

Quick-Win Kriterium	erzielte Punktzahl	
innovativ	2,5	
Bonität	2,0	
ländliche Gemeinde	1,5	
Mitglied im Landesverband	3,0	
zwischen 15 und 30 Mitarbeiter	1,5	
Textileinzelhandel	3,0	
Damenoberbekleidung	3,0	
Filialist	3,0	
häufiger Deko-Wechsel	3,0	
Familienbetrieb	2,0	
herstellerunabhängig	3,0	
Betriebsübergabe steht an	1,0	
Quick-Win Potenzial (max. 30)	28,5	95 %

Abb. 3.8a: Kunden-Radar (Quelle: www.fly-higher.com)

Falls Sie eine Excel-Tabelle verwenden, wählen Sie im Diagramm-Assistenten den Diagramm-Typ „Netz" aus und erhalten eine grafische Darstellung des Quick-Win-Potenzials.

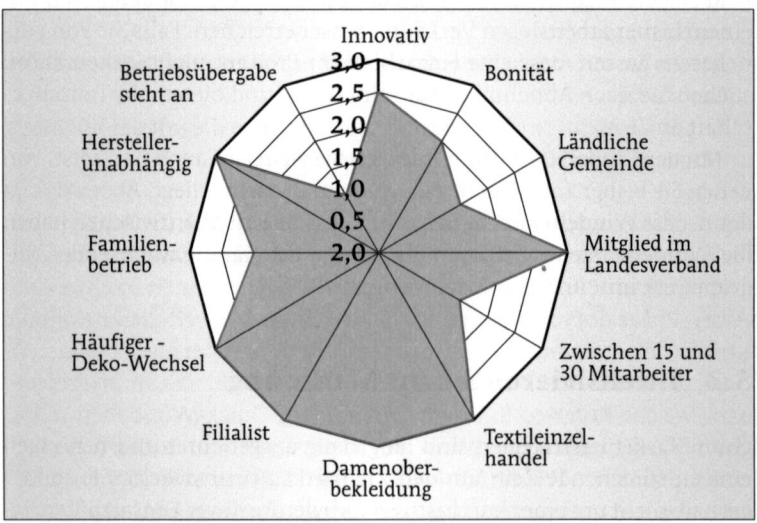

Abb. 3.8b: Kunden-Radar (Quelle: www.fly-higher.com)

Setzen Sie die Cinderella-Brille auf

Suchen Sie bewusst nach Kunden, die der Wettbewerb links liegen lässt

Wenn Sie den Eindruck haben, dass in Ihrer Branche schon alle tragfähigen Zielgruppen besetzt sind und Sie bei jedem Interessentenbesuch den Kollegen von der Konkurrenz begegnen, setzen Sie einmal die Cinderella-Brille auf. Aschenputtel war wesentlich hübscher, als es in der täglichen Arbeit den Anschein hatte. Kehren Sie deshalb ihr Denken um und suchen bewusst nach Kunden, die wirklich keiner möchte. Den schwarzen Schafen, die nicht zahlen; den ewigen Interessenten, die sich nicht entscheiden können oder den Abnehmern von Kleinstmengen, die aber keine Transportkosten zahlen wollen.

Oft wird das Ertragspotenzial dieser potenziellen Kunden erst sichtbar, wenn Sie einmal den Umsatz auf die durchschnittliche Bindungsdauer kumulieren. Aus 100 Euro pro Monat werden schnell mehrere Tausend Euro. Erweitern Sie also Ihren Sichtwinkel:

- *„Welche Kundengruppen sind für unser Produkt zu klein?"*
- *„Welche Kunden wollen wir in keinem Fall?"*
- *„Welche Kunden treiben uns immer zur Verzweiflung?"*
- *„Für welche Kundengruppen sind wir bisher überhaupt nicht ausgelegt?"*
- *„Welche Kunden hat die Konkurrenz so fest in der Hand, dass wir nicht einmal davon träumen würden, diese abzulösen?"*
- *„Wer hat unser Produkt bestimmt nicht nötig?"*

Suchen Sie nach passenden Lösungen. Wenn Sie es schaffen, Kleinstabnehmer über Sammelbestellungen zu bündeln oder zu einer Lagerhaltung zu bewegen, fallen die Transportkosten nicht mehr ins Gewicht. Bemühen Sie sich um die richtige Sprache und den richtigen Auftritt. Mit Ärzten sollte ein Arzt sprechen, mit Rechtsanwälten ein Anwalt. Und vielleicht könnten Sie die Zielgruppe der Langzeitarbeitslosen mit einem bisher arbeitslosen Verkäufer besser erreichen. Falls Sie von vorneherein wissen, dass eine Firma sich Ihr Produkt nicht leisten kann, suchen Sie nach Abnehmern für seine Ware und bieten ein Tauschgeschäft an.

Kleinstabnehmer über Sammelbestellungen bündeln oder oder zu einer Lagerhaltung bewegen

Mit der Cinderella-Brille entdecken Sie vielleicht auch Gruppen, von denen Sie bisher annahmen, dass gar kein Bedarf vorliegt. Aber wer sagt denn, dass Windeln nur für Babys sind. Im Gegenteil, inzwischen haben die Windelhersteller Senioren als eine große, ständig wachsende Zielgruppe erkannt und sich darauf eingestellt.

3.3 Intensivieren Sie Ihr Marketing

Gute Marketingstrategien sind langfristig ausgerichtet und benötigen eine entsprechende Zeit, um den Zielmarkt zu entwickeln. Sie sollten deshalb nicht um einer kurzfristigen Aktivierung Ihrer Umsatzpotenziale willen Ihre kompletten Marketingpläne umwerfen. Aber wenn Sie Ihr Marketing intensivieren, indem Sie die geplanten Aktivitäten ausweiten oder Kampagnen vorziehen, ist dies sicher hilfreich. Ergänzend können Sie die nachfolgenden Ideen realisieren, ohne damit Ihr Gesamtkonzept zu gefährden.

Flankierende Maßnahmen zur Komplettierung Ihrer Marketingstrategie

1. Gehen Sie mit Mikromarketing in die Tiefe

Klassische Werbung zielt darauf, eine möglichst große Anzahl von Interessenten zu möglichst geringen Kosten pro Kontakt anzusprechen. Bei der zielgruppengerechten Segmentierung wird die Anzahl der infrage kommenden Kontakte schon vor Start einer Kampagne stark eingeschränkt. Durch diese Restriktion steht rein rechnerisch je Interessentenadresse ein größeres Budget zur Verfügung. Gleichzeitig kann die Ansprache wesentlich persönlicher erfolgen, da alle Entscheidungsträger einer Zielgruppe per Definitionem gemeinsame Merkmale besitzen. Mikromarketing spitzt diesen Weg bis ins Extreme zu.

Die Anzahl der in Frage kommenden Kontakte stark einschränken

Die Grundidee des Mikromarketings lautet:

ANGENOMMEN, SIE DÜRFTEN MAXIMAL ZWANZIG MENSCHEN KONTAKTIEREN, UM SIE VON IHREN PRODUKTEN ZU ÜBERZEUGEN. IN DIESEM FALL WÜRDEN SIE SICH NATÜRLICH AUF DIE WIRKLICHEN SCHLÜSSELPERSONEN ZUR ERSCHLIESSUNG DES MARKTES KONZENTRIEREN.

Diese zwanzig Entscheider und Multiplikatoren repräsentieren in vielen Branchen den Zugang zu 40, 50 oder 60 Prozent des gesamten Umsatzvolumens. Wenn dem so ist, sollten Sie den Kontakt zu dieser Mikro-Zielgruppe sofort intensivieren. Anstatt mit einer Schrotflinte auf Kleinwild zu jagen, greifen Sie beim Mikromarketing zu einer Elefantenbüchse. Klappern Sie nicht 1.000 Baumärkte nacheinander ab, sondern konzentrieren sich auf den richtigen Entscheider in der Zentrale der jeweiligen Kette.

Wenn Sie Ihre gesamte Aufmerksamkeit auf eine äußerst kleine Gruppe von Personen richten, können Sie ganz anders vorgehen und viel mehr erreichen. Es geht nicht mehr darum, Briefe zu schreiben, sondern eine konkrete Zielperson zu kontaktieren. Finden Sie heraus, welche Veranstaltung sie besucht, wo sie essen geht oder in welchen Kreisen sie verkehrt. Und schaffen dann die passende Gelegenheit, den Kontakt herzustellen.

2. Nutzen Sie jeden Werbeträger

Noch immer bleibt bei vielen Firmen die Gelegenheit, mittels eines Textbausteins auf allen Belegen für spezielle Angebote zu werben, ungenutzt. Dabei entstehen in diesem Fall keine zusätzlichen Kosten. Und diese Hinweise treffen eine Zielgruppe, die dafür am empfänglichsten ist: Ihre Bestandskunden.

Ihre Bestandskunden erreichen Sie auch, wenn Sie Ihren Aussendungen und Lieferungen kleine Flyer oder Prospekte zu Ihren neuesten Angeboten beilegen. Es muss nicht immer gleich ein kompletter Katalog sein. Bei Lieferungen an Neukunden dagegen sollten Sie Ihren Katalog in jedem Fall beilegen.

Die meisten neueren Telefonanlagen ermöglichen es, die Wartezeit mit Musik oder Texten zu hinterlegen. Wenn Sie im Radio werben, sollten Sie Ihren aktuellen Spot in die Telefonanlage übernehmen. Wenn nicht, produzieren Sie jeden Monat eine kleine, aber wirkungsvolle Ansage. Diese Werbezeit gibt es kostenfrei.

Überprüfen Sie auch den öffentlichen Auftritt Ihrer Mitarbeiter. Selbstverständlich haben Ihre Außendienstmitarbeiter Prospekte und Kataloge dabei, aber wie ist es mit Ihren Fahrern, Monteuren und Technikern? Geben Sie diesen die gleichen Unterlagen mit und bringen Sie eine ergänzende Aufschrift am Fahrzeug an: *„Prospekt beim Fahrer".* Handwerksbetriebe können gezielt die Mundpropaganda über ihre Arbeit unterstützen, indem die Mitarbeiter bei jedem Einsatz die Prospekte in die umliegenden Briefkästen werfen.

Überlegen Sie, mit welchen Personen Ihr Kunde am häufigsten spricht. Dies sind die wahren Verkaufsrepräsentanten Ihres Unternehmens: Fahrer, Service-Techniker, Sekretärinnen, Assistenten und die Buchhaltung. Schulen Sie Ihre neue Verkaufstruppe hinsichtlich Kundenservice, aber auch bezüglich Ihres Produktsortiments. Und halten sie auf dem Laufenden. So erhöhen Sie nicht nur die Identifikation, sondern vervielfachen die Botschafter Ihrer Werbenachricht.

3. Nutzen Sie die Wirkung von Multiplikatoren

Erleichtern Sie Ihren Verkäufern das Neugeschäft, indem Sie die Meinungsbildner der Zielgruppen identifizieren und für sich gewinnen. Ob Professoren, Architekten, Ingenieure oder die Repräsentanten der Verbände; durch solche Multiplikatoren können Sie Ihr Unternehmen gezielt ins Gespräch bringen. Vermeiden Sie die üblichen Verkaufsgespräche, bauen Sie statt dessen auf fachliche Informationen, Kompetenz und erleichtern die zukünftige Zusammenarbeit durch ein angenehmes Umfeld.

Die Meinungsbildner der Zielgruppen für sich gewinnen

Suchen Sie den Kontakt zu einer nahe liegenden Universität oder Fachhochschule. Wenn Sie einen Professor für ein kleines Forschungsprojekt gewinnen können, werden Studenten die Arbeit erledigen, Ihr Unternehmen hat die Chance, Neues zu lernen und vor allem: Alle Beteiligten profitieren von der sich ergebenden Öffentlichkeitsarbeit.

Denn für eine erfolgreiche Pressearbeit benötigen Sie Neuigkeiten, Neuigkeiten, Neuigkeiten. Am besten gepaart mit Referenz-Storys bekannter Kunden und menschlichem Touch. Die Platzierung sollte über eine professionelle PR-Agentur erfolgen, da diese über die entsprechenden Drähte zu Fachjournalisten und die passenden Fachzeitschriften verfügt.

Gezielt Öffentlichkeitsarbeit betreiben

4. Folgen Sie den Vorurteilen

Viele Kaufentscheidungen werden nicht nur vom Preis und der Ratio bestimmt. Je komplexer das Produkt, desto weniger ist der Kunde in der Lage, eine sachliche Beurteilung vorzunehmen.

Je komplexer Produkt oder Leistung, desto mehr entscheidet Ihr Kunde über den Bauch

In diesen Fällen greifen Menschen zu den so genannten Lebenserfahrungen und folgen ihrem Gefühl. Damit dies nicht auffällt, wird anschließend möglicherweise viel Zeit und Geld investiert, um vor sich selbst und anderen eine rationale Begründung für die emotionale Entscheidung zu dokumentieren.

Dieses Verhalten finden wir sowohl im Privat- als auch im Firmenkundengeschäft. Was wäre Ihr Eindruck, wenn Sie frisches Fleisch möchten und in eine Metzgerei mit vergilbten Preisschildern und verstaubter Einrichtung kommen, wo das Licht kaum ausreicht, um das Verkaufspersonal, geschweige denn die Ware zu identifizieren? Wir haben diese Frage oft gestellt und die Antwort war immer gleich. Im Zweifel entscheidet die Optik, der erste Eindruck.

Der erste Eindruck zählt

Deshalb ist es unverständlich, dass auch heute noch im Firmengeschäft über 50 Prozent der von einem Kunden angeforderten Angebote nicht termingerecht kommen, nicht alle abgesprochenen Fakten berücksichtigen, Rechtschreibfehler enthalten oder sich allen Entschlüsselungskünsten interessierter Laien entziehen.

Wenn der Interessent erst in der Telefonwarteschleife hängt, dann mehrfach verbunden wird, einen versprochenen Rückruf anmahnen muss und das Angebot dann verspätet erhält – welchen Eindruck wird sich dieser Interessent von der Qualität der angeboteten Waren und Leistungen gebildet haben? Viele Firmen benötigen kein ISO-zertifiziertes Qualitätsmanagement, sondern eine Geschäftsleitung und ein Management, welche den Mitarbeitern die Grundwerte vorleben und dafür Sorge tragen, dass jeder Mitarbeiter mit seinem Verhalten zu einem Werbeträger des Unternehmens wird.

Aus nur scheinbar nebensächlichen Kleinigkeiten schließen Kunden auf die Qualität eines Unternehmens

Denken Sie auch über scheinbar nebensächliche Kleinigkeiten nach, aus denen Ihre Kunden auf die Qualitäten Ihres Unternehmens schließen werden. Achten Sie immer auf Ihre Reaktionszeiten. Lassen Sie Telefonanrufe, E-Mails und Faxe immer kurzfristig beantworten oder zumindest einen Zwischenbescheid geben. Bringen Sie auf Ihren eiligen Lieferungen einen Stempel an: Auslieferung erfolgte binnen 4 Stunden nach Auftragseingang. Lassen Sie Ihre Techniker und Monteure mit Klemmbrett und Checkliste arbeiten. So signalisieren Sie Kompetenz, Sicherheit und Professionalität.

Machen Sie es sich zur Gewohnheit, regelmäßig Testanrufer oder Testkunde zu spielen oder aber Ihre Freunde und Verwandten einzuspannen, um für Sie Testanrufe und Testkäufe durchzuführen. Oder übertragen Sie diese Aufgaben einer externen Agentur. Lassen Sie regelmäßig das Kundenverhalten Ihres Unternehmens mit den Augen eines Neukunden prüfen. Was ist der erste Eindruck, wie sind die Reaktionszeiten, wie verständlich ist der Briefstil, strahlt das Unternehmen nach außen die richtigen Werte aus?

Tipp: Setzen Sie einen anderen Hut auf

Nehmen Sie einmal im Monat einen Hut mit ins Geschäft, setzen ihn vor dem Betreten Ihrer Firma auf und wechseln damit gewissermaßen symbolisch Ihre Identität: In diesem Moment sind Sie ein neuer Kunde.

Bleiben Sie auf dem Parkplatz stehen: Welchen Eindruck vermittelt er? Betreten Sie dann das Gebäude, sehen Sie sich um. Streifen Sie durch alle Räume und hören Sie Ihren Mitarbeitern zu. Was würde ein Kunde denken, wenn er jetzt an Ihrer Stelle wäre? Würde er immer noch bei Ihnen kaufen?

Greifen Sie sich in jedem Raum einen Ordner und blättern ihn durch. Oder schauen Sie dem Mitarbeiter über die Schulter und lesen die letzten E-Mails und Briefe. Sind diese klar gegliedert, verständlich, lesenswert, freundlich? Finden Sie den Geist Ihres Unternehmens in diesem Stil wieder?

Übernehmen Sie für eine halbe Stunde die Telefonzentrale. Sie bekommen so die Möglichkeit, einmal in direkten Kontakt mit Ihren Kunden zu treten und zu erfahren, was diese wirklich denken. Sie werden erstaunt sein.

4 Zweiter Schritt: Deckungsbeitrags-Management

„Wenn Sie bei jedem Stück einen Euro zuschießen,
muss es wohl die Menge bringen!"
Titus Lübbers

Die gezielte Fokussierung des Unternehmens auf Deckungsbeiträge bietet die Möglichkeit, Ihren Gewinn in Relation zur Umsatzausweitung überproportional zu steigern. Ja, selbst wenn Sie Ihren Umsatz nicht steigern können, aber die Deckungsbeitragsqualität Ihrer vorhandenen Umsätze verbessern, wird sich das gesamte Umsatzsteigerungs-Projekt alleine daraus rechnen.

Den Gewinn in Relation zur Umsatzausweitung überproportional steigern

Ziehen Sie vom erzielten Umsatz alle Erlösschmälerungen, also Rabatte, Skonti und Boni, sowie alle direkten Kosten wie Waren- und Personaleinsatz und Fremdleistungen ab. Sie erhalten den Betrag, den dieses Geschäft zur Abdeckung der allgemeinen Betriebskosten und des Gewinns beiträgt, den Deckungsbeitrag. Eigentlich eine ganz einfache Rechenoperation, die im Prinzip jeder Schüler spätestens ab der vierten Klasse durchführen könnte. Jeder Mitarbeiter in jedem Unternehmen sollte also in der Lage sein, diesen zu errechnen und danach zu handeln.

Aber Deckungsbeitrags-Management beginnt im Kopf. Wie viele Firmen generieren immer und immer wieder Umsätze mit Konzernen wie Siemens, DaimlerChrysler oder Boss und akzeptieren dabei Preise, die an oder unter ihrer Deckungsbeitragsgrenze liegen.

Deckungsbeitrags-Management beginnt im Kopf

Manche dieser Entscheider sehen darin eine Art von Ritterschlag, die moderne Entsprechung des „Königlichen Hoflieferanten". Aber wie hoch muss eigentlich der Umsatz sein, um diesen „Adelstitel" zu erlangen? Eine Million, hunderttausend, zehntausend oder reicht da ein Geschäft pro Jahr? Und ist es wirklich eine Auszeichnung?

Andere Firmen setzen auf eine hohe Grundauslastung und den sich daraus ergebenden Volumeneffekt. Doch sie geraten damit in ein doppeltes Dilemma. Einerseits müssen die anderen Umsätze die Grundauslastung mit finanzieren und andererseits begibt sich das Unternehmen in ein starkes Abhängigkeitsverhältnis. Was würde passieren, wenn dieser Umsatz ungeplant wegfällt?

Viele Unternehmen haben inzwischen eine Controllingabteilung eingeführt, die für das Thema Deckungsbeitragsrechnung zuständig ist. Aber das behebt die Symptome, nicht die Ursachen. Häufig werden die Verkäufer weder in der Deckungsbeitragsrechnung geschult noch nach Deckungsbeiträgen bezahlt. Dabei wäre das die richtige Vorsorgemaßnahme, um attraktive Umsätze zu erzielen.

Die Verkäufer nicht nach Umsätzen, sondern nach erwirtschafteten Deckungsbeiträgen bezahlen

Und wenn eine Kundenbeziehung mit guten Deckungsbeiträgen startet, wird der Kunde im Laufe der Zeit danach trachten, die Preisvereinbarungen auszuhöhlen und damit den Deckungsbeitrag zu senken. Jedes

Unternehmen sollte deshalb in regelmäßigen Abständen seine Kundenbeziehungen aus Sicht des Deckungsbeitrags-Managements auf den
Prüfstand stellen.

4.1   Segmentieren Sie nach Deckungsbeiträgen

Im Mittelpunkt eines jeden Geschäfts steht der Kunde. Um ein neues Gefühl für die Wertigkeit Ihrer Kundenbeziehungen zu entwickeln, lassen
Sie für Ihre gemäß ABC-Analyse auf A eingeschätzten Kunden den jeweiligen Deckungsbeitrag ermitteln und gleichzeitig den Prozentsatzsatz
vom erzielten Umsatz errechnen. Sollte Ihre Kostenrechnung oder Ihr
Warenwirtschaftssystem in der Lage sein, dies maschinell zu tun, neh-
*Sind die Umsatzriesen
unter Ihren Kunden
Deckungsbeitragszwerge?* men Sie gleich alle Kunden. Wenn Sie diese Liste nun nach Deckungsbeiträgen absteigend sortieren, ergibt sich ein völlig neues Bild. Aus Umsatzriesen werden Deckungsbeitragszwerge, graue Mäuse dagegen
wandeln sich plötzlich zu attraktiven Stars.

Wir könnten hier aufhören, Sie würden sich vielleicht von einigen
Kunden trennen und Ihre ABC-Kennzeichnung überdenken. Doch dann
würden wir auf halbem Wege stehen bleiben. Die Deckungsbeitragsrechnung darf nicht völlig losgelöst vom Umfeld betrachtet werden. Wer
sich nur auf die wirklich profitablen Kunden konzentriert, mag zwar
kurzfristig seinen Gewinn maximieren, büßt aber möglicherweise einen
Großteil seines Umsatzes ein und verliert damit die Schwungkraft im
Markt. In einer Unternehmenskrise wäre dies vielleicht ein guter Weg,
*Die Hebel Umsatz-Auswei-
tung und Deckungsbei-
tragserhöhung aufeinander
abstimmen* um den Turn-Around zu schaffen. Um aber die Ziele eines Umsatzsteige-
rungs-Programms zu erreichen, müssen statt dessen die Hebel Umsatz-
Ausweitung und Deckungsbeitragserhöhung aufeinander abgestimmt
werden.

Eine prägnante Darstellung und Entscheidungshilfe für die Kombination beider Kriterien bietet das Umsatzpotenzial / Deckungsbeitrags-
Portfolio:

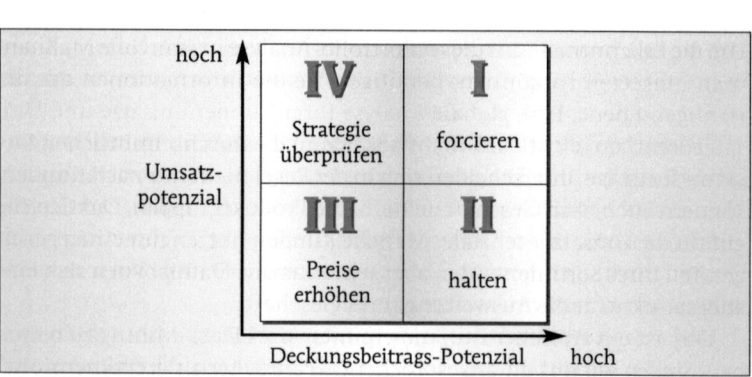

Abb. 4.1:   Das Umsatzpotenzial / Deckungsbeitrags-Portfolio

Die einzelnen Felder geben wichtige Anhaltspunkte für Ihr strategisches Verhalten:

Feld I: Hoher Deckungsbeitrag, großes Umsatz-Potenzial

Dieses Segment sollten Sie forcieren. Suchen Sie nach Wegen, die betreffenden Geschäftsbereiche beim Kunden ins Gespräch zu bringen. Setzen Sie die gesamte Bandbreite Ihrer Möglichkeiten ein, bieten Sie Demonstrationen, Referenzen, Probebestellungen, und Kurzzeitmieten, um den Kunden von Ihren Vorteilen zu überzeugen.

Dieses Segment sollten Sie forcieren

Feld II: Hoher Deckungsbeitrag, Umsatzpotenzial ausgeschöpft

So sollte es sein. Stellen Sie sicher, dass Ihre Maßnahmen zur Kundenbindung ausreichen.

So sollte es sein

Feld III: Niedriger Deckungsbeitrag, Umsatzpotenzial ausgeschöpft

Das richtige Segment, um die Preise zu erhöhen. Sie haben (fast) nichts zu verlieren. Was würde wirklich passieren, wenn Sie die Preise erhöhen? Wie weit könnten Sie gehen? Überprüfen Sie genau, ob Sie in Ihrer Deckungsbeitragsrechnung alle Kosten berücksichtigt haben. Wie wäre es, wenn Sie sich aus diesem Bereich zurückziehen?

Das richtige Segment, um die Preise zu erhöhen

Feld IV: Niedriger Deckungsbeitrag, großes Umsatzpotenzial

Überprüfen Sie Ihre Strategie. Würde Ihnen die zusätzliche Auslastung bzw. das Volumenwachstum strategische Kostenvorteile verschaffen? Oder gibt es eine Möglichkeit zur Preisdifferenzierung, sodass Sie höhere Preise durchsetzen könnten? Reicht der Umsatz aus den Bereichen I., II. und III. nicht aus, um Ihre Kosten zu decken?

Wenn einer dieser Fälle zutrifft, sollten Sie das Segment forcieren. Andernfalls konzentrieren Sie Ihre Wachstumsstrategie auf den attraktiveren Bereich I.

Überprüfen Sie Ihre Strategie

Um die Erkenntnisse aus dieser Portfolio-Analyse in sinnvolle Maßnahmen umsetzen zu können, benötigen Sie die Informationen auf der richtigen Ebene. Eine globale Analyse Ihrer Kundenumsätze und Umsatzpotentiale reicht dazu nicht aus. Denn die durchschnittlichen Deckungsbeiträge unterscheiden sich in der Regel nicht nur nach Kunden, sondern auch nach Geschäftsfeldern und Produktgruppen. Das Gleiche gilt für die Umsatzpotenziale. Manche Kunden nutzen nur einen geringen Teil Ihres Sortiments, den aber sehr intensiv. Damit bieten sich Einstiegspunkte für die Ausweitung Ihres Geschäfts.

Dies ist ein typischer Fall, um ein intensives Data-Mining zu betreiben. Stellen wir uns die angesprochenen Parameter als dreidimensionalen Würfel vor:

Intensives Data-Mining notwendig

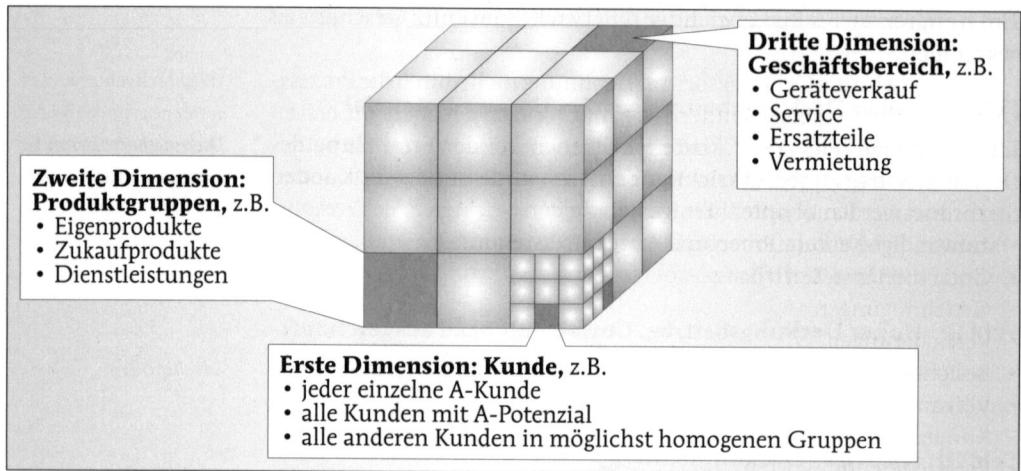

Abb. 4.2: Ausgangsdimensionen für eine Umsatz- / Deckungsbeitrags-Analyse

In jeder Dimension auf die Ausreißer konzentrieren

Durch die Kombination der drei Dimensionen erhalten Sie eine Vielzahl von Daten, die nicht mehr alle einzeln abgearbeitet werden können. Konzentrieren Sie sich deshalb in jeder Dimension auf die Ausreißer.

- *„Welche Produkte oder Produktgruppen erwirtschaften einen besonders hohen Deckungsbeitrag?"* Überprüfen Sie deren Umsatzpotenziale bei Ihren A-Kunden, um dieses Segment zu forcieren.
- *„Welche Produkte oder Produktgruppen bringen Ihnen nur geringe oder negative Deckungsbeiträge?"* Erstellen Sie eine diesbezügliche Kundenhitliste. *„Was würde im Falle einer Preiserhöhung passieren? Könnten Sie sich problemlos aus diesem Bereich zurückziehen?"*

Stellen Sie sich die gleiche Fragen für Ihre Geschäftsbereiche. Forcieren Sie starke Deckungsbeitrags-Bringer. Reduzieren Sie schwache Geschäftsfelder oder steigern deren Ertragskraft durch Preiserhöhungen oder -differenzierungen.

Vergessen Sie dabei Ihre kleineren Kunden nicht. Sie müssen diese aber nicht einzeln planen. Fassen Sie gleichartige Kunden zusammen und schätzen die Potenziale je Kundengruppe.

4.2 Analysieren Sie Ihre Prozesskosten

Ermittlung und Zuordnung von Kosten, die außerhalb der Produktion entstehen

Die Prozesskosten-Analyse oder Vorgangskalkulation wird auch Activity Based Costing oder manchmal abgekürzt ABC-Analyse genannt, hat aber nichts mit der klassischen ABC-Analyse nach dem Pareto-Prinzip zu tun. Ausgangspunkt der Prozesskosten-Analyse ist die Ermittlung und Zuordnung von Kosten, die außerhalb der Produktion entstehen. Das Ziel ist es dabei, die Gemeinkosten-Umlage zu reduzieren und dadurch ein genaueres Bild über die wirklichen Kosten eines Geschäfts zu bekommen.

Insofern wird die Deckungsbeitragsrechnung nicht durch die Prozesskosten-Analyse ersetzt, sondern ergänzt. Fragen Sie sich im ersten Schritt, welche relevanten Kostenpositionen bei der Ermittlung des Deckungsbeitrags unberücksichtigt gelassen wurden und dem Kunden zugeordnet werden könnten. Einige Beispiele:

Welche relevanten Kostenpositionen wurden bei der Deckungsbeitragsermittlung nicht berücksichtigt?

- aufwändige Kalkulationen und Angebotserstellung
- Gutachten und Zertifikate
- Genehmigungen
- Versicherungen
- Besichtigungen vor Ort
- Verkaufsverhandlungen
- Kundenbesuche
- Reisezeiten und -kosten
- Auftragsabwicklung (Inanspruchnahme des Innendienstes)
- Sonder- und Expressbestellungen
- Finanzierungskosten
- Jahres-Boni
- spezielle Werbe- und Verkaufsförderungen

Wählen Sie im nächsten Schritt fünf bis zehn Kunden aus. Diese sollten möglichst unterschiedliche Anforderungen und Kaufgewohnheiten haben und/oder aus verschiedenen Vertriebskanälen stammen bzw. auf unterschiedliche Art betreut werden.

Fünf bis zehn unterschiedliche Kunden auswählen

Ermitteln Sie für jeden dieser Kunden seine Profitabilität.

Bezeichnung	Erlös / Kosten (EUR)	Zwischensummen	Anteil am Brutto-Erlös (%)
	1. Quartal		
Umsatz laut Preisliste	96.470		
Rabatte / Konditionen	25.080		26,0
Verhandlungsverlust	3.380		3,5
Netto-Umsatz		= 68.010	70,5
Jahres-Boni	1.900		2,0
direkte Verkaufsförderung	1.440		1,5
Netto-Netto-Umsatz		= 64.670	67,0
Wareneinsatz	42.600		44,2
Personal	8.500		8,8
Fremdleistungen	3.850		4,0
Deckungsbeitrag		= 9.720	10,1

Kalkulation und Angebot	960		1,0
Ortstermine	2.900		3,0
Verkaufsverhandlungen	2.400		2,5
Reisekosten	670		0,7
Auftragsabwicklung	480		0,5
direkte Prozesskosten	**7.410**	**– 7.410**	**7,7**
Gutachten, Genehmigungen ...	290		0,3
Versicherungen	240		0,2
Transportkosten	1.350		1,4
Express-Zuschläge	-		
Finanzierungskosten	290		0,3
Nebenkosten	**2.170**	**– 2170**	**2,2**
= Kunden-Profitabilität		**= 140**	**0,1**

Abb. 4.3: Beispiel einer Kunden-Profitabilitäts-Rechnung

Wie profitabel ist Ihr Kunde wirklich?

Dieses zeigt Ihnen, wie profitabel Ihr Kunde wirklich ist. Vergleichen Sie die verschiedene Kunden miteinander. Wenn sich diese sich nicht nur im Deckungsbeitrag, sondern auch in den direkten Prozesskosten spürbar unterscheiden, sollten Sie die Anwendung dieses Instruments intensivieren.

Setzen Sie sich danach mit Ihrem Projektteam zusammen und analysieren, wo Sie Prozesskosten reduzieren könnten. Häufig kann schon ein Wechsel des Besuchsrhythmus, die Umstellung auf ein elektronisches Bestellwesen, die Verwendung von Auftragsformularen oder von standardisierten Kalkulationsschemata wesentliche Erleichterungen bringen. Sollte dies nicht möglich sein, besteht noch die Möglichkeit, die Preise nach der Prozessart zu differenzieren, beispielsweise durch Zuschläge für die persönliche Bestellung oder Rabatte auf die Nutzung elektronischer Bestellsysteme.

Umsatz nicht gleich Umsatz

4.3 Sagen Sie häufiger Nein

Eine Entscheidung, die vielen Unternehmern und Verkäufern besonders schwer fällt, ist das Ablehnen von Aufträgen. Vor allem, wenn gerade ein Umsatzsteigerungsprogramm läuft. Aber die Ergebnisse der Deckungsbeitrags- und Prozesskostenanalyse dürften klar gezeigt haben, dass Umsatz nicht gleich Umsatz ist.

In der Praxis steht der Verkäufer permanent unter dem Druck, seine Bestandskunden zufrieden zu stellen und seine Umsatzziele zu erreichen. Dazu sollte er noch jedes Angebot sorgfältig kalkulieren. Wenn er aber ein festes Gehalt erhält oder sich seine Provisionen nach dem Umsatz richten und der Innendienst ihn im Tagesgeschäft nicht ausreichend unterstützt, besteht die Gefahr, dass Aufträge ohne ausreichende Kalkulation angenommen werden. Das reduziert nicht nur das angestrebte Unternehmensergebnis, sondern kann sogar wertvolle Kapazitäten blockieren. Dann etwa, wenn ein unerwarteter Auftrag hereinkommt, der aber aufgrund der hohen Auslastung fremd vergeben oder abgelehnt werden muss.

Wie wichtig eine sorgfältige Vorkalkulation ist, zeigt folgendes Beispiel aus der Praxis. Ein Softwareunternehmen benötigt bei einem Jahresumsatz von 10 Millionen Euro zur Abdeckung aller Kosten bei seinen Projekten einen durchschnittlichen Deckungsbeitrag von 20 Prozent. Im Vorjahr erreicht es nur 19,5 Prozent und muss so einen Verlust von 50.000 Euro verzeichnen. *Eine sorgfältige Vorkalkulation ist unerlässlich*

Bei einer Deckungsbeitrags-Analyse werden alle Projekte in vier Gruppen eingeteilt:

- Top-Projekte   >   25 Prozent DB
- Durchschnittliche Projekte   >   10 Prozent DB
- Schwierige Projekte   > = 0 Prozent DB
- Projekte mit negativem DB   <   0 Prozent DB

Die Analyse ergibt folgendes Bild:

	Umsatz	**Umsatz %**	**DB**	**DB %**
Top-Projekte	2.000	20 %	700	35 %
Durchschnitt	6.000	60 %	1.320	22 %
Schwierige Projekte	1.000	10 %	50	5 %
Projekte mit negativem DB	1.000	10 %	- 120	- 12 %
Summe	**10.000**		**1.950**	**20 %**

Abb. 4.4: Deckungsbeitrags-Analyse von Projekten

Eine Analyse der Projekte, insbesondere der Entstehungsgeschichte und der Vorkalkulationen ergibt, dass sich fast alle Beteiligten im Vorfeld über die Probleme der fünf Projekte mit negativem Deckungsbeitrag bewusst waren. Trotzdem hatte jeder ein anderes Motiv, diese Projekte anzunehmen oder sich nicht gegen eine Annahme zu wehren. *Jeder hatte ein anderes Motiv, Projekte mit negativem Deckungsbeitrag anzunehmen*

In der Folge erweitert das Unternehmen die Vorkalkulation, sorgt für klare Verantwortlichkeiten und veranlasst, dass alle geplanten Projekte, die unter dem Unternehmensziel von 20 Prozent liegen, einer expliziten Genehmigung durch die Geschäftsleitung bedürfen. Wenn die Unternehmensleitung in einer solchen Konstellation nur in den fünf schwer wiegendsten Fällen die Anweisung gibt, „Nein" zu sagen und den Auftrag abzulehnen, verändert sich das Unternehmensergebnis wie folgt:

	Umsatz	Umsatz %	DB	DB %
Top-Projekte	2.000	22 %	700	35 %
Durchschnitt	6.000	67 %	1.320	22 %
Schwierige Projekte	1.000	11 %	50	5 %
~~Projekte mit negativem DB~~	~~1.000~~	~~10 %~~	~~120~~	~~12 %~~
Summe	**9.000**		**2.070**	**23 %**

Abb. 4.5: Ergebnisverbesserung durch Ablehnung von Aufträgen

Der Umsatz reduziert sich um 10 Prozent, sodass Kapazitäten für weitere Projekte zur Verfügung stehen. Der Deckungsbeitrag steigt um 120.000 Euro und damit auf 23 Prozent. Um in den vollen Genuss dieses Ergebnisses zu kommen, muss das Unternehmen allerdings mit einem Umsatzsteigerungsprogramm weitere, attraktivere Umsatzpotenziale ermitteln und realisieren.

Warnung

Ihr Deckungsbeitrag ist immer dann in Gefahr, wenn

- Sie standardisierte Produkte anbieten,
- Ihre Leistungen leicht ersetzbar sind,
- Ihre Kunden gut informiert sind,
- einzelne Kunden große Volumina abnehmen,
- Ihre Lieferungen bei einem Kunden einen Großteil seines Einkaufsbudgets ausmachen.

- Ihr Kunde selbst nur geringe Deckungsbeiträge erzielt,
- Sie keine strategischen Barrieren aufbauen, die dem Kunden das Wechseln erschweren,
- Ihre Produkte und Leistungen das Endprodukt Ihres Kunden nicht beeinflussen,
- Ihr Kunde in einem rezessiven Markt tätig ist bzw. bei Privatkunden das verfügbare Einkommen zurückgeht.

5 Dritter Schritt: Engpass-Management

„Alle würden ja gerne mehr verkaufen, aber keiner hat die Zeit dazu!"
gestresster Verkäufer

Was, wenn die notwendigen Ressourcen fehlen?

Viele gute Ansätze, den Umsatz zu erhöhen, verlaufen sich im Sande, weil dem Projekt die notwendigen Ressourcen fehlen. In diesen Fällen ist nicht der enge Markt, die fehlende Kaufkraft oder das Produkt der begrenzende Faktor, sondern die zusätzliche Zeit, die das Unternehmen mit vorhandenen Mitarbeitern investieren muss, um die zusätzlichen Verkaufsabschlüsse zu tätigen. Denn Neueinstellungen kosten nicht nur Geld, sondern vor allem Einarbeitungszeit. Nur die eigenen Mitarbeiter sind in der Lage, ihre Branchen-, Kunden- und Produktkenntnisse kurzfristig in zusätzlichen Umsatz umzusetzen.

Diese Hälfte der Medaille sieht jeder Unternehmer, aber in der Konsequenz bedeutet die Notwendigkeit zusätzlicher Verkaufszeit einen gravierenden Engpass an der Verkaufsfront. Engpässe sind wie Baustellen auf der Autobahn. Sie führen zu Staus. Staus wiederum blockieren die Erreichung der Projektziele – erst zeitlich und dann, wenn sich die Unzufriedenheit ausbreitet, auch inhaltlich.

Für ein erfolgreiches Umsatzsteigerungs-Programm ist es deshalb unerlässlich, das gesamte Projekt aus der Sicht möglicher Engpässe durchzuspielen und die limitierenden Faktoren zu identifizieren. Eine zentrale Aufgabe der Projektleitung ist es, rechtzeitig Vorkehrungen zu treffen, um diese operativen Engpässe zu managen. Nur mit einem präventiven Engpass-Management stellen Sie sicher, dass die geplanten Umsatz- und Deckungsbeiträge erreichbar werden.

Das gesamte Projekt aus der Sicht möglicher Engpässe durchspielen und Engpassfaktoren identifizieren

5.1 Schwacher Markt / starke Konkurrenz / teure Produkte

Die beliebtesten Antworten von Verkäufern auf die Frage, wieso ein anvisiertes Umsatzwachstum nicht realisiert wurde, sind:

„Wir haben
* *eine Rezession,*
* *einen schwachen Markt,*
* *einen starken Wettbewerb,*
* *zu teure Produkte.“*

Grundsätzlich mögen diese Aussagen zwar richtig sein, doch sie weisen nicht auf operative Engpässe hin. Immer wieder beweisen Firmen, dass man auch in einer Rezession bei starkem Wettbewerb ohne Dumpingpreise wachsen kann.

Diese exogenen Erklärungsansätze sind nur dann zu berücksichtigen, wenn das Unternehmen einen so hohen Marktanteil hat, dass ein Umsatzwachstum auf Kosten der Konkurrenz nicht mehr möglich ist. Oder aber, wenn die Produkte aufgrund technischer Veränderungen dauerhaft substituiert werden, wie es beispielsweise beim Wechsel von der Schreibmaschine zum PC der Fall war.

Oder anders gesagt, dies sind nicht die Engpässe, die wir suchen. Lassen Sie solche Ansätze nicht gelten. Diese Rahmenbedingungen mögen das Projekt erschweren, sind aber nur mittel- und langfristig veränderbar und fallen damit in das Kapitel Visionen und Strategie.

Viele ins Feld geführte negative Außeneinflüsse weisen nicht auf operative Engpässe hin

5.2 Überlasteter Außendienst

Der wirkliche Engpass
eines Umsatzsteigerungs-
Programmes liegt
im Vertrieb Der wirkliche Engpass eines Umsatzsteigerungs-Programmes liegt im Vertrieb. Für mehr Umsatz benötigen Sie mehr Aufträge und das bedeutet für Sie und Ihre Verkäufer mehr Besuche, mehr Kalkulationen, mehr Angebote und mehr Telefonate.

Wie kann eine solche Steigerung der Vertriebsleistung erreicht werden, wenn gute Verkäufer noch besser bezahlt werden, nur schwer zu finden sind und noch einer langen Einarbeitung in die Produkte benötigen? Schauen wir uns dazu einmal beispielhaft den für die Kundengewinnung benötigten Vertriebsaufwand im Investitionsgüterbereich nach der klassischen Abschluss-Pyramide an:

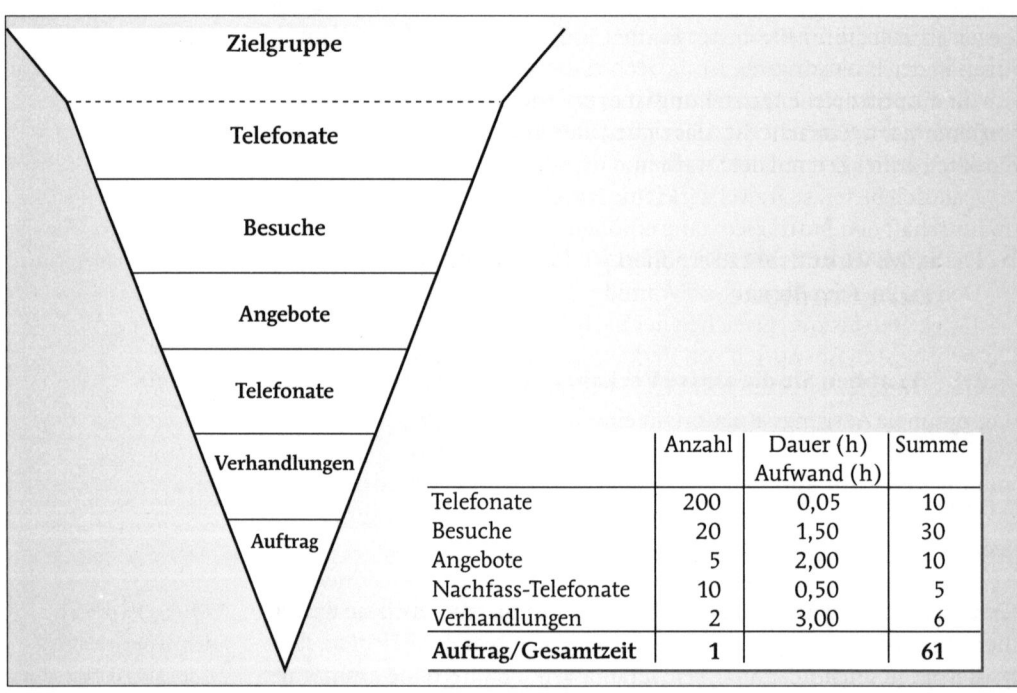

	Anzahl	Dauer (h) Aufwand (h)	Summe
Telefonate	200	0,05	10
Besuche	20	1,50	30
Angebote	5	2,00	10
Nachfass-Telefonate	10	0,50	5
Verhandlungen	2	3,00	6
Auftrag/Gesamtzeit	**1**		**61**

Abb. 5.1: *Abschluss-Pyramide und Vertriebsaufwand*

In unserem Beispiel werden zehn Telefonate benötigt, um einen qualifizierten Besuchstermin zu erhalten. Jeder vierte Besuch führt zu einem Angebot. Die Angebote sind entsprechend nachzufassen und bei zwei von fünf Angeboten kommt es zu Vertragsverhandlungen, aus denen der Verkäufer einen Vertrag mitnimmt. In diesem Fall investiert er rund 60 Arbeitsstunden für den Erstauftrag, also ein gutes Drittel der ihm monatlich zur Verfügung stehenden Arbeitszeit. Diese Zeit, die er direkt mit Kundenkontakt verbringt, nennt man seine „aktive Verkaufszeit", kurz AVZ. Wenn wir jetzt noch seine Fahrtzeiten, die Zeiten für die Vertragserstellung und Vorbereitung der Auftragsabwicklung, den Aufwand für Vertriebsplanung, Besuchsberichte, Besprechungen sowie Urlaub und Krankheit dazurechnen, wird es bei einem Auftrag im Monat bleiben.

Der Außendienstmitarbeiter verbringt also nur rund ein Drittel seiner Zeit mit seinen Interessenten und Kunden, d.h. mit der Tätigkeit, für die er eingestellt wurde und die er am besten beherrscht. Dabei ist ein Drittel noch sehr optimistisch geschätzt. In einer weltweit ausgelegten Studie der Unternehmensberatung PROUDFOOT und dem Marktforschungsinstitut GALLUP wurde nachgewiesen, dass Vertriebsmitarbeiter gerade einmal 10 Prozent ihrer Zeit damit verbringen, zu verkaufen bzw. Aufträge zu generieren. 90 Prozent ihrer Zeit verbringen sie mit Verwaltungstätigkeit und anderen Aufgaben. Die Manager dieser Vertriebsleute dagegen glauben, ihre Mitarbeiter würden 50 Prozent ihrer Zeit mit dem aktiven Vertrieb verbringen.

Ein Vertriebsmitarbeiter verbringt lediglich 10 Prozent seiner Zeit damit zu verkaufen

Für die prinzipielle Darstellung ist es unerheblich, wie viel Zeit genau verloren geht, Tatsache ist, dass fast jeder Vertriebsmitarbeiter einen Großteil seiner Zeit auf der Straße und in indirekten Arbeiten verliert.

Dadurch bieten sich zwei wirksame Hebel, um bei gleicher Vertriebsmannschaft den Auftragseingang erhöhen zu können:

Zwei wirksame Hebel, um bei gleicher Vertriebsmannschaft den Auftragseingang erhöhen zu können

- Die aktive Verkaufszeit zu erhöhen
- Den Trichter der Abschluss-Pyramide zu verengen, d.h. die Anzahl der Tätigkeiten bis zum Erreichen der nächsten Stufe zu reduzieren

5.2.1 Erhöhen Sie die aktive Verkaufszeit (AVZ)

Die optimale Ausgangssituation für eine effektive Steigerung der AVZ ist eine genaue Analyse des bisherigen Zeitmanagements Ihrer Vertriebsmitarbeiter. Dazu sollte jeder Verkäufer für zwei Wochen jeden Tag alle Aktivitäten, also jedes Telefonat, jedes Schriftstück, jedes Gespräch und jede Fahrt notieren.

Allerdings reagieren Verkäufer vielfach auf ein solches Ansinnen sehr empfindlich. Sie wittern darin Schikane, Kontrolle und Kritik an der bisherigen Arbeitsleistung.

Bevor Sie solche Zeitanalysen veranlassen, erläutern Sie deshalb die angestrebten Ziele. Ansonsten kann es vorkommen, dass Ihre Mitarbeiter notieren, was Sie glauben, dass sie getan haben sollten. Optimalerweise haben Sie in Vorbereitung für dieses Gespräch mit Ihrem Projektteam schon Ideen entwickelt, wie Ihre Firma durch die Schaffung oder Stärkung des Innendienstes dem Vertrieb zukünftig die Fokussierung auf die aktive Verkaufszeit erleichtern könnte. Nachfolgend ein paar Anregungen:

Anregungen zur besseren Nutzung der aktiven Verkaufszeit

Stellen Sie eine Vertriebsassistenz zur Verfügung

Stellen Sie einen Mitarbeiter aus dem Vertriebsinnendienst oder dem Sekretariatsbereich von einem Großteil der bisherigen Aufgaben frei und

Entlastung des Außendienstes von allen Tätigkeiten, die nicht mit persönlichen Kundenkontakt verbunden sind

ernennen ihn zur Vertriebsassistenz. Erfahrungsgemäß gibt es bei den meisten Firmen im Verwaltungsbereich noch Einsparungspotenzial. Weitere Hinweise hierzu finden Sie im Bereich „Kosten".

Aufgabe der Vertriebsassistenz ist die größtmögliche Entlastung Ihres Außendienstes von allen Tätigkeiten, die nicht mit persönlichen Kundenkontakt verbunden sind.

Schaffen Sie alle überflüssigen Berichte und Besprechungen ab

Streichen Sie alle Verwaltungstätigkeiten für Ihre Vertriebsmitarbeiter. Beginnen Sie bei Ground Zero und fragen sich dann, welche Aufgaben wirklich vom Verkäufer erledigt werden müssen. Jede Minute, die Ihr Verkäufer weniger in Besprechungen verbringt, kann er in die geplante Umsatzsteigerung investieren.

Delegation von Kunden an den Innendienst

Müssen B- und C-Kunden wirklich regelmäßig besucht werden?

Überlegen Sie, ob Ihre B- und C-Kunden wirklich regelmäßige Besuche Ihres Außendienstes benötigen. Übergeben Sie diese Kunden in die Obhut Ihres Innendienstes oder, wenn das nicht geht, verlängern Sie zumindest den Besuchsrhythmus. C-Kunden sollten zukünftig vollständig per Telefon, E-Mail und Fax betreut werden. Um trotzdem den persönlichen Kontakt zu halten, bieten Sie Workshops und Seminare in Ihrem Hause und in Hotels in den jeweiligen Vertriebsregionen an.

Übergabe der Nachfass-Aktionen an die Vertriebsassistenz

Das telefonische Nachfassen von Angeboten ist heute wichtiger denn je. Allerdings kostet es viel Zeit, da Entscheider nur selten erreichbar sind. Überlassen Sie das Nachfassen der Vertriebsassistenz.

Zentrale Terminkalender und -vereinbarungen

Die Terminkalender Ihrer Verkäufer sollten zentral durch die Vertriebs-Assistenz geführt werden. Sie entlasten damit Ihre Mitarbeiter und haben gleichzeitig eine direkte Kontrolle über deren aktive Verkaufszeit.

Elektronische Kalender einführen

Falls bisher noch nicht geschehen, führen Sie dabei elektronische Kalender ein. MS OUTLOOK, LOTUS NOTES und andere Produkte erlauben es, dass jeder von seinem Arbeitsplatz aus direkt die Kalender seiner Kollegen einsehen, Einträge vornehmen oder zu Besprechungen einladen darf. Sie benötigen weniger Zeit für Terminabstimmungen und steigern gleichzeitig die interne Transparenz.

Delegieren der telefonischen Kalt-Akquise

Es wird immer zeitaufwändiger, neue Kunden per Telefon zu akquirieren und einen Besuchstermin zu vereinbaren. Immer mehr Dienstleistungsfirmen, Call-Center genannt, haben sich auf diese Aufgabe spezialisiert. Die Auslagerung der Telefon-Akquise an solche Call-Center muss allerdings gut vorbereitet werden. Viele Versuche im Firmenkundengeschäft scheitern beispielsweise an der fehlenden Produkt- und Firmen-Kompetenz der Interviewer. Schon eine einzige gezielte Rückfrage des kontaktierten Entscheiders, die nicht professionell beantwortet wird, kann zum Abbruch des Telefonats und einer Verärgerung des potenziellen Kunden führen.

Der sanftere, langfristig erfolgreichere Weg ist der Aufbau einer eigenen Telefon-Mannschaft. Ihre Mitarbeiter identifizieren sich mit Ihrem Unternehmen, kennen das Produktportfolio, können ihr Know-how immer weiter vertiefen und haben in kritischen Fällen sofortigen Zugriff auf Ingenieure, Vertrieb und Management. *Aufbau einer eigenen Telefon-Mannschaft*

Dafür fehlt Ihren Mitarbeitern die Erfahrung in der Telefon-Akquise. Investieren Sie in eine diesbezügliche Schulung und entwerfen dann in Zusammenarbeit mit Ihren Verkäufern einen passenden Telefon-Leitfaden. Nehmen Sie sich hierfür ausreichend Zeit, denn die Qualität dieses Leitfadens bestimmt im Zusammenspiel mit der passenden Zielgruppe den Erfolg Ihrer Telefonaktionen. *In Bezug auf die Zielgruppe einen Telefon-Leitfaden entwickeln*

Es zählt nicht die Anzahl der Kontakte, sondern deren Qualität. Deshalb ist es zu kurz gedacht, eine externe Agentur nach Anzahl Terminvereinbarungen zu bezahlen. Im Ergebnis reduzieren Sie durch jeden Besuch bei einem noch nicht gereiften Kunden Ihre aktive Verkaufszeit. Der dramaturgische Aufbau Ihres Interview-Leitfadens sowie die richtige Ausgestaltung Ihres Kunden-Radars (siehe Kap.3.2.3) spielen dabei eine entscheidende Rolle.

Doch auch der Verkäufer selbst kann durch den richtigen Umgang mit seiner Zeit seine aktive Verkaufszeit drastisch erhöhen. Schicken Sie jeden Verkäufer auf ein Seminar zum Thema Zeitmanagement. Es gibt außerhalb des Managements kaum eine Tätigkeit, die so selbstbestimmt und damit von einem effizienten Zeitmanagement abhängig ist wie die eines Verkäufers. Schon die Befolgung der folgenden Tipps wird die Produktivität Ihres Vertriebs erhöhen: *Maßnahmen des Verkäufers*

Die Besuchszeit noch gezielter planen

Nicht jeder Kunde und nicht jedes Gespräch benötigt die gleiche Zeit. Mit einer guten Vorbereitung und einer straffen Gesprächsführung können viele Verkaufsgespräche abgekürzt werden. Bei langatmigen Kunden kann es sinnvoll sein, die Termine kurz vor der Mittagspause oder den Feierabend zu legen, um die Besprechungen abzukürzen.

Die Anzahl Besuche reduzieren

Ein guter Verkäufer findet schon im Telefonat heraus, wer der eigentliche Entscheider ist und stellt sicher, dass dieser an dem Gespräch teilnimmt. So spart er manch einen Folgetermin. In anderen Fällen ergibt ein zielgerichtetes Nachfragen, dass gar kein persönlicher Besuch erforderlich ist. Manche Aufgaben lassen sich schon am Telefon erledigen, andere kann *Gezielt Entscheider ansprechen* ein Service-Mitarbeiter bei seinem nächsten Besuch klären. Viele Verkäufer vergessen auch, den Kunden ins Haus einzuladen und vergeben sich damit die Gelegenheit, die Fahrzeit einzusparen.

Durch eine regelmäßige, präventive Telefonbetreuung sowie feste Besuchstermine lassen sich übrigens bei Stammkunden die Störungen durch Ad-hoc-Besuche auf ein Mindestmaß reduzieren. Solche Jour fixe vereinfachen auch die Streckenplanung und die Optimierung der Fahrzeiten.

Die Fahrzeiten optimieren

Um die Möglichkeiten elektronischer Routenplaner und der dadurch vereinfachten Fahrzeiten-Optimierung nutzen zu können, muss der Verkäufer seine Besuche pro-aktiv planen. Wer die geplanten Besuche in einem Wiedervorlage-System griffbereit hat, kann nach einer Terminvereinbarung schnell und einfach sehen, welche Aufgaben er ohne große Fahrzeiten in der Nähe dieses Kunden noch erledigen kann.

Durch eine flexible Arbeitszeitgestaltung kann der Verkäufer seine Termine so legen, dass er vor bzw. nach den Hauptverkehrszeiten reist. So lassen sich die Fahrzeiten im Schnitt um 35 Prozent abkürzen. Dadurch wird bei gleicher Arbeitzeit ein weiterer Besuch ermöglicht.

Angebotserstellung und Kalkulation optimieren

Setzen Sie Standards für Schriftverkehr und Angebote

Setzen Sie Standards für Schriftverkehr und Angebote. Sie stellen damit einen qualitativ hochwertigen Auftritt sicher und verkürzen die Zeiten für die Brief- und Angebotserstellung. Durch die Entwicklung von optimierten Kalkulationsvorlagen lässt sich auch dieser Arbeitsschritt abkürzen.

Vereinfachen Sie vor allem die Erstellung von B- und C-Angeboten sowie die Übersendung von Katalogen und Preislisten. Lassen Sie den Verkäufer die gewünschten Maßnahmen auf seinem Besuchsbericht ankreuzen und an den Innendienst delegieren. Falls Ihre Verkäufer mit Notebooks arbeiten, erstellen Sie eine entsprechende E-Mail- oder WORD-Vorlage.

Telefonzeiten minimieren

Handys und Freisprechanlagen ermöglichen es zwar, viele Rückrufe schon unterwegs zu erledigen. Durch die zunehmende Nutzung diese Möglichkeiten schwillt aber die Anzahl der Rückrufnotizen auf der Mailbox und im Büro an. Die Rückrufnotizen sollten nach Priorität sortiert werden. B- und C-Anrufe können delegiert oder während der Fahrzeiten erledigt werden. Alle Anrufe mit hoher Priorität sollten zusammengefasst und in einem Telefonzeiten-Block abgearbeitet werden.

Alle Anrufe mit hoher Priorität zusammenfassen und in einem Telefonzeiten-Block abarbeiten

Auch bei Telefonaten gilt: Das beste Telefonat ist das eingesparte. Geben Sie Ihrem Vertrieb deshalb Checklisten an die Hand und stellen damit sicher, dass schon im Verkaufs- und Abschlussgespräch alle relevanten Fragen geklärt werden.

Kommunikation optimieren

Nutzen Sie die Möglichkeiten der Technik, um asynchron, d.h. in Form von einseitigen Nachrichten, zu kommunizieren. Eine SMS oder eine Notiz auf der Mailbox kann Ihr Mitarbeiter in seinen Wartezeiten beim Kunden oder im Stau abarbeiten. Wenn er daheim Fax- und E-Mail-Anschluss hat, kann er sich manche Besprechung und die dafür notwendige Fahrt ins Büro sparen.

Übrigens gilt immer noch, dass der Mensch siebenmal schneller spricht als er schreibt – wenn Ihr Verkäufer schneller verkaufen als tippen kann, lohnt es sich, ihn durch ein Diktiergerät zu entlasten. Digitale Aufzeichnungsgeräte erlauben es übrigens, das Diktat via PC, Notebook oder Handy per E-Mail an die Sekretärin zu versenden.

5.2.2   Verengen Sie die Abschluss-Pyramide

Ein wichtiger Bestandteil für Ihr Umsatzsteigerungsprogramm ist die Erhöhung Ihrer vertrieblichen Durchschlagskraft. Doch während in der Produktion die Rationalisierung vor allem durch den verstärkten Einsatz technischer Mittel erfolgt, bleibt ein Großteil des Verkaufsvorgangs den Menschen überlassen. Investieren Sie deshalb gezielt in Ihre Mitarbeiter. *Erhöhung der vertrieblichen Durchschlagskraft*

Gehen Sie dabei nach der ESAR-Methode in vier Schritten vor: „Entwickeln, Schulen, Anwenden und Reflektieren" und Sie optimieren nicht nur Ihre Abschluss-Pyramide, sondern Sie legen den Grundstein für eine hoch motivierte, engagierte und erfolgreiche Verkaufsmannschaft. *ESAR-Methode: Entwickeln, Schulen, Anwenden und Reflektieren*

E = Entwickeln

Viele Firmen überlassen es immer noch Ihren Mitarbeitern, den richtigen Weg zum Kunden zu finden. Es gibt zwar Prospekte und Flyer, aber weder optimierte Verkaufsleitfäden noch professionelle Präsentationen. Oft liegen zwar Verkaufshilfen vor, aber diese entsprechen nicht mehr dem aktuellen Stand der Technik.

Sichten Sie deshalb alle vorhandenen Verkaufsunterlagen. Bauen Sie eine zielgruppengerechte, absolut überzeugende Argumentationskette auf und lassen dann die entsprechenden Unterlagen erstellen. Dazu gehört im Firmenkundenbereich eine nachvollziehbare Nutzenrechnung, d.h. der Beleg einer möglichst kurzfristigen Amortisationszeit. *Eine überzeugende Argumentationskette aufbauen und eine nachvollziehbare Nutzenrechnung entwickeln*

Behalten Sie dabei immer die Sicht Ihrer Zielgruppe im Auge. Nicht jeder Unternehmer schätzt POWERPOINT-Präsentationen. Beziehen Sie statt dessen Ihr Produkt ein, möglichst in praktischer Demonstration. Und nutzen Sie die Macht Ihrer vorhandenen Kunden. Mit Dankschreiben, Referenzberichten oder gar Referenzbesuchen übertragen Sie Glaubwürdigkeit und Vertrauen.

Zu dieser Vorbereitung gehört auch die Entwicklung des Kunden-Radars und des Gesprächsleitfadens für die Telefonate. Wenn schon am Telefon entschieden werden kann, ob es sich um einen A-, B- oder C-Inter-

Schon im Vorfeld mögliche Kontakte nach A-, B- oder C-Kunden kategorisieren

essenten handelt, sparen Sie dem Vertrieb unnötige Besuchstermine. B-Kunden bündeln Sie in Seminaren und Workshops. Falls ein B-Interessent auf einen Besuchstermin besteht, laden Sie ihn zu sich ein. Ist das nicht möglich, geben Sie die Termine an Junior-Verkäufer. Organisieren Sie für Ihre C-Interessenten eine telefonische Beratung und Auftragsannahme.

Messen und Ausstellungen bieten ebenfalls gute Gelegenheiten, um die Abschluss-Pyramide zu optimieren. Keine andere Verkaufsmaßnahme bietet so viele persönliche Kontakte zu Neukunden in so kurzer Zeit.

S = Schulen

Professionalität im Verkauf ist der Schlüssel zu mehr Umsatz

Oft liegt die letzte Verkäuferschulung sehr lange zurück oder die Verkäufer kommen aus dem technischen Bereich und haben sich ihre Fähigkeiten selbst beigebracht. Ihre Umsatzsteigerungs-Kampagne bietet eine gute Gelegenheit, die verkäuferischen Fähigkeiten aufzufrischen und auf Hochglanz zu polieren. Ergänzend trainieren Sie den Umgang mit den neuen Werkzeugen und Argumentationsketten. Professionalität im Verkauf ist der Schlüssel zu mehr Umsatz, nutzen Sie deshalb die Angebote externer Trainer, um Ihre Vertriebsproduktivität zu steigern.

A = Anwenden

Nur durch regelmäßige Anwendung und Wiederholung können sich neue Verhaltensweisen einprägen

Terminieren Sie Ihre Verkaufskampagne so, dass die Verkäufer ihr neues Wissen direkt nach der Schulung umsetzen können. Nur durch regelmäßige Anwendung und Wiederholung können sich die neuen Verhaltensweisen einprägen und die Vertriebsergebnisse nachhaltig steigern. Zu diesem Zeitpunkt sollten deshalb alle zur Entlastung des Vertriebs geplanten Maßnahmen umgesetzt sein. Schaffen Sie auch die Voraussetzungen, dass Ihre Innendienstmitarbeiter nicht peu à peu, sondern ungestört in festen Zeitblöcken ihre Telefon-Akquise durchführen können.

Kontrollieren Sie regelmäßig, ob die neu geschaffenen Freiräume eingehalten und auch genutzt werden. Pläne zur Umsatzsteigerung bleiben häufig im Tagesgeschäft stecken. Wenn zehn aktive Anrufe pro Tag geplant waren, aber am Ende der Woche nur drei erfolgten, muss sofort gegengesteuert werden. Gehen Sie jedem Fall nach, es darf keine Ausreden geben. Jede Ausnahme torpediert Ihr Gesamtziel!

R = Reflektieren

Ihre Vertriebsmannschaft in regelmäßigen Abständen über die Ergebnisse und Erfahrungen berichten lassen

Grau ist alle Theorie, deshalb lassen Sie Ihre Vertriebsmannschaft in regelmäßigen Abständen über die Ergebnisse und Erfahrungen berichten. Heben Sie erzielte Erfolge hervor, diskutieren Sie Lösungsansätze für schwierige Kundensituationen und fassen Sie nach, wenn Hinweise auf innerbetriebliche Störfaktoren auftauchen. Indem Sie Ihren Verkäufern innerbetrieblich den Weg freiräumen, beugen Sie gleichzeitig möglichen Ausreden vor. Denn nicht jeder Verkäufer setzt eigenständig die drastische Erhöhung seiner aktiven Verkaufszeit in zusätzliche Besuche und Telefonate um. Hier bedarf es einer straffen und konsequenten Führung.

Durch die Reflexion der verschiedenen Kundensituationen erhalten Sie auch direkte Hinweise auf die Abschlusssicherheit Ihrer Verkäufer. Fachspezialisten gewinnen durch ihre Kompetenz im Erstgespräch das Vertrauen des Kunden, können dies aber in der Folge nicht in Verträge umsetzen. Unterstützen Sie diese im Abschlussgespräch durch einen Verkaufsprofi oder greifen selbst ein. Überlassen Sie bei großen Projekten nichts dem Zufall, ziehen Sie frühzeitig einen erfahrenen Verkäufer hinzu.

Hinweise auf die Abschluss-sicherheit Ihrer Verkäufer

Wenn absehbar ist, dass Ihre Management- und Vertriebskapazitäten für eine regelmäßige Reflexion und Unterstützung der Umsetzung nicht ausreichen, ziehen Sie einen erfahrenen Vertriebs-Coach hinzu. Bewährt hat sich auch das Vorgehen, gute Vertriebsmitarbeiter, die in den Frühruhestand gegangen sind, für eine begrenzte Zeit wieder zu reaktivieren.

5.2.3 Erstellen Sie ein Verkaufshandbuch

Mit der Delegation von indirekten Verkaufsaufgaben auf den Innendienst oder die Vertriebsassistenz haben Sie einen ersten, wichtigen Schritt in Richtung auf eine Optimierung des Verkaufsprozesses getan. Mit der Entwicklung von Verkaufsleitfäden und Argumentationshilfen erhöhen Sie die Produktivität Ihrer Verkäufer.

Gehen Sie noch einen Schritt weiter und durchleuchten den kompletten Arbeitsprozess vom ersten Kundenkontakt über die Angebotserstellung, Vertragsverhandlungen bis zur Auslieferung. Notieren Sie für jeden Schritt den Auslöser, die Beteiligten, die zur Umsetzung notwendige Informationen, das Ergebnis und die durchschnittlich dafür benötigte Zeit. Wenn Sie diese mit Ihrem durchschnittlichen Stundensatz bewerten, erhalten Sie die Kosten für diesen Prozessschritt.

Analyse des kompletten Arbeitsprozesses vom ersten Kundenkontakt bis zur Auslieferung

Setzen Sie sich zum Ziel, die Anzahl der notwendigen Prozessschritte zu halbieren. Jedes gestrichene Formular reduziert die Bearbeitungszeit. Jeder eingesparte Durchschlag muss schon nicht abgelegt werden. Schaffen Sie die Überprüfung jeder einzelnen Rechnung ab. Sichern Sie statt dessen im Vorfeld durch aktuelle Checklisten die Qualität und führen regelmäßige Stichproben durch.

Überprüfen Sie die Verhältnismäßigkeit der Mittel. Wenn die Erfassung eines Ersatzteilauftrags genauso viel Zeit benötigt wie die Aufnahme einer Maschinenbestellung, ist etwas faul. Wenn der Vertrieb nicht nur Großkunden anmahnt, sondern jedem einzelnen offenen Posten nachgeht, ist das ineffizient.

Überprüfen Sie die Verhält-nismäßigkeit der Mittel

Fassen Sie deshalb immer wieder nach, wieso etwas gemacht wird und ob es sich rechnet. Verlassen Sie sich bei den Antworten nie auf das Hörensagen *„weil die Buchhaltung das so will"*, sondern überprüfen die Information an der Quelle. Oft genug werden Sie feststellen, dass es sich um Missverständnisse handelt oder sich die ursprünglichen Anforderungen längst erledigt haben. In dem obigen Beispiel ließ das Buchhaltungsprogramm nicht zu, die Offene-Posten-Liste nur ab einer bestimmten Betragshöhe zu drucken. Deshalb erhielt der Vertrieb immer eine Liste aller offenen Zahlungen und arbeitete diese der Reihe nach ab.

Um Ineffizienz und Unproduktivität auf die Spur zu kommen, gewöhnen Sie sich deshalb die 5-W-Regel an.

> **Tipp: 5-W-Regel**
> Sichern Sie jede für Sie ungewöhnliche Information durch intensives Nachfragen ab. Fragen Sie immer nach dem Warum. Geben Sie sich dabei nicht mit der ersten Antwort zufrieden, sondern graben immer tiefer. Frühestens mit dem fünften Warum kommen Sie einer Sache wirklich auf den Grund und können eine neue, kreative Lösung entwickeln.

Komplexe Arbeiten so strukturieren, dass sie einfach und austauschbar werden

Viele Mitarbeiter haben das unbewusste Bestreben, die eigene Tätigkeit möglichst komplex zu gestalten und sich so den Job zu sichern. Ihre Aufgabe dagegen ist es, komplexe Arbeiten so zu strukturieren, dass sie einfach und austauschbar werden. Einfache Tätigkeiten bedeuten geringere Fehlerraten und leichtere Austauschbarkeit. Das erleichtert Urlaubs- und Krankheitsvertretung und reduziert die Einarbeitungszeiten.

Ein Verkaufshandbuch dokumentiert alle notwendigen Prozesse und Tätigkeiten

Lassen Sie deshalb ein Verkaufshandbuch erstellen, in dem alle notwendigen Prozesse und Tätigkeiten dokumentiert werden. Dies ist die richtige Stelle für den neuen Verkaufsleitfaden, die Argumentationsketten, Kundenschreiben und Referenzberichte. Dazu gehören auch Kalkulations- und Angebotsvorlagen sowie Muster für den Schriftverkehr.

Nehmen Sie sich ein Beispiel am Flugbetrieb. Die Flugzeughersteller zerlegen die komplexen Startvorbereitungen in kleine, nachvollziehbare Schritte. Für den Start müssen die Piloten diese Schritte in Form einer Checkliste bestätigen und gewährleisten so eine sichere und rationale Startvorbereitung.

5.2.4 Überarbeiten Sie Ihre Berichte

Nichts demotiviert Verkäufer mehr als ein Übermaß an Berichten. Die fehlende Kontrolle an der Stechuhr wurde durch eine lange Kette von Tages-, Wochen- und Monatsberichten abgelöst. Produktivitätsvorteile durch die Nutzung eines Heimbüros gehen verloren, weil misstrauische Vertriebsleiter oder Controller über jeden Arbeitsgang informiert werden möchten. Die Herkunft und Ursache der Berichte ist kaum noch nachvollziehbar, häufig kursiert nur die Kopie einer schlechten Kopie.

Strikte Ergebnisorientierung als Grundlage der Verkäufersteuerung

Ziehen Sie einen Schlussstrich unter diese Art von zeitorientierter Verkäufersteuerung. Tätigkeitsorientierte Verkäufersteuerung ist überholt, denn für Ihr Unternehmen zählt nur das Ergebnis. Machen Sie deshalb eine strikte Ergebnisorientierung zur Grundlage Ihrer Verkäufersteuerung. Reduzieren Sie das Berichtswesen auf ein Minimum und lassen sich nur berichten, was wirklich ausschlaggebend für den Erfolg war.

Machen Sie es dabei Ihren Verkäufern so einfach und attraktiv wie möglich. Streichen Sie alle Fragen, deren Informationen Sie auch anderweitig ermitteln können. Viele Daten finden Sie auch in Ihrer operativen Software oder Ihr Innendienst kann dazu eine Strichliste führen. Die verbleibenden Fragen bringen Sie dann in eine logische Reihenfolge.

Reduzieren Sie die Schreibarbeit auf ein Minimum, indem Sie Checkboxen zum Ankreuzen und Abhaken vorgeben. Nehmen Sie sich die Multiple-Choice-Tests wie bei der Führerscheinprüfung zum Vorbild. Wenn Sie Zahlenangaben benötigen, reservieren Sie ausreichend Platz. Und bieten Sie die Formulare nicht nur in Papierform, sondern auch direkt als EXCEL- oder WORD-Vorlage an.

Verleihen Sie den Berichten nicht nur eine andere Optik, sondern geben dem Kind gleich einen neuen Namen. Wer schreibt schon gerne Berichte oder füllt Formulare aus. Wie wäre es zukünftig mit „Erfolgs-Journal", „Kurz-Protokoll", „Quick-Report" oder „Außendienst-Quelle"?

6 Aktionsplan: So heben Sie Ihre Ertragspotenziale

Von entscheidender Bedeutung für die Realisierung Ihrer Ertragspotenziale ist die richtige Vorbereitung. Planen Sie das Projekt deshalb in zwei Stufen. Im ersten Schritt schaffen Sie mit Ihrem Projektteam die optimalen Voraussetzungen. Im zweiten Schritt setzen Sie die erarbeiteten Vorgaben und Ziele mit allen Vertriebsmitarbeitern in einer Art kontinuierlichen Verbesserungsprozess um.

6.1 Stufe 1: Schaffen Sie die richtigen Voraussetzungen

Für die erste Stufe Ihres Steigerungsprojekts können Sie die Methoden der klassischen Projektplanung verwenden. Der Projektplan sollte alle Aktivitäten enthalten, die zur Vorbereitung Ihres Steigerungsprogramms notwendig sind, mindestens aber die folgenden Punkte

Methoden der klassischen Projektplanung verwenden

- Erstellen eines Projektauftrags
- Kick-off-Veranstaltung für das Projektteam
- Erstellung detaillierter Aktionspläne
- Intensives Data-Mining
  Gezielte Segmentanalysen nach Umsätzen, Potenzialen und Deckungsbeiträgen. Zusätzlich ergänzende Informationen aus Kunden-

befragungen. Durchführung von Prozesskosten- und Verkäuferzeit-
analysen.

- Strategische Festlegungen
  Je Zielgruppe, Produktsegment und Region Entscheidung über Wach-
  sen, Halten oder Reduzieren fällen. Preis- und Produktpolitik überar-
  beiten.
- Definition der Fokus-Gruppen
  Entwickeln klarer Regeln zur Einteilung und Bearbeitung von High-
  Potentials, A-, B- und C-Kunden. Entwicklung eines Neukunden-Ra-
  dars.
- Entlastung des Außendienstes
  Konsequente Konzentration auf die Aufgaben der eigentlichen Ver-
  triebsarbeit.
- Vorbereitung der Verkaufsunterstützung
  Entwicklung ergänzender Marketingmaßnahmen, Verkaufsleitfa-
  den, Argumentationshilfen, Schulungen und Verkaufhandbücher.
- Entwicklung der Erfolgsindikatoren
  Definition der für den Projektfortschritt relevanten Kriterien.

Orientierung bietet ein
klassischer Aktionsplan
Selbst wenn Sie planen, alle Aktivitäten mit einer Projektmanagement-
Software zu verwalten, sollten Sie auf den Ausdruck eines klassischen Ak-
tionsplanes nicht verzichten. Dieser muss mindestens die geplanten
Maßnahmen, den Start- und Endtermin, den verantwortlichen Mitarbeiter sowie den Status umfassen. Die Mitarbeiter können dadurch die
Bedeutung der eigenen Aufgabe sowie den Gesamtzusammenhang erkennen. Sorgen Sie dafür, dass dieser Plan regelmäßig aktualisiert und
wöchentlich aushängt wird. Durch die besondere Kennzeichnung ver-
späteter Aktionen entsteht ein verstärkter sozialer Druck auf die betroffenen Mitarbeiter.

Aktion	Starttermin	Endtermin	Verantwortlich	Status
Verkaufsleitfaden entwickeln	1.4.	15.5.	F. Franzen	fertig
Maßnahmenkatalog zur Erhöhung der AVZ erarbeiten	1.4.	30.5.	H. Mayer	**verspätet**
Vorbereitung Verkaufs-schulung	1.6.	15.6.	A. Knoop	
Auswahl High-Potentials für Mikromarketing	16.5.	30.5.	F. Franzen	

Abb. 6.1: Beispiel eines Aktionsplans

Starten Sie die Stufe 2 erst, wenn alle Voraussetzungen für das Umsatzsteigerungsprogramm erfüllt sind. Die gesamte Kampagne erhält so eine
größere Bedeutung und gewinnt schneller an Fahrt.

6.2 Stufe 2: Installieren Sie einen stetigen Verbesserungsprozess

Widmen Sie die zweite Stufe der Umsetzung Ihrer Ertragsziele. Gehen Sie dabei nicht mehr rein linear mit definierten Aktivitäten und Endterminen vor, sondern arbeiten in Form eines Regelkreises:

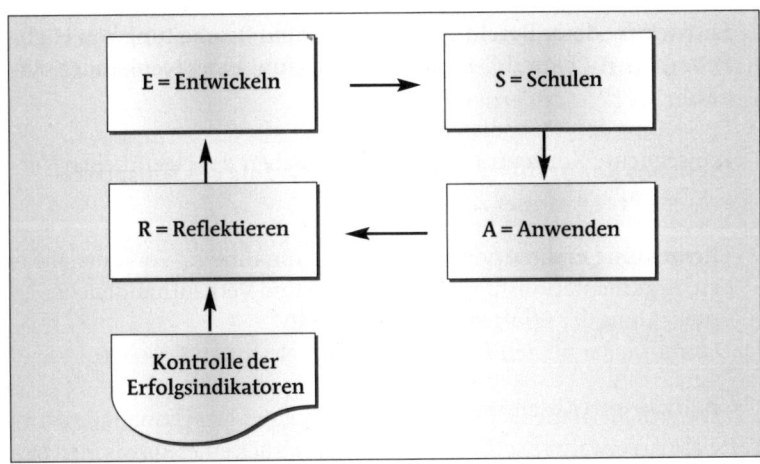

Abb. 6.2: Der Regelkreis der ESAR-Methode

Ihr Ziel ist dabei die Einführung eines sich selbst verbessernden Systems. Ausgangspunkt sind die im Projektteam entwickelten Maßnahmen zur Umsatzsteigerung. Nach der Schulung ist es die Aufgabe des Vertriebs, diese in der Praxis anzuwenden und darüber in den Reflexionssitzungen zu berichten. Ergänzt werden diese persönlichen Erfahrungen um die Kennzahlen aus der Erfolgskontrolle. Durch die Kombination dieser so genannten Hard- und Soft-Facts wird es möglich, noch effektivere Methoden zur Fokussierung und Umsatzsteigerung zu entwickeln. Diese werden entsprechend publiziert oder geschult, sodass der Vertrieb in den nächsten Zyklus der Anwendung gehen kann.

Einführung eines sich selbst verbessernden Systems

Jede Reflexionssitzung bildet also den Ausgangspunkt zur Verfeinerung Ihres Ertragssteigerungs-Programmes. Auf diese Weise implementieren Sie einen kontinuierlichen Verbesserungsprozess.

6.3 Messen Sie kontinuierlich die Erfolgsindikatoren

Jeder kontinuierliche Verbesserungsprozess basiert auf einer permanenten Leistungsüberprüfung. Was nützt Ihnen die Entwicklung einer neuen Verkaufsmethode, wenn dadurch der Umsatz nicht steigt. Wozu sollten Sie den Vertrieb von allen indirekten Tätigkeiten entlasten, wenn

Eine permanente Leistungsüberprüfung zeigt Handlungsbedarf auf

Indikatoren festlegen, die den Erfolg Ihres Umsatzsteigerungs-Programmes messen können

dadurch kein Mehr an Besuchen und Abschlüssen erzielt wird. Das ist ein Kernpunkt des Erfolgs: nur wer regelmäßig seine Ergebnisse überprüft und daraus entsprechende Konsequenzen zieht, kann sich im zunehmenden Wettbewerb behaupten.

Legen Sie deshalb eine Reihe von Indikatoren fest, an denen Sie den Vertriebserfolg und den Erfolg Ihres Umsatzsteigerungs-Programmes messen können. Je nach Zielsetzung, Branche und Geschäftsstruktur können dabei sehr unterschiedliche Messzahlen zum Zuge kommen. Die nachfolgenden Kennzahlen bieten Ihnen erste Anhaltspunkte für Ihr persönliches Kennzahlensystem:

Mögliches Kennzahlensystem, um den Erfolg des Umsatzsteigerungs-Programmes zu messen

- **Response-Quote** $= \dfrac{\text{Anzahl Rückmeldungen}}{\text{Gesamtanzahl Briefe einer Aussendung}}$

- **Kontakt-Quote** $= \dfrac{\text{Anzahl Termine}}{\text{Anzahl Anrufe}}$

- **Besuche pro Abschluss** $= \dfrac{\text{Anzahl Aufträge}}{\text{Anzahl Besuche}}$

- **Abschluss-Quote** $= \dfrac{\text{Anzahl Angebote}}{\text{Auftrag}}$

- **durchschnittlicher Auftragswert**

  pro Besuch $= \dfrac{\text{monatlicher Auftragswert}}{\text{Anzahl Besuche}}$

  pro Auftrag $= \dfrac{\text{monatlicher Auftragswert}}{\text{Anzahl Aufträge}}$

- **durchschnittlicher Deckungsbeitrag**

  pro Besuch $= \dfrac{\text{monatlicher DB}}{\text{Anzahl Besuche}}$

  pro Auftrag $= \dfrac{\text{monatlicher DB}}{\text{Anzahl Aufträge}}$

  pro Kunde $= \dfrac{\text{monatlicher DB}}{\text{Anzahl Kundenaufträge}}$

- **Kundenentwicklung (siehe Kundenbilanz)**

- **Auftragseingang und Auftragsbestand**

- **Umsatz- und DB-Entwicklung der High-Potentials**

- **Umsatz- und DB-Entwicklung der A-Kunden**

- **tägliche Umsatzhochrechnung für Woche und Monat – im Vergleich zum Vormonat und Vormonat des Vorjahres**

Je nach Betriebsgröße und -ausprägung sollten Sie die ausgewählten Erfolgsindikatoren nicht nur auf Unternehmensebene, sondern ebenso für Produktgruppen, Geschäftsbereiche, Regionen und/oder Verkäufer eruieren.

Besonders einprägsam werden Kennzahlen, wenn Sie diese visualisieren und aushängen. So können Sie die Trefferquoten der Abschlusspyramide nebeneinander aushängen. Oder aber Sie stellen die Kundenbilanz in den Mittelpunkt und zeigen die monatlichen Zu- und Abgänge auf. Wenn Ihr IT-System tägliche Umsatzzahlen liefert, können Sie diese jeden Abend auf einer Grafik eintragen. Stellen Sie Ihre Ziele in Form einer Ampel dar. Mit dem Erreichen des Mindestziels wechselt die Farbe der Grafik auf Gelb und der eigentliche Zielkorridor wird grün schraffiert.

Kennzahlen visualisieren und aushängen

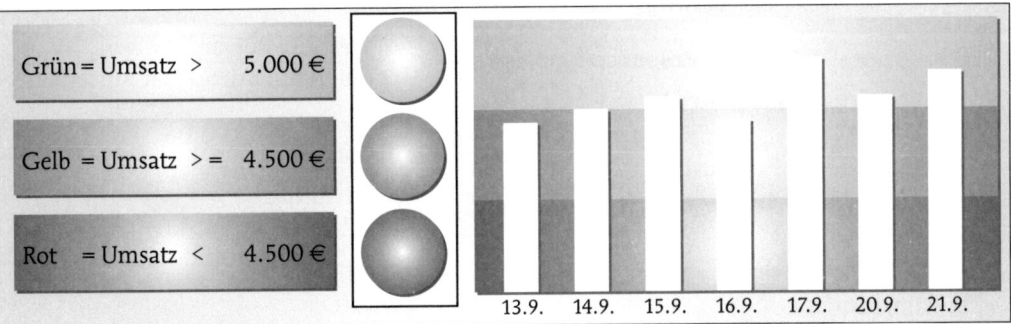

Abb. 6.3:   Aufbereitung von Kennzahlen nach dem Ampel-System

7   Checkliste: Die Unternehmenserträge sofort steigern

Maßnahme	Priorität	Wer	bis wann	Kontrolle am	erledigt
Analyse und Vorbereitung					
Projekt-Team bilden					
Projekt-Assistenz ernennen					
ABC-Auswertungen – Umsatz					
• Kundengruppen, Kunden					
• Niederlassungen, Verkäufer					
• Geschäftsbereiche					
• Warengruppen, Artikel					

Maßnahme	Priorität	Wer	bis wann	Kontrol-le am	erledigt
ABC-Auswertungen – Deckungsbeitrag • Kundengruppen, Kunden • Niederlassungen, Verkäufer • Geschäftsbereiche • Warengruppen, Artikel • Besuchs-Offensive bei Kunden Kunden-Bilanz erstellen (Entwicklung Kundenstamm: Neukunden, Bestand, Abgänge)					
Preise optimal differenzieren • Zeit (z.B. Früh- / Spätbesteller, Sonderangebote) • Absatzgebiet (z.B. In-/ Ausland) • Absatzkanäle (z.B. Internet) • Abnahmevolumen (z.B. Mengenstaffeln) • Leistungsumfang (bündeln / entbündeln) • Kundengruppen (z.B. Privat, Firmen, Konzerne, Branchen) Überarbeiten des bisherigen Rabatt- und Konditions-Systems Preiserhöhungen nach dem Pareto-Prinzip					
Kunden fokussieren Bestandsgeschäft ausweiten • Kunden-Potenziale analysieren • High-Potentials identifizieren • Aktionspläne für High-Potentials entwerfen Die richtigen Neukunden gewinnen • Zielgruppen festlegen • Quick-Win Kriterien entwickeln • Kunden-Radar fixieren Cinderella-Potenzial prüfen					

Maßnahme	Priorität	Wer	bis wann	Kontrol-le am	erledigt
Marketing intensivieren					
Mikromarketing					
Interne Werbeträger					
Externe Multiplikatoren					
regelmäßige Testanrufe / Testkäufe implementieren					
Deckungsbeiträge erhöhen					
Umsatz-Potenzial / Deckungsbei-trags-Portfolio analysieren					
Prozesskosten nachgehen					
Kunden-Profitabilität feststellen					
Regeln für Mindestmargen festlegen und kommunizieren					
Engpässen vorbeugen					
Zeitanalyse bei den Verkäufern					
Aktive Verkaufszeit erhöhen					
• Funktion Vertriebsassistenz schaffen					
• überflüssige Berichte und Besprechungen abschaffen					
• B- und C-Kunden an Innendienst delegieren					
• Nachfassaktionen übernimmt Vertriebsassistenz					
• Zentrale Terminvereinbarungen und Kalenderführung					
• Delegation der Kalt-Akquise					
• Besuchszeiten optimieren					
• Anzahl Besuche pro Abschluss reduzieren					
• Reduzierung der Fahrzeiten					
• Optimieren von Angebots- und Kalkulationserstellung					
• Telefonzeiten minimieren					
• verbesserte Nutzung von SMS, E-Mail, Fax, Mailbox und Diktiergeräten					

Maßnahme	Prio-rität	Wer	bis wann	Kontrol-le am	erledigt
Abschluss-Pyramide verengen					
E = Entwickeln					
• Verkaufsleitfaden					
• Argumentationsketten					
• Nutzen- / Amortisationsrechnung					
• Gesprächsleitfaden mit Hinweisen zur A-/B-/C-Einstufung					
• Teilnahme an Messen und Ausstellungen					
S = Schulen					
• Ziele und Strategien					
• Verkaufstraining auffrischen					
• neu entwickelte Verkaufshilfen					
A = Anwenden					
• Entlastung sicherstellen					
• Anwendung überprüfen					
R = Reflektieren					
• Jour fixe Termine					
• Erfahrungen mit der Umsetzung					
• Reflektion der Kundensituationen					
• Präsentation und Analyse der Erfolgsindikatoren					
Verkaufshandbuch entwickeln					
Verkaufsberichte überarbeiten					
Aktionsplan					
Projektauftrag erstellen					
Kick-Off für das Projektteam					
Aktionsplan fixieren					
strategische Festlegungen					
Entwicklung der Erfolgsindikatoren					
regelmäßige Ermittlung des Kennzahlensystems					
Implementierung des ESAR-Prozesses als Regelkreis					

Teil IV

Kosten: Die richtigen Kosten dauerhaft senken

Arbeit – Ihre und meine – wie wir sie heute kennen, wird in den nächsten zehn Jahren neu erfunden werden. So einfach ist das. Und so folgenreich. Hier erfahren Sie warum ...

Der alte Gewerkschaftsaktivist erinnert sich. 1970 (nicht gerade eine Ewigkeit her) brauchten 108 Kerle fünf Tage, um eine Schiffsladung Holz zu entladen. Und heute? Die Stunde der Container hat geschlagen: acht Leute ... ein Tag.

So war es auf dem Bauernhof, als der Mähdrescher Einzug hielt. Und so war es in den Lagerhäusern, als der Gabelstapler kam. Und dasselbe geschah in den Docks.

Aber hoppla, ein neues Jahrtausend bricht an. 90 und mehr Prozent von uns – sogar im so genannten „produzierenden" Gewerbe – arbeiten an Schreibtischen. Tatsache ist: Von Produktivität im Büro kann keine Rede sein. Hat uns auch nicht wirklich interessiert. Noch nie. Bis jetzt ...

Es ist ein absolut neues Spiel. Die BÜROREVOLUTION IST AUSGEBROCHEN! Der „Laden" der Buchhaltung wird unter dieselbe Lupe genommen wie bisher die Werften. Wir werden uns noch umsehen.

Tom Peters

1 Test: Passen Ihre Kosten zu Ihrem Unternehmen?

Übergewicht führt zu einer Verkürzung der Lebenserwartung, das gilt genauso für Menschen wie für Firmen.

1.1 Können Sie überhaupt noch Kosten senken?

Veränderung in den letzten 2 Jahren	explodiert über 15 %	Steigerung über 3 %	Stagnation	Reduzierung 5 bis 10 %	Reduzierung über 20 %
Personalkosten	❏	❏	❏	❏	❏
Materialeinsatz	❏	❏	❏	❏	❏
Fremdleistungen	❏	❏	❏	❏	❏
Verwaltungskosten	❏	❏	❏	❏	❏
Vertriebskosten	❏	❏	❏	❏	❏
Marketing und Werbung	❏	❏	❏	❏	❏
Fuhrpark	❏	❏	❏	❏	❏
Reisekosten	❏	❏	❏	❏	❏
IT & Telekommunikation	❏	❏	❏	❏	❏
Wartung und Service	❏	❏	❏	❏	❏
Mieten und Raumkosten	❏	❏	❏	❏	❏
Zinsen	❏	❏	❏	❏	❏
Multiplikator	0	1	3	5	7
Ergebnis					

1.2 Kämpfen Sie mit dem Komplexitäts-Syndrom?

Haben Sie folgende Symptome in den letzten 24 Monaten feststellen können?	ja	im Prinzip ja	Ansätze vorhanden	nein
Durchlaufzeiten verlängern sich.	❏	❏	❏	❏
Aufträge werden immer kleiner.	❏	❏	❏	❏

	nein	teilweise	ja	
Kunden disponieren immer kurzfristiger.	❏	❏	❏	❏
Es kommt vermehrt zu Lieferengpässen.	❏	❏	❏	❏
Qualitätsprobleme häufen sich.	❏	❏	❏	❏
Die Bestände ufern aus.	❏	❏	❏	❏
Die Auslastung macht Sprünge und wird im Schnitt schlechter.	❏	❏	❏	❏
Der Einkauf ist permanent überlastet.	❏	❏	❏	❏
Das Sortiment wird zunehmend unübersichtlich.	❏	❏	❏	❏
Der Gewinn geht zurück, obwohl der Umsatz steigt.	❏	❏	❏	❏
Multiplikator	0	1	3	5
Ergebnis				

1.3 Arbeitet Ihr Einkauf gewinnorientiert?

	nein	teilweise	ja
Werden über 80 Prozent aller Waren und Dienstleistungen über den Einkauf verhandelt?	❏	❏	❏
Sind Leiter Einkauf und Leiter Vertrieb auf der gleichen Hierarchieebene?	❏	❏	❏
Konnten Sie in den letzten zwei Jahren Ihre durchschnittlichen Einkaufspreise um mehr als 15 Prozent senken?	❏	❏	❏
Haben Sie in den letzten 12 Monaten neue Alternativen für Ihre Hauptlieferanten erkundet?	❏	❏	❏
Setzen Sie standardisierte Rahmenverträge ein?	❏	❏	❏
Führen Sie mit Ihren A-Lieferanten nicht nur Preisverhandlungen, sondern Wertanalysen?	❏	❏	❏
Werden alle A-Artikel professionell ausgeschrieben?	❏	❏	❏
Sind Ihre Einkäufer über Märkte, Materialien und Lieferanten aktuell informiert?	❏	❏	❏
Gilt das auch für internationale Märkte und Lieferanten?	❏	❏	❏
Kennen Ihre Einkäufer die Preiskalkulation der A-Lieferanten?	❏	❏	❏

	nein	teilweise	ja
Werden Ihre Einkaufskonditionen und Rabatte regelmäßig optimiert?	❏	❏	❏
Nutzen Sie elektronische Einkaufswerkzeuge wie Auktionen, E-Procurement etc.?	❏	❏	❏
Multiplikator	0	3	5
Ergebnis			

0 bis 60 Punkte

Setzen Sie sofort ein Kostensenkungs-projekt auf

Setzen Sie sofort ein Kostensenkungsprojekt auf. Jede Kostensenkung schlägt sich direkt auf das Unternehmensergebnis nieder. Verlassen Sie Ihre Komfortzone und beginnen sofort damit, Ihren Gewinn zu steigern und damit die Zukunft Ihres Unternehmens abzusichern. Investieren Sie Ihre persönliche Zeit und Aufmerksamkeit, um das vorhandene Rationalisierungspotenzial zu heben, bevor es zu spät ist. Nur schlanke Unternehmen können in engen Märkten überleben!

61 bis 120 Punkte

Sie haben die Notwendigkeit von Kostensenkungen erkannt, könnten aber noch viel weiter gehen

Ihnen ist die Notwendigkeit von Kostensenkungsmaßnahmen durchaus bewusst. Aber Sie könnten noch viel weiter gehen. Lassen Sie sich weder vom Tagesgeschäft noch von Ihren Mitarbeitern vom richtigen Weg abbringen. Nur wenn Sie Ihre Organisation entschlacken und die Kostenstruktur regelmäßig dem Wettbewerbsdruck anpassen, vermeiden Sie unternehmerische Vollbremsungen. Gehen Sie dabei von reinen „Streichkonzerten" mehr und mehr zur differenzierten Kosten- und Prozessanalyse über. Suchen Sie die wirklichen Hintergründe für zu hohe Gemeinkosten und packen das Übel an der Wurzel.

121 bis 194 Punkte

Sie stehen vorbildlich da: Machen Sie Sparen zu einem festen Bestandteil Ihrer Wertekultur

Mit diesem Ergebnis stehen Sie vorbildlich da, aber häufig genug werden solche Resultate nur im Rahmen einer Sanierung erzielt. Gerade in diesen Fällen behalten Sie den eingeschlagenen Kurs bei. Machen Sie Sparen und die Vermeidung aller nicht betriebsnotwendigen Kosten zu einer permanenten Gewohnheit, einem Bestandteil Ihrer Wertekultur.

Behalten Sie aber immer das Gesamtziel im Auge. Unternehmen sind produktiver, wenn sich das Verhältnis von Input zu Output verändert. Wenn der Input nicht mehr reduziert werden kann, fokussieren Sie die Prozesse, in denen die Wertschöpfung erfolgt. Konzentrieren Sie sich auf Kernaktivitäten, streichen Sie überflüssige Prozesse, vermeiden Sie Doppelarbeiten und lagern selten benötigte Funktionen aus.

2 Von guten und von schlechten Kosten

In jedem Unternehmen gibt es Kosten, die für sein Funktionieren nicht notwendig sind. Diese verschlechtern die Wettbewerbsfähigkeit und reduzieren die finanzielle Ressourcen. Es ist Aufgabe und Verpflichtung eines jeden Mitarbeiters, Verschwendungen aufzudecken und zu eliminieren. Doch dazu kommt es nicht, weil den Mitarbeitern die Folgen solcher leichtfertigen Ausgaben nicht deutlich genug bewusst gemacht werden.

Wenn das Unternehmen Gewinne erzielt, signalisiert diese Situation Mitarbeitern und häufig genug auch dem Management: *„Alles im grünen Bereich.“* Dabei liegt die Kapazitätsauslastung vielleicht nahe 100 Prozent und schon ein leichter Umsatzrückgang kann zu erheblichen Verlusten führen. Oder der Markt verändert sich und die finanziellen Reserven des Unternehmens reichen nicht aus, um die Trägheit der Fixkosten zu überwinden.

Häufig genug reicht der Veränderungsdruck noch nicht einmal bei einem drastischen Gewinneinbruch aus, um die Bequemlichkeiten der gewohnten Abläufe zu überwinden. So bleibt es dem Turn-Around-Manager überlassen, mit harten Einschnitten und drastischem Personalabbau das Überleben der Firma zu sichern.

Doch selbst regelmäßige Kostensenkungsprogramme sichern nicht automatisch die Wettbewerbsfähigkeit, wenn sie die reinen Ausgabenkürzungen in den Mittelpunkt stellen.

Regelmäßige Kostensenkungsprogramme sichern nicht automatisch die Wettbewerbsfähigkeit

Nur wer den gesamten Prozess der Wertschöpfung betrachtet, kann Ursache und Wirkung einschätzen.

Immer wieder stoßen wir in der Praxis auf erstaunliche Auswirkungen einer rigorosen Sparpolitik. So streicht ein Bäckermeister seine Aufwendungen für Werbung – und wundert sich in den Folgejahren über die einbrechenden Umsätze. Ein Baumaschinenhändler halbiert das Personal im Einkauf – und kann sich nicht über die reduzierten Personalkosten freuen, denn seine Einkaufspreise und damit der Wareneinsatz steigen plötzlich an, obwohl die Umsätze stagnieren.

Nicht alle Ausgaben sind also per definitionem schlecht. Es gibt positive und es gibt negative Kosten. Die Herausforderung für das Management liegt darin, die richtige Zuordnung zu treffen.

Nicht alle Ausgaben sind per definitionem schlecht

Als gute Kosten können alle Ausgaben angesehen werden, die kurz- oder mittelfristig Ihren Markterfolg und Ihren Unternehmensgewinn steigern. Dazu gehören gezielte Investitionen in Vertriebsleistung, Kundenbeziehungen, Marketing und die konsequente Entwicklung von wettbewerbsfähigeren Produkten. Auch Ausgaben für die regelmäßige Überprüfung und Steigerung der innerbetrieblichen Produktivität schlagen sich im verbesserten Betriebsergebnis nieder. Kurz gesagt, alles, was den Betriebsgewinn positiv beeinflusst, ist gut.

Kosten, die den Betriebsgewinn positiv beeinflussen, sind gut

> **Positive Kosten**
>
> Kosten sind gut, wenn durch eine ERHÖHUNG dieser Kostenart der Unternehmensgewinn steigt.

Alle nicht wirklich notwendigen Ausgaben dagegen schlagen sich negativ auf den Gewinn nieder. Wenn Sie beispielsweise Ihr Material um 15 Prozent günstiger einkaufen, eine niedrigere Miete zahlen oder die Verwaltung mit weniger Sachbearbeitern bewältigen, führt dieses zu einer Verbesserung Ihres Unternehmensergebnisses. Bei Entscheidungen im Tagesgeschäft über Investitionen oder zusätzliche Ausgaben können Sie auch den umgekehrten Test vornehmen: Kosten sind dann schlecht, wenn sich eine Erhöhung negativ auf den Gewinn auswirkt.

> **Negative Kosten**
>
> Kosten sind schlecht, wenn durch eine SENKUNG dieser Ausgaben der Unternehmensgewinn steigt.

2.1 Die Grenzen von Buchhaltung und Kostenrechnung

Je nach Organisationsgrad liefern üblicherweise Steuerberater, Buchhaltung oder Kostenrechnung die Ausgangswerte für ein Kostensenkungsprogramm. Doch dieser Ansatz hilft häufig nicht mehr weiter. Denn Gewinn- und Verlustrechnungen sowie die betriebswirtschaftlichen Auswertungen ermöglichen zwar den Vergleich zu den Vorperioden und in gewissem Rahmen auch einen Benchmark zu vergleichbaren Firmen. Aber das Raster ist zu grob, um daraus wirkliche Maßnahmen abzuleiten.

Werden die verschiedenen Abteilungen in Kostenstellen zusammengefasst, können diese miteinander verglichen werden und verbessern die Qualität des Kostenmanagements. Aber jeder „Besitzer" einer Kostenstelle hockt auf seinem Eigentum. Er empfindet es nicht als seine Aufgabe, die Ausgaben auf ein Minimum zu reduzieren oder gar seine Kostenstelle aufzulösen.

Welchen Anreiz bieten Sie Ihrem Abteilungsleiter, Personal zu reduzieren oder die Abteilung überflüssig zu machen? Eigentlich sollte er daran profitieren oder gar befördert werden. Stattdessen wird er sich um seinen Job sorgen. Also stellt er sicher, dass sein Team immer größer, die Aufgaben immer bedeutender und die Arbeit immer komplexer wird. Unkontrollierte Kostenstellen sind wie Krebsgeschwülste, die immer weiter wachsen und überall ihre Metastasen bilden, um zu überleben.

Doch selbst wenn die Kostenstellenleiter verantwortlich und sparsam mit den zugeteilten Ressourcen umgehen, gibt die Kostenstellenrechnung keine Antwort auf die Kernfrage: „*Welchen Preis muss ein Produkt erzielen, damit der geplante Gewinn realisiert werden kann?*"

Diese Frage sollte eigentlich die so genannte Kostenträgerrechnung beantworten. In ihr werden die direkten Kosten eines Produkts, d.h. Materialien und Fertigungslöhne sowie alle einzeln zuordenbaren Kosten gesammelt. Alle verbleibenden, also nicht einzeln aufteilbaren Kosten werden unter dem Begriff Gemeinkosten gebündelt. Jedes Produkt muss seinen Anteil zu den Gemeinkosten beitragen, damit das Unternehmen keinen Verlust erwirtschaftet. Erzielt der Verkauf nun einen darüber hinausgehenden Mehrerlös, gilt das Produkt als profitabel. Bei reinen Dienstleistungsunternehmen ist die Vorgehensweise im Prinzip gleich, allerdings stehen hier nicht die Produkte, sondern Projekte oder Leistungserbringer, also z.B. Programmierer, Monteure oder Mietmaschinen im Mittelpunkt.

Die Kostenträgerrechnung ermittelt sämtliche Kosten, die einem Produkt unmittelbar zuzuschreiben sind

Die Kostenträgerrechnung wurde für Fertigungsbetriebe entwickelt und entstand zu einer Zeit, als die Fertigungslöhne den größten Kostenblock ausmachten. Heute wird wesentlich mehr zugekauft und in der Produktion finden sich nur noch wenige Mitarbeiter zur Bedienung der automatisierten Produktionsprozesse. Oder anders gesagt, viel weniger Menschen bauen viel mehr Autos. Dieser Fortschritt der Arbeitsproduktivität war lange Jahre der Motor regelmäßiger Lohnerhöhungen, die dann auf alle anderen Arbeitsbereiche übertragen wurden. Doch in der Verwaltung konnte die Produktivität nicht im gleichen Maße gesteigert werden. Der Anteil der Gemeinkosten an den Gesamtkosten nahm immer weiter zu, ein Trend, der nicht nur bei den Unternehmen, sondern auch in der zunehmenden Bürokratisierung seinen Niederschlag findet.

Der Anteil der Gemeinkosten an den Gesamtkosten nimmt immer weiter zu

So liefert zwar die Kostenrechnung wesentlich besseres Ausgangsmaterial für das Kostensenkungsprogramm als die Gewinn- und Verlustrechnung. Aber sie sagt nichts über versteckte Kosten oder wirkliche Produktivität. Aus der Kostenrechnung können Sie beispielsweise nicht erkennen, wo Doppelarbeiten anfielen und welche Mitarbeiter in der Verwaltung wie effektiv arbeiten. Oft fallen auch Ursache und Ergebnis auseinander. Die Produktivität in der Produktion sinkt. Auslöser ist aber der Vertrieb, der mehr und mehr Varianten auf den Markt wirft.

Auch der Vergleich mehrerer Perioden ist in vielen Fällen nur eine Hilfskonstruktion. Wer sagt Ihnen, dass im Einkauf nur 3 Prozent Einsparungen möglich waren - es hätten auch 13 Prozent sein können. Durch die Kumulation werden positive Ergebnisse des Einkäufers mit höheren Verbräuchen in der Fertigung verrechnet. Und weder Kostenrechnung noch Periodenvergleich offenbaren, dass ein Produkt, welches 13.000 Euro Deckungsbeitrag erwirtschaftet, betriebliche Ressourcen blockiert, die anderswo 26.000 Euro Deckungsbeitrag erzielen könnten.

Kosten- und Kostenträgerrechnung sind nur bedingt aussagefähig

2.2 Die Grenzen einfacher Kostensenkungsprogramme

„Der beste Rat, der im Zusammenhang mit Kostensenkungen gegeben werden kann, lautet: Hören Sie auf, Geld auszugeben!"
Matthew L. Shuchmann

Kostensenkung nach dem Gießkannenprinzip greift angesichts struktureller Veränderungen nicht

Ja, es stimmt. Unternehmen, die aufgrund einer konjunkturell bedingten Krise nach mehreren fetten Jahren in eine Krise geraten, sollten schnell und konsequent den Rotstift ansetzen. Kaum eine Kostenart oder Kostenstelle, die wohl nicht im Laufe der Jahre ein wenig Fett angesetzt hätte. Aber dieses unreflektierte Cost Cutting nach dem Gießkannenprinzip findet seine Grenzen, wenn es sich nicht um eine kurzfristige konjunkturelle Delle, sondern um eine strukturelle Veränderung handelt. In diesem Fall reicht es nicht aus, das Unternehmen durch Reduzierung der laufenden Kosten sozusagen in einen Winterschlaf zu versetzen und auf eine konjunkturelle Erholung zu warten.

Parallel zu Kostensenkungen gilt es, die Produktivität zu steigern

Firmen, die als Reaktion auf die anhaltende Baukrise schablonenhaft ihre Kosten Jahr für Jahr um 20 bis 30 Prozent kürzten, sind heute nicht mehr am Markt. Nur wer parallel zu einem straffen Kostenmanagement den Fokus auf die Steigerung der Produktivität setzte, konnte überleben. Die Abteilungen mussten lernen, zusammenzuarbeiten und das Gesamtergebnis im Auge zu behalten. Ein Bauprojekt wird nicht automatisch billiger, wenn man die Hälfte der Mitarbeiter abzieht. Bei Projekten gilt der Grundsatz: *„Auf den Anfang kommt es an."* Im ersten Fünftel eines Projekts wird der Grundstein für 80 Prozent der Projektkosten gelegt. Deshalb muss in die Planung investieren, wer die Gesamtkosten senken will.

Doch in jeder Branche, in jedem Betrieb und möglicherweise in jeder Abteilung liegen die Gegebenheiten anders. Großzügige Spesen und Reisekosten sind für den einen Betrieb reiner Luxus. Wenn es dagegen für Unternehmensberatungen darauf ankommt, begehrte Spezialisten zu halten und gleichzeitig noch zu motivieren, 90 Prozent ihrer Zeit auf Reisen zu verbringen, könnten die Hotelausgaben ein Mittel sein, um die fluktuationsbedingten Kosten zu reduzieren.

2.3 So sprengen Sie Ihre Grenzen

Die Realisierung oberflächlich sichtbarer Sparpotenziale genügt nicht

Die rasche und unerbittliche Senkung aller Kosten ist deshalb nur ein erster Schritt. Eine Sofortmaßnahme in Krisenzeiten, um den Finanzinfarkt des Unternehmens zu vermeiden. Denn um ein dauerhaft schlankes und damit gesundes Unternehmen zu formen, muss das Kostensteigerungsprogramm tiefer gehen, darf sich nicht mit den auf Anhieb ersichtlichen Sparpotenzialen zufrieden geben.

- Im ersten Schritt gilt es, die versteckten Kosten aufzuspüren. *„Wie, bitte schön, soll ich Kosten aufspüren, für die es keine Quittung gibt?"*, diese Frage eines gestressten Buchhalters kann die Prozesskosten-Analyse beantworten. Dieses Verfahren ermöglicht es, die so genannten Kostentreiber zu identifizieren und die Abläufe zu straffen.

  Wo liegen die versteckten Kosten?

- Im zweiten Schritt wenden wir uns den Personalkosten zu. Über die ständige Diskussion um Lohnreduzierungen und Personalabbau vergessen wir häufig, dass es die Mitarbeiter sind, die durch ihre Leistung die Wertschöpfung des Betriebes erbringen. Und eine nachhaltige Produktivitätssteigerung der Mitarbeiter im Prinzip erst die Voraussetzung schafft, um den Ertrag aus dem Umsatzsteigerungs-Programm überhaupt einzufahren. Dazu kombinieren wir die Ergebnisse aus der Prozesskosten-Analyse mit praktischen Tipps zur Produktivitätssteigerung und verlieren auch die Nebenkosten nicht aus dem Blick.

  Wie lässt sich die Produktivität der Mitarbeiter steigern?

- Im dritten Schritt des Kostensenkungs-Programms geht es um den Einkauf. Im Durchschnitt verdient ein Einkäufer nicht einmal 60 Prozent seines Gegenübers vom Vertrieb. Dabei kann er sich in der Regel nicht einmal auf die Erörterung der Konditionen konzentrieren, sondern ist vielfach auch noch für die termin- und qualitätsgerechte Materialversorgung des Unternehmens zuständig. Mit zunehmendem Wettbewerbsdruck haben die Verkäufer aufgerüstet. Sie bieten den überlasteten Einkäufern in jeglicher Hinsicht Unterstützung und gewinnen damit Sympathie und Vertrauen. Preisverhandlungen entwickeln sich zu Scheingefechten, weil der Einkäufer gar nicht in der Lage ist, sich ausreichend vorzubereiten und erleichtert aufatmet, wenn er in „harten Gesprächen" Zugeständnisse erreicht, die sein gut vorbereitetes Gegenüber schon in seiner Verhandlungsstrategie vorgesehen und im Listenpreis verpackt hatte.

  Auch hier geht es also nicht um einfache Budgetierungen und Kürzungen, sondern um die Entwicklung eines neuen Verständnisses der Funktion Einkauf. Der Einkäufer wird zum Beschaffungs-Manager. Sein Ziel ist es, durch den Einsatz moderner Einkaufs- und Managementmethoden dem Unternehmen Jahr für Jahr spürbar bessere Preis-/Leistungsrelationen zu verschaffen. Ein pro-aktiver Einkauf, der mit Ideen, Know-how und Engagement dafür Sorge trägt, dass auch die Lieferanten des eigenen Unternehmens im weltweiten Konkurrenzkampf bestehen können, legt das Fundament für die eigene Wettbewerbsfähigkeit.

  Wie wird der Einkäufer zum Beschaffungs-Manager, der bessere Preis-/Leistungsrelationen realisiert?

Die nachfolgend aufgezeigten Kostensenkungspotenziale können Sie also nur heben, wenn Sie Strukturen verändern. Das braucht Zeit, rechnen Sie je nach Intensität sechs bis zwölf Monate bis zum Wirksamwerden aller Effekte. Voraussetzung ist natürlich ein kleines Projektteam, welches Analyse, Umsetzung und Kontrolle verantwortet. Dafür bietet sich Ihnen

Chance, mittelfristig eine
nachhaltige Veränderung
der Wettbewerbsposition
zu erreichen

die Chance, eine nachhaltige Veränderung der Wettbewerbsposition zu erreichen.

Sind Sie dagegen auf äußerst kurzfristige, schnell umzusetzende Einsparungen angewiesen, sollten Sie zu meinem Buch „*Wie junge Unternehmen Krisen bewältigen – Überlebenshandbuch für Selbstständige und Jungunternehmer*" greifen. Dort finden Sie eine ganze Reihe von sofort umsetzbaren Tipps, um Einmal-Ausgaben zu stoppen, laufenden Kosten zu reduzieren und Ihre Liquidität zu verbessern.

3 Erster Schritt: Gehen Sie Ihre versteckten Kosten an

Total cost of ownership:
sämtliche Kosten, die ein In-
vestitionsgut im Laufe sei-
ner Einsatzzeit verursacht

Die wirklichen Kosten einer Entscheidung werden häufig erst im Laufe der Zeit offenbar. Wer einen Laserdrucker kauft und dann feststellt, dass die Kosten für Verbrauchsmaterialien den ursprünglichen Anschaffungspreis weit übersteigen, bekommt ein erstes Gefühl für die Bedeutung des Begriffes TCO – Total cost of ownership. Das Konzept der TCO umfasst alle Kosten, die ein Investitionsgut im Laufe seiner Einsatzzeit verursacht.

s/w Laserdrucker Geplantes Druckvolumen: 183.000 Seiten	EUR	Anteil an Anschaffungskosten in %
Anschaffungskosten	1.030,00	100 %
Wartung	500,00	49 %
Toner *	4.635,00	450 %
Handling **	675,00	66 %
Total Cost of Ownership	**6.840,00**	**665 %**
Kosten pro Seite (183.000 Seiten)	0,0374	
Alternative : PPP-Vertrag (PPP = Pay per Page) Kosten pro Seite	0,0280	
* Wartungskit inkl. Arbeitszeit und Fahrtkosten ** Verwaltung, Buchhaltung, Bestellung und Reinigung: 22,5 Stunden a 30 €		

Abb. 3.1: Beispiel für Total Cost of Ownership
(Quelle: Feyer@bend Bürotechnik www.feyerabend.de)

Die Analyse der Lebenszeitkosten eines Investitionsguts ist dabei noch recht einfach, weil sowohl Anschaffungspreis als auch laufende Kosten im Rechnungswesen dokumentiert sind. Dabei zeigt sich, dass alleine die

Tonerkosten sich im Laufe der Zeit auf das viereinhalbfache des Anschaffungspreises kumulieren. Aber auch die Zeiten, welche Mitarbeiter damit verbringen, die Kartuschen zu bestellen, einzubauen, den Drucker zu reinigen, die Wartung zu organisieren und die Eingangsrechnungen zu buchen, summieren sich auf zwei Drittel der ursprünglichen Investition. Und dies sind die wahren versteckten Kosten, denn sie gehen weder aus der Finanzbuchhaltung noch aus der Kostenrechnung hervor.

Versteckte Kosten gehen weder aus der Finanzbuchhaltung noch aus der Kostenrechnung hervor

Noch interessanter wird es, wenn Sie das Konzept der TCO von Investitionsgütern auf betriebliche Abläufe sowie operative und strategische Entscheidungen übertragen. Eine auf ein lokales Problem optimierte Entscheidung kann im Gesamtzusammenhang zu hohen Folgekosten führen. Wenn beispielsweise der Vertrieb auf neue Produktvarianten drängt, um den Umsatz zumindest zu halten, steigt die Komplexität der Vorprozesse. Der Einkauf muss mehr Teile einkaufen und bevorraten, die Produktion fährt kleinere Chargen mit dem Effekt höherer Rüstkosten und der Service benötigt ein größeres Ersatzteilsortiment.

Das Konzept der TCO auf betriebliche Abläufe sowie operative und strategische Entscheidungen übertragen

3.1 Komplexitätskosten: Simplify your Company

Die Steigerung der Komplexität ist in der Praxis der am häufigsten unterschätzte Kostentreiber für Unternehmen. Jede Entscheidung wird auf ihre direkt berechenbaren Folgekosten abgeklopft. Aber der Komplexitätsfaktor wird dabei häufig übersehen oder heruntergespielt. Falsch verstandene Kundenorientierung führt zu einem immer weiter gefassten Produktsortiment. Ungeplantes Wachstum zu einer Vielzahl von Abteilungen, Niederlassungen oder Tochterfirmen, die sich nicht oder nur noch sehr schwer steuern lassen. Die Ausnutzung aller steuerlichen Regeln und die Konstruktion spezieller Steuersparmodelle vernebelt das wirkliche Betriebsergebnis und hebelt die eigentliche Aufgabe von Gewinn- und Verlustrechnung sowie der Bilanz aus.

Stark unterschätzter Kostentreiber für Unternehmen

Zu hohe Komplexität ist eine schleichende Krankheit, die sich in unterschiedlichen, meist diffusen Symptomen äußert. So kommt es immer mehr zu Doppelarbeiten, weil die Zuständigkeiten nicht mehr klar geregelt sind oder in Vergessenheit geraten. Termine können trotz ausreichenden Vorlaufs nicht eingehalten werden. Trotz intensiver Qualitätskontrollen kommt es zu immer mehr Reklamationen. Die Lagerbestände steigen, die durchschnittliche Auftragsgröße fällt bei ansteigender Besuchsdauer. Das deutlichste Signal für Komplexitätskosten ist dabei der Anstieg der Gemeinkosten, des Overheads an Kosten, der nicht direkt dem Produkt oder Projekt zugeordnet werden kann.

Meist nur diffuse Symptome

Anstieg der Gemeinkosten

Komplexitätskosten sind die Kosten für die Koordination aller zum Geschäftsprozess erforderlichen Bestandteile und Ressourcen wie z.B. Geschäftspartner, Mitarbeiter, Artikel, Arbeitsmittel und Organisationseinheiten. In einem Ein-Personen-Unternehmen mit nur einem Artikel muss sich der Inhaber nur mit seinem Lieferanten und den Kunden abstimmen. Jeder weitere Lieferant benötigt Zeit, jeder Mitarbeiter Schulung, Anleitung und Management, jedes neue Produkt eine Preispolitik, einen Prospekt und einen passenden Service.

Der Grad der Komplexität wird durch den Aufwand für die Koordination aller dieser Einheiten geprägt. Je mehr Abteilungen und Geschäftspartner beispielsweise in den Prozess der Leistungserbringung involviert sind, desto mehr Schnittstellen sind aufeinander abzustimmen. Dabei steigt der Abstimmungsaufwand überproportional an:

Der Abstimmungsaufwand steigt überproportional an

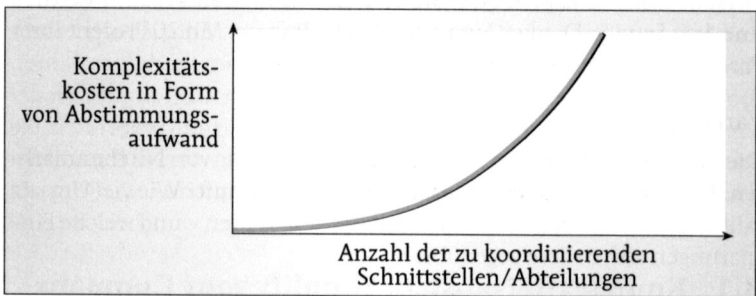

Abb. 3.2:   Eine zunehmende Anzahl von Abteilungen führt zu einem überproportionalen Anstieg der Komplexitätskosten

Durch die enge betriebliche Verzahnung aller Komponenten führt die zunehmende Komplexität in einen Teufelskreis: Der höhere Abstimmungsaufwand schlägt sich in steigenden Gemeinkosten nieder. Das Unternehmen benötigt mehr Umsatz, um die Kosten abzudecken. Wenn der Markt Preiserhöhungen nicht zulässt, wird das Produktsortiment ausgeweitet. Dadurch erhöht sich wiederum die Anzahl der Schnittstellen, der Abstimmungsaufwand nimmt zu und die Gemeinkosten steigen aufs Neue.

Um diese Folgen zu vermeiden und die Komplexitätskosten zu reduzieren, sollten Sie sich nacheinander die sieben wesentlichen Komplexitätstreiber vor Augen führen und die Frage stellen *„Haben wir zu viele, zu unterschiedliche …"*:

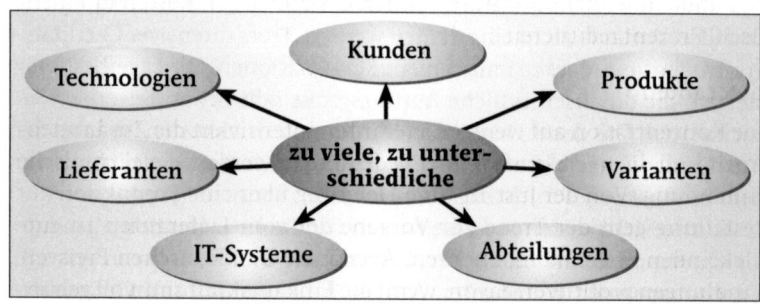

Abb. 3.3:   Die sieben maßgeblichen Komplexitäts-Treiber

Kunden

Jede Kundengruppe hat ihre eigene Denkweise und ihre eigenen Ansprüche. Je weiter diese auseinander liegen, desto aufwändiger sind Marketing, Werbung und Vertrieb. Auch die Bedienung unterschiedlicher Vertriebskanäle oder einer Vielzahl von Händlern führt zu erhöhtem Abstimmungsaufwand.

Produkte

Die Auswirkungen eines überbreiten Produktsortiments ziehen sich vom Einkauf über die Lagerwirtschaft und die Produktion bis zum Vertrieb und dem Service. Denken Sie an das Pareto-Prinzip: Mit 20 Prozent Ihrer Produkte erzielen Sie 80 Prozent Ihres Umsatzes.

Mit 20 Prozent Ihrer Produkte erzielen Sie 80 Prozent Ihres Umsatzes

Varianten

Die Bildung von Varianten ermöglicht die Besetzung von Nischenmärkten. Doch wie oft wird eine Variante wirklich verkauft? Wie viel Umsatz fällt weg, wenn weniger Varianten angeboten werden – und welche Einsparungen stehen dem gegenüber?

Abteilungen

Jede Abteilung bildet ein Eigenleben, hat den Drang, sich auszuweiten und muss mit allen anderen betrieblichen Funktionsbereichen koordiniert werden. Mit jedem zusätzlichen Abteilungsleiter steigt die Anzahl der Besprechungen, Memos und E-Mails. Entscheidungen werden langsamer und die direkte Produktivität fällt.

Jede Abteilung bildet ein Eigenleben

IT-Systeme

Jede Schnittstelle in einem IT-System muss bei Anpassungen separat ausgetestet werden und ist eine stete Fehlerquelle. Jede abweichende Betriebssystemvariante benötigt andere Updates und Handhabung. 80 Prozent der Total costs of ownership eines Personal Computers werden heute von Programmupdates, vom Personalaufwand für die Installation und Wartung sowie den Kosten durch Ausfallzeiten geprägt, der Anschaffungspreis spielt nur noch eine untergeordnete Rolle. Genormte PCs und einheitliche Software können deshalb die IT-Kosten um mehr als 50 Prozent reduzieren.

Die Anschaffungskosten machen nur 20 Prozent der Total costs of ownership eines Computers aus

Lieferanten

Die Konzentration auf wenige Lieferanten intensiviert die Zusammenarbeit und die in Zukunft immer bedeutender werdende elektronische Einbindung. Von der Just-in-time Lieferung über eine Produktion auf Bestellung geht der Trend zur Vorgabe der vom Lieferanten zu entwickelnden Systemkomponenten. Aber auch die klassischen Preisverhandlungen profitieren davon, wenn die Einkaufskraft sinnvoll gebündelt wird.

Technologien

Die Konzentration auf wenige, intensiv genutzte Technologien optimiert den Fertigungsprozess

Die Anzahl der eingesetzten Technologien wirkt sich wesentlich auf Ihre Entwicklungs-, Produktions- und Servicekosten aus. Durch die Konzentration auf wenige, intensiv genutzte Technologien kann der Fertigungsprozess optimiert werden. Wenn unterschiedliche Technologien sich auf den Service beim Kunden auswirken, potenzieren sich die Servicekosten für die Pflege der verschiedenen installierten Altsysteme. Aber auch in der Verwaltung gilt es, die Anzahl der eingesetzten Technologien niedrig zu halten. Anwender, die für jeden Handgriff ein Spezialprogramm installiert haben, benötigen mehr Zeit für das Einlernen und die Aktualisierung der Programme, als sie durch die zusätzlichen Funktionen sparen.

Kennzahlen für die Entwicklung der Komplexität

Anhaltspunkte für die Entwicklung der Komplexität in Ihrem Unternehmen können Kennzahlen geben, die Sie für die letzten drei Jahre bilden sollten. Dazu setzen Sie Ihren Umsatz zu folgenden Bezugsgrößen in Relation (Beispiel: Gesamtumsatz / Anzahl Kunden = durchschnittlicher Umsatz pro Kunde):
- Kunde
- Kundengruppe
- Niederlassung
- Vertreter
- Lieferant
- je Kundenauftrag / Lieferantenbestellung
- je Warengruppe
- je Artikel
- je Serie in der Produktion
- je Abteilung / Kostenstelle

Drei Strategien zur Reduktion von Komplexität

Grundsätzlich bieten sich bei jedem Komplexitätsproblem drei Lösungsstrategien an: Reduzieren, Vermeiden oder Beherrschen.

Reduzieren

Führen Sie in jedem Bereich eine A/B/C-Analyse durch

Führen Sie in jedem Bereich eine A/B/C-Analyse durch. Konzentrieren Sie sich auf den jeweiligen A-Bereich. Prüfen Sie, auf welche C-Artikel, C-Lieferanten und sogar C-Kunden Sie verzichten können.

Reduzieren Sie Ihre Produktkomplexität, indem Sie Ihr Sortiment möglichst spät in Varianten auffächern. Was wäre, wenn die Produkte erst durch die Konfektionierung im Versand, durch eine Konfiguration beim Händler oder einem Customizing vor Ort durch Ihren Techniker erfolgen würde?

Nutzen Sie möglichst einfache Arten der Differenzierung. Apple bietet seinen Kunden die Möglichkeit, seinen iMac durch die Auswahl der Farbe zu personalisieren.

Modularisierung der Komponenten und klare Schnittstellen

Viel Unterstützung kann hier auch die Entwicklungsabteilung leisten. Modularisierung der Komponenten und klare Schnittstellen erlauben es, einzelne Teile in großen Serien zu produzieren und trotzdem eine Vielzahl von Varianten anzubieten. Der erste IBM-PC beispielsweise lag in der Leistung hinter dem Stand der Technik zurück, sein Siegeszug wurde stattdessen durch offene Schnittstellen bestimmt. Durch das Konzept modularer Steckkarten konnte der PC in unvorstellbar vielen Varianten angeboten und eingesetzt werden – und gleichzeitig der Preis für den eigentlichen PC durch die Ausnutzung der Mengendegression immer weiter gesenkt werden.

Vereinfachen

Komplexe Produkte benötigen aufwändigere Beschaffungsvorgänge, erhöhen die Anzahl unterschiedlicher Teile in der Materialwirtschaft, verursachen mehr Rückfragen und Steuerungskosten und führen zu Mehraufwendungen in Beschaffung, Qualitätskontrolle, Kalkulation und Angebotskonfiguration.

Die Grundregel zur Vereinfachung lautet deshalb alles wegzulassen, was nicht unbedingt erforderlich ist. Viele Funktionen und Ausstattungsmerkmale sind Ergebnis der Mentalität, den maximal möglichen technischen Lösungsumfang zu präsentieren. Dabei werden 80 Prozent dieser Features vom Anwender nie benötigt. Sie komplizieren den Verkaufsprozess, verlängern die Einweisung und erhöhen die Störungsrate, von den zusätzlichen Produktions- und Entwicklungskosten ganz abgesehen.

Alles weglassen, was nicht unbedingt erforderlich ist, statt den maximalen Leistungsumfang zu realisieren

Wenn dies nicht möglich ist, weil ein Teil des Marktes komplexe Produkte benötigt, dann muss dies in höheren Zuschlägen berücksichtigt werden. Oder anders gesagt, je komplexer ein Produkt oder eine Leistung, desto höher muss der zu erbringende Beitrag zur Abdeckung der Gemeinkosten sein.

Effizienz entsteht durch Konzentration. Konzentration auf gleichartige Technologien, wenige Module, geringe Anzahl von Komponenten. Effizienz entsteht durch Wiederholung. Wenn ein und derselbe Produktions- oder Bestellvorgang immer und immer wieder abläuft, führt die Lernkurve zu kürzeren Prozesszeiten und steigender Qualität. Gleichzeitig sinkt die zur Leistungserstellung notwendige Qualifikation, was sich wiederum auf die Personalkosten auswirkt.

Konzentration auf gleichartige Technologien, wenige Module, geringe Anzahl von Komponenten

Überprüfen Sie Ihr gesamtes Produktportfolio auf Möglichkeiten der Vereinfachung. Wenden Sie dabei den TCO-Ansatz an, überprüfen also den gesamten Lebenslauf Ihrer Produkte: gute Produkte sollten leicht zu fertigen, zu verkaufen, zu installieren und zu warten sein.

Vermeiden

Um Komplexität ganz zu vermeiden, müssen Sie noch eine Schicht tiefer schneiden. Hier geht es um das Streichen ganzer Funktionen. Welche Aufgaben, Funktionen oder Abteilungen sind nicht mehr erforderlich und können ganz gestrichen oder aber zumindest ausgelagert werden?

Funktionen outsourcen

Outsourcing, so das neudeutsche Stichwort, heißt, die Beherrschung einer Funktion jemand anderem zu überlassen. Wenn Aufgabenstellung, Schnittstellen und Folgekosten klar umrissen werden, können so die Verwaltungs- und Managementkosten für die ausgelagerten Bereiche eingespart werden. Gleichzeitig werden die eigentlichen Kosten für diese Leistungen transparent und können direkt auf die verursachenden Abteilungen zugeordnet werden. Anhaltspunkte für das Vermeiden von Funktionen liefert Ihnen Kapitel 3.4 zur Prozessanalyse.

Tipp: Nutzen Sie die Winterpause zum Frühjahrsputz

Wenn das Jahresendgeschäft vollbracht ist, sollten Sie die Gelegenheit nutzen, um Ihre Unternehmensprozesse zu vereinfachen. Führen Sie einen „Frühjahrsputz" durch und reinigen das Unternehmen von überflüssigem Ballast und Müll:

- Bereinigen Sie Ihr Sortiment.
- Prüfen Sie Ihre Kunden auf Rentabilität.
- Bündeln Sie Ihre Lieferanten.
- Vereinfachen Sie Ihre Abläufe.
- Entschlacken Sie Ihre Verfahrensanweisungen.

Motivieren Sie Ihre Mitarbeiter zum Mitmachen, schreiben Sie einen Preis für die beste Idee zur Vereinfachung des Tagesgeschäfts aus.

3.2　Finden Sie die Balance zwischen Qualität und Kosten

Das Stichwort Qualitätsmanagement kam in den letzten Jahren in Mode, geriet dann aber durch die aufwändigen und bürokratischen Zertifizierungsprozesse nach ISO 9000 ff. im Mittelstand in Verruf. Doch letztendlich sind die Kosten für eine Zertifizierung nur ein Bestandteil der

Qualitätsfragen wirken sich in vielen Facetten auf das Betriebsergebnis aus

Maßnahmen zur präventiven Fehlerverhütung. Qualität oder das Fehlen derselben wirkt sich aber noch in vielen Facetten auf das Betriebsergebnis aus, nachfolgend ein paar Beispiele:

- Kosten zur Fehlerverhütung
  - Wareneingangsprüfung
  - Materialprüfkosten
  - Zwischenprüfungen
  - Endprüfung
  - Qualitätsmanagement
  - Zertifizierung
- interne Fehlerkosten
  - Ausschuss
  - Nacharbeiten

- externe Fehlerkosten
  - Warenrücknahme
  - Behebung / Verschrottung
  - Garantie / Kulanz
- Termintreue
  - Telefonate und Besuch
  - Überbrückungsmaschinen
- Opportunitätskosten
  - entgangene Aufträge
  - blockierte Ressourcen (Fertigung, Service, Vertrieb)

Von vielen Managementgurus wird die so genannte „Six-sigma-Metho- *Durch eine Null-Fehler-*
de" als Schlüssel gesehen, um durch eine Null-Fehler-Qualität die Ge- *Qualität die Gewinne des*
winne des Unternehmens zu optimieren. Populär wurde dieses von Mo- *Unternehmens optimieren*
TOROLA in den 70er-Jahren entwickelte Verfahren durch die Initiative
von Jack Welch bei GENERAL ELECTRIC. Doch die Einführung von Six-sig-
ma ist sehr aufwändig, da hierzu ein tief greifender Veränderungsprozess
bei allen Mitarbeitern notwendig ist und benötigt eine professionelle externe Begleitung. Für eine operative Kostensenkung kommt diese Methode deshalb nicht in Frage.

In der Praxis dagegen bewährt haben sich zwei einfache Verfahren,
durch deren konsequente Umsetzung sich mit weniger Aufwand wesentliche Ersparnisse erzielen lassen.

Verändern Sie die Sichtweise Ihrer Mitarbeiter und definieren Sie Fehler nicht als technischen Mangel, sondern als persönliches Empfinden
des Kunden. Ob der Motor eines Mittelklassewagens 138 oder 139 PS
entwickelt, wird der Käufer weder spüren noch reklamieren. Wohl aber,
wenn der Kofferraum klappert oder der Motor bei jedem Anlassen ein
kleines Pfeifen von sich gibt. Selbst wenn die Werkstatt in diesem Fall eine Unbedenklichkeitsbescheinigung ausstellt, wird der Kunde das *Das Qualitätsmanagement*
Geräusch als Mangel empfinden. Konzentrieren Sie deshalb Ihr Qua- *auf die Kundensicht*
litätsmanagement auf die Kundensicht und definieren einen marktge- *konzentrieren*
rechten Qualitätsstandard.

Ein weiterer Punkt zur Kosteneinsparung beim Qualitätsmanagement ergibt sich aus dem Zusammenhang zwischen dem Zeitpunkt der
Entdeckung eines Fehlers und den durch die Fehlerbehebung entstehenden Kosten. Wird ein Fehler schon in der Planungsphase entdeckt, kann
er ohne größere Umstände behoben werden. Der Wareneingang kann
fehlerhafte Ware identifizieren und direkt an den Lieferanten zurück-
schicken. Wird dagegen ein Konstruktionsmangel erst entdeckt, wenn
eine ganze Reihe von Produkten ausgeliefert wurde, kommt es zu teuren
Rückrufaktionen.

Konzentrieren Sie sich deshalb darauf, Fehler möglichst frühzeitig *Fehler möglichst*
festzustellen. Investieren Sie in Projektplanung, Produktdesign und set- *frühzeitig feststellen*
zen hohe qualitative Standards bei der Auswahl Ihrer Lieferanten.

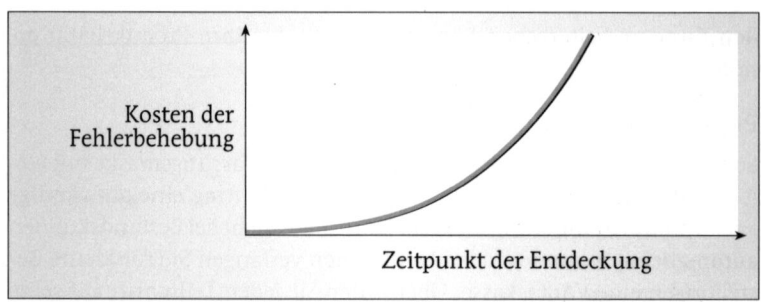

Abb. 3.4:   *Zusammenhang zwischen Fehlerbehebungskosten und dem*
            Zeitpunkt der Entdeckung

3.3   Identifizieren Sie Ihre wahren Kostentreiber

Steigender Anteil der   Mit zunehmender Automatisierung der Produktion steigt der Anteil der
Gemeinkosten am   Gemeinkosten am Gesamtumsatz. Damit wächst ein neues Einspa-
Gesamtumsatz   rungspotenzial: Das Feld der indirekten Dienstleistungen, also aller
                            Tätigkeiten, die nicht direkt zur Leistungserbringung benötigt werden.
                            Doch um den Wert und die Effizienz dieser Arbeiten zu überprüfen, wird
                            ein Maßstab benötigt. Eine Messlatte, welche einen nachvollziehbaren
                            Bezug zwischen den jeweiligen Gemeinkosten und dem Kunden her-
                            stellt.

Kostentreiber sind   Solche Maßstäbe werden in der Prozesskosten-Analyse Kostentreiber
Einflussfaktoren auf   genannt. Kostentreiber sind Einflussfaktoren auf Ihre Gemeinkosten.
Ihre Gemeinkosten   Erinnern wir uns an die Abschluss-Pyramide (Teil III, Kap. 5.2). Im Di-
                            rektvertrieb hängen Ihre Vertriebskosten maßgeblich von der Anzahl der
                            Besuche ab, die ein Vertreter benötigt, um einen Abschluss zu erzielen.
                            Wenn ein bestimmtes Produkt erklärungsbedürftig ist und deshalb meh-
                            rere Besuche erfordert, verursacht diese Komplexität höhere Vertriebs-
                            kosten, der Kostentreiber ist die Anzahl der Besuche.

Oder nehmen wir die Aktivität „Auftragsabwicklung". Für jeden Auftrag wird eine Auftragsbestätigung erstellt, ein Lagerschein generiert, die
Ware gerichtet, geprüft, konfektioniert, versandt und fakturiert. Die dabei entstehenden Kosten sind häufig unabhängig vom eigentlichen Auftragswert, sondern werden von der Anzahl der Kundenbestellungen bestimmt. Indem die gesamten bei der Auftragsabwicklung entstehenden
Kosten durch die Anzahl Aufträge (dem Kostentreiber) geteilt werden,
erhält man die Kosten je Auftrag. Bei verursachungsgerechter Kostenzu-
ordnung zeigt sich in vielen Unternehmen, dass Kleinaufträge eigentlich
ein Zuschussgeschäft sind, da die Kosten für die Auftragsabwicklung den
Deckungsbeitrag weit überschreiten.

Haben Sie einen Kostenträger erst einmal identifiziert, können Sie
dieses Wissen in vielfältiger Weise verwenden. Wenn Sie die Kosten für
die Auftragsabwicklung bei kleineren Aufträgen nicht als Zuschläge an

den Kunden weitergeben können, müssen Sie Ihre Produktivität erhöhen:

Die Produktivität erhöhen

Prozesse vereinfachen

Sorgen Sie beispielsweise für eine vereinfachte Erfassungsmaske mit vielen Vorbesetzungen. Muss für jeden kleinen Auftrag eine aufwändige
Kreditlimitprüfung erfolgen? Oder kann diese nicht bei Bestandskunden
automatisiert werden und bei Neukunden verlangen Sie für kleine Bestellungen eine Vorauskasse. Überprüfen Sie jeden Teilschritt auf seine
Notwendigkeit in Hinblick auf die Auftragsgröße.

Prozesse standardisieren

Fassen Sie gleichartige Aktivitäten zusammen, um die Lernkurve zu nutzen und Rüstzeiten zu reduzieren. So können Sie durch die Standardisierung von Kalkulationen, Angeboten, Telefonaten und sogar Besuchen
die Kosten der einzelnen Aktivität reduzieren.

Kostentreiber geben Ihnen nicht nur Anhaltspunkte für die wirklichen
Kosten, die beispielsweise ein Kundenauftrag verursacht, sondern bilden
einen Maßstab für die innerbetriebliche Effizienz. Kostentreiber ermöglichen Ihnen den Vergleich der Produktivität verschiedener Abteilungen,
Niederlassungen und Mitarbeiter. Nehmen Sie das jeweils beste Ergebnis
als Vorbild (so genannte Best practice Praxis) für die Optimierung Ihrer
Prozesse.

Kostentreiber bilden einen Maßstab für die innerbetriebliche Effizienz

Mit der Verknüpfung von Kosten und Aktivitäten gibt Ihnen die Prozesskostenanalyse eine dritte Dimension der Kostensicht. Zukünftig können
Sie Kosteneinsparungen nicht nur aus der Sicht von Kostenstellen,
sprich Abteilungen und Kostenträgern, sprich Produkten oder Projekten,
sondern auch aus der Sicht der Kostentreiber, d.h. einer Kosten verursachenden Aktivität, betrachten. Überprüfen Sie im nächsten Schritt alle
in Ihrem Unternehmen anfallenden Aktivitäten auf die dazugehörigen
Kostentreiber und untersuchen diese Prozesse auf mögliche Einsparungen.

Verknüpfung von Kosten und Aktivitäten in der Prozesskosten-Analyse

3.4 Machen Sie kurzen Prozess mit Ihren Prozessen

Um herauszufinden, wie hoch die versteckten Kosten sind, reicht es
nicht, einzelne Abteilungen zu analysieren. Erst wenn Sie einen betrieblichen Ablauf, Prozess genannt, in genau der Reihenfolge dokumentieren, wie er in der Realität abläuft, erhalten Sie ein genaues Bild der daran
beteiligten Mitarbeiter und Abteilungen und der sich daraus ergebenden
Kosten.

Einen Prozess im zeitlichen Ablauf ganzheitlich analysieren

Im ersten Schritt überprüfen Sie dazu alle bei Ihnen anfallenden Prozesse. Jeder Mitarbeiter klagt über zu wenig Zeit. Wo aber bleibt die Zeit wirklich, wissen Sie, wie viel Sie welche Vorgänge wirklich kosten? Was ist mit Lieferantenanfragen, Bestellungen, Angeboten, Kalkulationen, Vorführungen, Besuchen, Vorstellungsgesprächen, Gehalts-, Spesen- und Provisionsabrechnungen, Urlaubs- und Reisekostenanträgen?

Hinweise auf die Komplexität der jeweiligen Abläufe

Ergänzend liefert Ihnen die Prozessanalyse noch Hinweise auf die Komplexität der jeweiligen Abläufe. Mehr involvierte Abteilungen und Mitarbeiter machen einen Vorgang nicht besser, sondern teurer und langsamer. Jeder hat gerade noch mindestens eine andere Arbeit abzuschließen oder wird gar dabei gestört. Und jeder muss sich immer wieder in den Vorgang einlesen – das Vermeiden von ständigen Aufgabenwechseln zur Reduzierung von Rüstzeiten ist zwar ein Konzept aus der Fertigung, wird aber auch in jedem Zeitmanagementseminar empfohlen.

3.4.1   Bilden Sie Ihre Prozesse in Form von Aktivitäten ab

Reihe von logisch aufeinander folgenden Aktivitäten

Jeder Prozess wird dabei logisch in eine Reihe von aufeinander folgenden Aktivitäten zerlegt. Eine Aktivität endet, wenn ein anderer Mitarbeiter oder eine neue Abteilung involviert werden, eine Entscheidung zu fällen ist oder das gewünschte Ergebnis erreicht wurde. Jede Aktivität wird durch drei Komponenten bestimmt: den so genannten Auslöser, die eigentliche Bearbeitung und das Ergebnis.

Auslöser (Input)

Der Auslöser dokumentiert, gibt den Hinweis, warum diese Aktivität erfolgen soll, beantwortet also die Frage:
- *„Was gibt den Anstoß zu dieser Aktivität?"*

Im Rahmen der Angebotserstellung kann es mehrere Auslöser geben: Anfrage durch Kunde oder Interessent, durch Telefon, Fax, E-Mail oder Vertreterbesuch.

Bearbeitung (Processing)

Im Rahmen der Bearbeitung werden die fünf W-Fragen beantwortet:
- *„Wer macht was wie, wo und wann?"*

Eine mögliche Antwort wäre: Die Erstellung des Angebots erfolgt durch den Vertriebsinnendienst nach erfolgter Kalkulation durch den Vertreter.

Stopp, so geht das nicht. Trennen Sie Aktivitäten, sobald der Sachbearbeiter wechselt. In unserem Beispiel identifizieren Sie deshalb vier Aktivitäten:
- Anfrage wird im Innendienst bearbeitet
  - Ergebnis: Notizzettel wandert in Eingangskorb Vertreter
  - Auslöser Aktivität Kalkulation: Notizzettel im Eingangskorb
- Kalkulation erfolgt durch den Außendienst
  - Ergebnis: Excel-Tabelle wird an Innendienst geschickt
  - Auslöser: E-Mail im Posteingangskorb

- Angebot wird im Innendienst erstellt
  - Ergebnis: gedrucktes Angebot wandert in Eingangskorb Vertreter
  - Auslöser: gedrucktes Angebot im Eingangskorb
- Angebot wird unterschrieben und versandt (bei einer solchen Aussage sollten Sie klären, ob das wirklich so ist. Prüft nicht der Vertreter das Angebot und gibt es im Fehlerfalle wieder an den Innendienst zur Korrektur zurück?)

Durch diese Feingliederung wird deutlich, dass ein und derselbe Vorgang drei- bzw. im Fehlerfalle viermal den Sachbearbeiter wechselt. Erinnern Sie sich an die Kosten der Komplexität? Bei jedem Wechsel kommt es zu neuen Rüstzeiten, das Risiko von Missverständnissen steigt und der Vorgang liegt wieder in einer Warteschlange. Eine genaue Prozessanalyse gibt Ihnen schon während der Aufnahme Hinweise auf Schwächen und Störpotenziale.

Ein und derselbe Vorgang wechselt drei- bzw. im Fehlerfalle viermal den Sachbearbeiter

Dazu kommt dann die Schätzung des Aufwands:
- *„Wie häufig erfolgt diese Bearbeitung pro Jahr?"*
- *„Was ist der Spitzenwert pro Tag?"*
- *„Wie lange dauert eine durchschnittliche Bearbeitung in Minuten?"*

Aus diesen Werten können Sie eine vorläufige Kostenschätzung für die Aktivität ermitteln. Die Summe über alle Aktivitäten ergibt die gesamten direkten Kosten des Prozesses, die Sie wieder zum gewählten Kostentreiber in Bezug setzen können.

Ergebnis (Output)

Dokumentieren Sie das Ergebnis dieser Aktivität. Das kann ein Dokument, ein Formular, die Eingabe in eine Software oder der Anstoß für eine neue Aktivität sein.

Das vom Innendienst erstellte Angebot wird gedruckt, gefaxt oder per E-Mail verschickt.

Seien Sie bei der Analyse der Prozesse sehr genau. Deshalb ziehen Sie zu einer Prozessanalyse immer die betreffenden Mitarbeiter hinzu. Verlassen Sie sich nicht auf Hörensagen und in keinem Fall auf die Führungskräfte. Diese wissen im Zweifel nur, wie es gemacht werden sollte, aber nicht, was wirklich passiert.

Ziehen Sie zu einer Prozessanalyse immer die betreffenden Mitarbeiter hinzu

Werden Sie auch immer hellhörig, wenn es mehrere Auslöser gibt. Jeder Auslöser kann den Hinweis auf einen separaten Unterprozess ergeben. Wenn telefonische Anfragen häufig erst einen Rückruf benötigen, fehlt vielleicht eine Checkliste, die jeden in die Lage versetzt, die Daten einer Anfrage vollständig aufzunehmen. Wenn Meldungen über E-Mail eingehen und häufig nachgehakt werden muss, könnte beispielsweise auf der Webseite ein Formular mit den wichtigsten Fragen hinterlegt werden.

Das Gleiche gilt für den Output. Unterschiedliche Ergebnisse ein und der selben Aktivität deuten auf eine fehlende Feingliederung hin. Angenommen, 80 Prozent der Angebote werden gedruckt und dann per Fax versandt. Dieser Arbeitsschritt kann durch die Einrichtung eines elektronischen Faxes direkt vom Arbeitsplatz aus erfolgen. Damit entfallen die Arbeitsschritte Drucken, zum Drucker gehen, Dokument abholen, zum Fax gehen, einlegen, Faxen und auf Bestätigung warten.

Eine grafische Darstellung der Prozesse sichert die Übersicht

Um bei der Prozessanalyse die Übersicht zu bewahren, hat sich eine grafische Darstellung der Prozesse bewährt. Da bei der Aufnahme immer von jeder betroffenen Abteilung mindestens ein Mitarbeiter beteiligt sein sollte und sich in der Diskussion immer wieder Änderungen am Ablauf ergeben können, empfiehlt es sich, für jede Aktivität eine Karteikarte zu schreiben und diese auf einem großen Tisch so lange hin und her zu schieben, bis Sie den Ablauf dann auf großen Packpapier-Bögen, Flip-Chart-Papier oder direkt in den PC in eine Workflow-Software wie z.B. Microsoft Visio dokumentieren.

3.4.2   Überprüfen Sie die betriebliche Relevanz

Analysierte Prozesse grundsätzlich in Frage stellen

Bevor Sie den einzelnen Prozess vereinfachen, sollten Sie diesen grundlegend in Frage stellen. Inwiefern treibt diese Aufgabe Ihre Leistungserstellung voran? Ist Ihr Kunde bereit, für diesen Service Geld zu bezahlen? Stehen die Kosten überhaupt in Relation zu gleichartigen, extern erhältlichen Dienstleistungen?

Interne Dienstleistungen werden oft zu über den Marktpreisen liegenden Kosten erbracht

Interne Dienstleistungen wie Lohn und Gehalt, Buchhaltung, Marketing und IT bilden im Laufe der Zeit monopolartige Strukturen. Weil es keine Benchmarks mit externen Anbietern gibt, können die Kosten über den Marktpreisen liegen. Und wenn Leistungen nur in Stoßzeiten abgerufen werden, könnten die zur Bewältigung dieser Spitzen notwendigen Ressourcen in der Zwischenzeit anderweitig eingesetzt werden. Könnten, falls die Mitarbeiter diese Überkapazitäten offenbaren.

Drei Stunden pro Tag verbringen Führungskräfte kleinerer und mittlerer Unternehmen mit nicht zentralen Aufgaben. Entlasten Sie deshalb Ihr Unternehmen von jedem Prozess, jeder Tätigkeit, die nicht die Strategie vorantreibt, die nicht zu den zentralen Geschäftsfeldern gehört. Wenn die Aufgabe schon keinen direkten Kundennutzen erzeugt, bietet sie dann wenigstens einen Wettbewerbsvorteil? Erleichtert sie spürbar den Zugang zu Kapital, Know-how oder Mitarbeitern?

Für fragliche Prozesse, die nicht gestrichen werden können, Fremdvergabe prüfen

Wenn Sie keine dieser Fragen positiv beantworten können, streichen Sie die Tätigkeit. Sollte das nicht gehen, prüfen Sie eine Fremdvergabe, das so genannte Outsourcing. Berücksichtigen Sie den Dominoeffekt in der Koordination. Drei Mitarbeiter weniger bedeutet auch eine Entlastung von Management, Buchhaltung und Personalabteilung.

Outsourcing ist ein Mittel, die eigenen Ressourcen optimal zu nutzen. Machen Sie sich und Ihren Mitarbeitern den Kopf frei. Konzentrieren Sie sich auf Ihre Kernkompetenzen, statt sich auf Nebenkriegsschauplätzen zu verzetteln. Dazu reicht es allerdings nicht aus, schlecht definierte interne Prozesse nach außen zu verlagern. *Konzentration auf die Kernkompetenzen*

Der Erfolg des Outsourcing steht und fällt mit klaren Definitionen und Vereinbarungen. Verantwortlichkeiten, Kosten, Auslöser und Ergebnisse müssen sehr sorgfältig geplant, fixiert und langfristig abgesichert werden.

3.4.3 Vereinfachen Sie Ihre Prozesse

Wenn Sie den Prozess weder streichen noch auslagern können, gehen Sie eine Ebene tiefer und stellen folgende Fragen:

- *„Welche Tätigkeit kann ganz entfallen?"*
- *„Wo fallen Doppelarbeiten an?"*
- *„Welche Tätigkeiten können wir zusammenlegen?"*
- *„Was passiert ganz vorne im Prozess - 80 Prozent der Gesamtkosten werden in den ersten 20 Prozent eines jeden Prozesses fixiert. Was müssten wir vorne anders machen, damit nachgelagerte Arbeitsschritte entfallen können?"*
- *„Welche Vorteile hätte eine Zentralisierung gleichartiger Aufgaben?"*
- *„Wieso kann nicht der erste Kontakt alle Arbeiten ausführen (Dezentralisierung)?"*
- *„Wie können wir die Anzahl Schnittstellen (Wechsel von Mitarbeiter zu Mitarbeiter) minimieren?"*
- *„Wie können die Schnittstellen optimiert werden?"*
- *„Hilft die asynchrone Kommunikation, d.h. der Wechsel von Telefon zu E-Mail?"*
- *„Wo können Besprechungen gestrichen oder durch effizientere Medien ersetzt werden?"*
- *„Haben die Vorschriften, auf denen Aktivitäten beruhen, überhaupt noch eine Berechtigung?"*
- *„Gibt es ungeschriebene Gesetze, so genannte heilige Kühe, die wir streichen können?"*
- *„Sind die Qualitäts- oder Kontrolluntersuchungen noch zeitgerecht?"*
- *„Würden regelmäßige Stichproben ausreichen?"*
- *„Können wir die Entscheidungswege vereinfachen?"*
- *„Wie können wir die Anzahl Entscheidungen reduzieren?"*
- *„Wäre eine Unterschriften-Regelung nach dem A/B/C-Prinzip sinnvoll?"*
- *„Wie müssten wir den Prozess gestalten, wenn sich die Durchlaufzeit auf ein Drittel verkürzen sollte?"*
- *„Wie müssten wir den Prozess gestalten, wenn die Kosten halbiert werden sollten?"*
- *„Was müssten wir tun, um eine ganze Abteilung zu streichen?"*
- *„Wer wird der Besitzer dieses Prozesses? Seine Aufgabe wird es zukünftig sein, immer wieder über die Effizienz dieses Prozesses nachzudenken!"*

Warnung: vereinfachen, nicht technisieren

Häufig wird Produktivitätssteigerung mit dem Einsatz technischer Hilfsmittel und optimierter Software gleichgesetzt. Konzentrieren Sie sich im ersten Schritt auf die eigentlichen Aktivitäten und menschlichen Schnittstellen. Erst wenn Sie diese spürbar vereinfacht und gekürzt haben, können Sie über elektronische Erleichterungen nachdenken. Neue Hard- oder Software ist nur ein Alibi, um bestehende Pfründe nicht anzutasten und in der gewohnten Komfortzone zu bleiben. Und gleichzeitig wird damit in weiser Voraussicht die Schuld für ein eventuelles Scheitern der Prozessoptimierung an die IT-Abteilung delegiert.

3.5 Sonstige Kosten

Die „sonstigen Kosten"
kumulieren sich in
vielen Unternehmen zu
ansehnlichen Summen

Schon der Begriff „sonstige Kosten" zeigt, dass diesen Kosten niemand den Wert zumisst, sie einzeln zu planen und zu verfolgen. Doch die sonstigen Kosten wie z.B. Telefon, Porto, Fax, Bürobedarf, Bücher und Zeitschriften, Anwaltskosten, Nebenkosten des Geldverkehrs kumulieren sich in vielen Unternehmen zu ansehnlichen Summen. Es lohnt deshalb, diese regelmäßig zu entschlacken.

Gruppieren Sie jede Kostenart nach dem Kriterium „Betrag pro Jahr" in hohe und geringe Beträge. Um zu erkennen, ob ein Betrag gering ist, multiplizieren Sie die Monatsrate gedanklich mit 36, Sie erhalten eine Vorstellung von der Summe, die Sie bei einem „Kauf" der Leistung investieren müssten. Das zweite Einstufungsmerkmal ist die „Art des Anfalls". Hier unterscheiden Sie in regelmäßige und variabel auftretende Kosten. So erhalten Sie das Kontroll-Portfolio für die sonstigen Kosten:

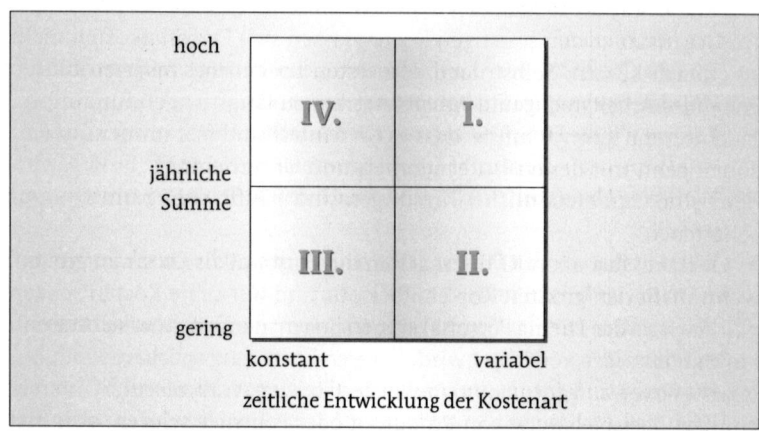

Abb. 3.5:   Kontroll-Portfolio sonstige Kosten

Das Vorgehen für Ihr Kostensenkungsprogramm ergibt sich aus der Position der jeweiligen Kostenart:

Feld I: Hohe Summe, variabler Kostenanfall

Gehen Sie den entstandenen Kosten nach. Prüfen Sie, ob die Auslöser für den Anfall dieser Kosten zukünftig vermieden werden können. Streichen Sie für das Folgejahr das komplette Budget und verfahren nach dem Ground-Zero-Prinzip: Das Budget beginnt bei 0 und jeder muss begründen, wofür wie viel Geld benötigt wird.

Feld II: Geringe Summe, variabler Kostenanfall

Planen Sie diese Kostenarten einzeln und budgetieren sie gemäß den Vorjahreswerten.

Feld III: Geringe Summe, konstanter Verlauf

Bündeln Sie diese Kostenarten und budgetieren sie gemäß den Vorjahreswerten.

Feld IV: Hohe Summe, konstanter Kostenanfall

Lassen Sie sich möglichst differenzierte Aufstellungen über die Entstehung vorlegen und durchkämmen diese auf Ursachen und Einsparungspotenzial. Vergleichen Sie beispielsweise die Telefonkosten nach Standort, Abteilung und Mitarbeiter. Prüfen Sie, ob Sie Leistungen streichen, zusammenlegen oder neu ausschreiben können.

4   Zweiter Schritt: Die andere Sicht auf Personalkosten

Im Gegensatz zu den sonstigen Kosten lassen sich Personalkosten nicht so einfach kürzen. Selbst nach den ersten Lockerungsansätzen führen geltendes Arbeitsrecht und Arbeitsverträge zu langfristigen Bindungen. Erschwerend kommt hinzu, dass es im Mittelstand fast immer um Personen geht, mit denen Unternehmen und Unternehmer „groß geworden" sind, um persönliche Bindungen und häufig genug um Freundschaften.

Doch bei fast allen KMUs machen die Personalkosten einen großen, wenn nicht den größten Kostenblock aus und wer seine Kosten senken will, darf um das Thema Personal keinen Bogen machen. Aber selbst wenn auf Entlassungen verzichtet wird, können kurzfristig spürbare Produktivitätsreserven aufgedeckt und mobilisiert werden. Verschiedene Untersuchungen, beispielsweise von Proudfoot oder Fournier belegen, dass hier bei gleichen Kosten bis zu 35 Prozent mehr Leistung möglich sind.

Bei fast allen KMUs machen die Personalkosten einen großen, wenn nicht den größten Kostenblock aus

Personalkosten flexibilisieren und ergebnisorientierte Bezahlungsmodelle entwickeln

Parallel zu der kurzfristigen Produktivitätsinitiative sollten Sie strategische Ansätze entwickeln, um Ihre Personalkosten zu flexibilisieren und ergebnisorientierte Bezahlungsmodelle zu entwickeln. Nehmen Sie sich ein Beispiel an der VW Tochter Auto 5000 GmbH. Personalvorstand Peter Hartz schuf 5000 neue Jobs, indem er den Tarif nicht an die Arbeitszeit, sondern an die vorgegebene Produktionsmenge koppelte. *„Auto 5000 produziert etwa 25 Prozent unter dem VW-Haustarif"*, so Branchenexperte Ferdinand Dudenhöffer in der FAZ vom 9. September 2004.

4.1 Welche Arbeiten sind wirklich notwendig?

Verwaltungsarbeit hat die unheimliche Fähigkeit, sich permanent auszuweiten. Wird erst einmal eine neue Aufgabe entdeckt, besteht eine hohe Wahrscheinlichkeit, dass sie sich einnistet und immer und immer wieder durchgeführt wird. Dies führt dazu, dass sich im Laufe der Zeit in jeder Organisation mehr und mehr Aufgaben ansammeln, die nicht oder nur wenig zum eigentlichen Geschäftszweck beitragen.

Jeden Arbeitsplatz regelmäßig einer Produktivitäts-Revision unterziehen

Um diesem Trend entgegenzuwirken, sollten Sie es sich zur Gewohnheit machen, regelmäßig jeden Arbeitsplatz einer Produktivitätsrevision zu unterziehen. Sie können diese Aufgabe auch delegieren, aber nie an den betroffenen Abteilungsleiter. Dieser mag bei der Revision hilfreich zur Seite stehen, hat aber möglicherweise kein Interesse daran, durch Aufgabenkürzung die Effizienz in seiner Abteilung so zu erhöhen, dass dadurch Mitarbeiter für andere Tätigkeitsfelder zur Verfügung stehen.

Erstellen Sie für jeden Arbeitsplatz eine Liste aller regelmäßig durchgeführten Aufgaben. Greifen Sie dafür auf die Ergebnisse der Prozessanalyse zurück. Beachten Sie vor allem solche Aufgaben, die in der Prozessanalyse gar nicht zum Vorschein kamen. Notieren Sie für die neu auftauchenden Aufgaben die gleichen Informationen, zumindest aber Dauer und Häufigkeit. Stellen Sie sich zur Beurteilung jeder Aufgabe die folgenden Fragen:

- *„Benötigen wir wirklich die Ergebnisse dieser Aufgabe?"*
- *„Was würde passieren, wenn sie seltener, z.B. nur noch halb so oft geliefert wird?"*
- *„Wie weit können wir unsere Qualitätsansprüche ohne Auswirkungen auf das Ziel senken?"*
- *„Ist diese Dienstleistung nicht letztendlich überflüssig und wird nur erbracht, weil sie immer schon erbracht wurde?"*

Zur Verfügung stehende Optionen

Übertragen Sie alle Aufgaben in eine Rationalisierungstabelle und prüfen für jede Zeile die Ihnen zur Verfügung stehenden Optionen:

Streichen

Vor allem Berichte, Genehmigungen, Umläufe und Prüfungen verursachen unverhältnismäßig hohe Kosten. Oft sind die Daten in anderen Berichten enthalten. Vorgänge werden an unterschiedlichen Stellen geprüft und genehmigt. Urlaubsanträge beispielsweise gehen immer noch durch viele Hände, auch wenn inzwischen die Daten nach der Eintragung im elektronischen Kalender jedem zur Verfügung stehen.

Qualitätsanspruch senken

Eine Vollprüfung aller Spesenabrechnungen bringt in den meisten Unternehmen nicht mehr Korrekturen ans Licht als die Prüfung anhand von richtig gestreuten Stichproben. Selbst bei wesentlich genauerer Analyse der Stichproben lässt sich so der Zeitaufwand für die Überprüfung halbieren.

Stichproben können ausreichend sein

Umfang reduzieren

Die Länge eines Berichts sagt nichts über den Inhalt aus. Seien Sie gegenüber mehrseitigen Formularen und Berichten besonders skeptisch. Sie rauben die Zeit des Ausfüllenden und jeden Lesers, kosten Platz in der Ablage und bergen zudem noch die Gefahr, dass wichtige Passagen überlesen werden. Sorgen Sie deshalb dafür, dass jedem Bericht eine Zusammenfassung, die so genannte Summary, vorangestellt wird. Wenn sich Ihre Mitarbeiter daran gewöhnt haben, eine qualifizierte Summary zu schreiben, streichen Sie den Rest.

Rhythmus ändern

Wenn Sie die Häufigkeit der Ausführung einer Aufgabe halbieren, sparen Sie zumindest die Vor- und Nachbereitungszeit. Oft reduziert sich auch die Arbeit an sich. Falls Sie den wöchentlichen Zahllauf zukünftig vierzehntäglich ausführen, fasst das System die Überweisungen an gleiche Lieferanten zusammen. Passen Sie ergänzend Ihre Einkaufsbedingungen bezüglich der Skontierung an und Sie sparen zusätzlich noch Liquidität.

Die Häufigkeit der Ausführung einer Aufgabe halbieren

Bündeln

Arbeitsuntersuchungen bestätigen, dass durch die Konzentration auf eine einzige Aufgabe diese wesentlich schneller und mit höherer Qualität realisiert wird. In internen Abteilungen mit Publikumsverkehr können Sie beispielsweise Sprechstunden einrichten, um Ihre Mitarbeiter in den anderen Zeiten von Störungen zu entlasten.

Achten Sie auch darauf, dass asynchrone Kommunikationsmittel wie z.B. E-Mails, SMS und Rückrufnotizen nur gebündelt abgearbeitet werden. So bleibt dem Mitarbeiter die Möglichkeit, seine eigentlichen Kernaufgaben ohne Störungen effizient und zügig abzuwickeln.

Asynchrone Kommunikationsmittel wie E-Mails, SMS und Rückrufnotizen nur gebündelt abarbeiten

Vereinfachen

Suchen Sie immer wieder nach Wegen, die Arbeit zu vereinfachen und schrecken auch nicht vor einer Abkehr von HighTech zurück. In vielen Fällen schlägt die Handschrift immer noch den Computer. Notieren Sie

Aufgabe	streichen	Qualitätsanspruch senken	Umfang reduzieren	Rhythmus verändern	bündeln	vereinfachen
Auftragserfassung						bis 20,- € separate Schnellerfassung
manuelle Nachkontrolle der Ausgangsrechnungen	erst ab 50,- €				Den Auftrag gleich richtig erfassen und dort kontrollieren	
Verkaufsbericht			statt 5 nur noch 1 Bericht pro Woche	täglich → wöchentlich		übersichtlicher
Besuchsbericht		es reicht manueller Aufschrieb	1 Seite			per Hand schreiben, scannen und auf dem Server im Kundenordner ablegen
Tagesbericht	Daten sind in Verkaufsbericht und Besuchsbericht					
Genehmigungen		Unterschriftenregelung: bis 100,- € MA bis 500,- € FK				
Werkstattauftrag				4 Durchschläge auf 1 Kopie		
Zahlungslauf					wöchentlich auf 14-täglich	
Telefonische Mahnungen			> 100,- €			
Rückrufe					feste Zeiten: 1 x vormittags 1 x nachmittags	
Fragen zur Gehaltsabrechnung			1 x wöchentlich Sprechstunde			

Abb. 4.1: *Beispiel einer Rationalisierungstabelle*

auf Ihrer Eingangspost gleich ihren Kommentar und faxen den Brief weiter. Gewöhnen Sie sich an, Ihre Besprechungen sofort in Stichworten zu protokollieren und diese Berichte abzulegen.

Bevor Sie Ihren Außendienst lange Berichte tippen lassen: Er könnte diese auch in lesbarer Handschrift auf einem kleinen Formular beim Kunden notieren. Dieses wird einfach eingescannt und auf dem Server abgelegt. Das Original wandert in die Kundenakte.

4.2 Was macht eigentlich Ihr Management?

„Der Schlüssel für mehr Arbeitsproduktivität liegt auf der Chefetage."
Jochen Vogel

Durchschnittlich werden in Deutschland rund 74 Arbeitstage im Jahr von jedem Beschäftigten verschwendet, haben die Unternehmensberatung PROUDFOOT CONSULTING und das Marktforschungsinstitut GALLUP in einer weltweiten Vergleichsstudie herausgefunden. Und diese Zahlen erscheinen uns aufgrund unserer über 20-jährigen Beratungspraxis zumindest in den Bereichen Vertrieb und Verwaltung eher noch untertrieben.

Durchschnittlich werden in Deutschland 74 Arbeitstage im Jahr von jedem Beschäftigten verschwendet

Viele Manager stimmen zwar der Schätzung zu, lehnen aber jegliche Verantwortung für diese Verschwendung ab. Sie delegieren das Problem an ihre Mitarbeiter: *„Meine Mitarbeiter tun nicht, was ich ihnen sage"*, *„Unsere Mitarbeiter sind nicht ausreichend qualifiziert"*, *„Die Mitarbeiter interessiert heute doch ihre Arbeit gar nicht mehr"* oder gar *„Was soll man denn machen, dafür haben wir nicht die richtigen Mitarbeiter."*

Doch dabei vergessen sie immer wieder, dass Mitarbeiter (nur) dafür bezahlt werden, ihre Arbeit zu tun. Es sind die Führungskräfte, welche Einstellung, Einarbeitung, Schulung, Führung und gegebenenfalls auch die Entlassung vornehmen beziehungsweise veranlassen. Die Auswahl und der Einsatz der richtigen Ressourcen ist nun einmal die Kernaufgabe des Managers. Er trägt die Verantwortung für das Funktionieren seiner Abteilung. Wenn ein Mitarbeiter wirklich für einen Job nicht ausreichend geeignet sein sollte, ist es Aufgabe seines Managers, dies zu erkennen und geeignete Maßnahmen zu tragen. Es mag zwar sein, dass die für die Einstellung verantwortliche Führungskraft versäumt hat, in der Probezeit sicherzustellen, dass Anforderungs- und Leistungsprofil übereinstimmen. Das kann aber keine lebenslängliche Ausrede für eine fehlende Wettbewerbsfähigkeit der Abteilung oder gar des ganzen Unternehmens sein.

Der Manager trägt die Verantwortung für das Funktionieren seiner Abteilung

Denn sollten Schulungen, Versetzungen auf geeignete Arbeitsplätze sowie ein intensives Coaching nicht die gewünschten Ergebnisse bringen, ist es Aufgabe der Führungskraft, dem Mitarbeiter die Unzufriedenheit mit seiner Leistung zu verdeutlichen, ihn gegebenenfalls abzumahnen und zu kündigen. Bedenken Sie, wie es sich auf andere Mitarbeiter auswirkt, wenn jemand mit schlechter Leistung durchkommt. Wer zu träge ist, einen faulen Apfel aus seiner Vorratskammer zu entfernen, muss damit rechnen, dass sich die Fäulnis ausbreitet.

Hohe Fachkompetenz ist nicht automatisch ein Ausweis für hohe Managementkompetenz

Allerdings ergeben sich die Managementprobleme in mittelständischen Firmen häufig aus der Art und Weise, wie die Führungskräfte rekrutiert werden. Management ist ein Beruf, keine Berufung. Und doch werden 80 Prozent der Manager aufgrund ihrer ausgezeichneten fachlichen Leistungen zur Führungskraft befördert. Dabei ist es ein Trugschluss, davon auszugehen, dass ein guter Verkäufer ein noch besserer Verkaufsleiter wird. Oder ein Informatiker mit exzellenten Kenntnissen in objektorientierter Programmierung ohne Anleitung in der Lage ist, ein Softwareteam zum Erfolg zu führen.

Manager sind die Hebel zur Leistungssteigerung eines jeden Betriebes

Wenn Management allerdings ein Beruf ist, dann lautet die gute Nachricht: Management ist erlernbar. Investieren Sie deshalb in Ihr Management. Manager sind die Hebel zur Leistungssteigerung eines jeden Betriebes, denn durch ihre Aufgabe der Koordination aller Ressourcen potenzieren sie erfolgreiche wie auch ineffiziente Konzepte und beeinflussen so maßgeblich das Betriebsergebnis. Wenn Sie dieser Argumentation folgen, schauen Sie doch einmal in den Spiegel: Jeder Euro, den ein mittelständischer Unternehmer in seine eigenen Unternehmer- und Managementqualifikationen investiert, kehrt binnen kürzester Zeit durch die praktische Umsetzung im eigenen Betrieb mit hoher Rendite zurück.

Managementaufgabe: Optimieren der Ressourcen

Um den Rahmen dieser Abhandlung nicht zu sprengen, konzentrieren wir uns nachfolgend auf die Managementaufgabe: Optimieren der Ressourcen. Die folgenden Punkte sind nur die Spitze des Eisbergs, sie kratzen das Einsparungspotenzial durch effektives Management nur an. Denn in der Regel sind alleine durch richtige Personaleinsatzplanung auch im indirekten Bereich ohne Investitionen in Sachmittel Produktivitätssteigerungen von 20 und mehr Prozent zu erreichen.

Die Prozessanalyse hat Ihnen ein Bild vermittelt, mit welchen Aufgaben Ihre Mitarbeiter beschäftigt sind. Bei der Verschlankung dieser Prozesse stand die eigentliche Aufgabe, der abzuwickelnde Vorgang im Vordergrund. Legen Sie im nächsten Schritt den Schwerpunkt auf den Mitarbeiter. Überprüfen Sie jede Stelle auf die richtige Zuordnung von Aufgaben, das so genannte Job Design. *„Fehlerhaftes, nicht gründlich durchdachtes Job*

Überprüfen Sie jede Stelle auf die richtige Zuordnung von Aufgaben

Design ist eine der Hauptquellen für Demotivation, Unzufriedenheit und schlechte Produktivität der Human-Ressourcen. ", so Fredmund Malik. Stellen Sie sich dazu folgende Fragen:

- *„Welche Aufgaben werden in diesem Job kombiniert? Wie sinnvoll ist diese Kombination? Können Sie damit auf eine Lernkurve bauen? Entsprechen die Aufgaben der Qualifikation des Mitarbeiters?„*
- *„Ist er unterfordert oder fühlt er sich vielleicht überqualifiziert? "* Im Gegensatz zur Überforderung kommt es nur selten vor, dass sich zeitlich

unterforderte Mitarbeiter beschweren. Hoch qualifizierte Mitarbeiter finden sich nach ein oder zwei Ausbruchversuchen frustriert mit ihrem Job ab, obwohl sie viel mehr für das Unternehmen leisten könnten.

- *„Ist Ihr Mitarbeiter überfordert?"* Darauf können Terminverzug sowie mangelnde oder schwankende Qualität seiner Ergebnisse hinweisen. Hohe Ziele führen zu höherer Leistung, zu hohe Ziele dagegen führen zu Demotivation und Rückschritt.
- *„Kann er die Qualität des Endergebnisses wirklich beeinflussen?"* Wenn sich Aufgaben über viele Abteilungen strecken, geht nicht nur die Verantwortung verloren, sondern auch das Erfolgserlebnis. Es ist Aufgabe des Managements, dies zu unterbinden. Nur die ganzheitliche Abwicklung von Aufgaben gewährleistet Verantwortung, Motivation und rasche Erledigung.
- *„Sind die Verantwortlichkeiten klar geregelt?"* Im Mittelstand ist es leider üblich, dass sich der Unternehmer häufig über die vereinbarten Einflusssphären seiner Manager hinwegsetzt und direkte Anweisungen gibt. Der Mitarbeiter erhält so permanent unterschiedliche, häufig sogar einander widersprechende Handlungsanweisungen.

Wenn Sie sicher sind, dass Ihre Prozesse und Verfahren sowie die Zuordnung auf die Jobs Ihrer Mitarbeiter stimmen, sollten Sie die Qualität der Leistungserstellung absichern. Der beste, wenn auch beschwerlichste Weg ist die schriftliche Dokumentation. Nur die Schriftform stellt sicher, dass die Ideen und Vereinbarungen nicht verloren gehen. Und erst durch die Schriftform werden Sie unabhängig von Personen. Je genauer Sie Aufgaben und Tätigkeiten beschreiben, desto einfacher können sich neue Mitarbeiter einarbeiten.

Die Qualität der Leistungserstellung absichern

Haben Sie schon einmal den Manager eines Franchiseunternehmens mit seinem Ringbuch gesehen? Der Erfolg von Franchiseunternehmen wie *McDonalds* oder *Burger King* liegt in der Ermittlung und Dokumentation optimierter Geschäftsprozesse. Erst die Niederschrift des Geschäftsmodells ermöglicht es, dieses erfolgreich von einem Standort auf den nächsten zu übertragen. So wie ein Computer erst durch das Betriebssystem betriebsbereit wird, schafft ein gutes Betriebshandbuch die Voraussetzungen für einen optimierten Geschäftsbetrieb und eine gleich bleibende Qualität.

Aufgaben und Tätigkeiten schriftlich dokumentieren um Geschäftsprozesse zu optimieren

Hat der Manager erst einmal das Job Design geschaffen, ist er im Tagesbetrieb für die optimale Umsetzung der strategischen Ziele und Aufgaben verantwortlich. Dazu zählt die richtige Priorisierung der anstehenden Geschäftsvorfälle und vor allem das richtige Delegieren. Spätestens hier aber kommen die eingangs erwähnten Klagen der Manager über die „falschen" Mitarbeiter zum Tragen. Ferdinand F. Fournies ist diesen Klagen nachgegangen und analysiert in seinem Buch „Kluge Manager warten nicht" die wirklichen Gründe, weshalb Mitarbeiter nicht tun, was sie tun

Priorisierung der anstehenden Geschäftsvorfälle und entsprechendes Delegieren

sollten. Er kommt zu dem Schluss, dass in über 80 Prozent der Fälle die Führungskraft durch richtige Vorbereitung und regelmäßige Steuerung die Ergebnisse ihrer Mitarbeiter maßgeblich verbessern kann.

Bevor Sie die nächsten Aufgaben delegieren, prüfen Sie doch einmal, ob Sie Ihrem Mitarbeiter wirklich den Weg frei geräumt haben:

Checkliste: So räumen Sie Ihren Mitarbeitern den Weg frei

Vor Arbeitsbeginn

- Sind Sie sicher, dass Ihr Mitarbeiter genau weiß, was Sie von ihm erwarten?
- Sind Sie sicher, dass er weiß, wie es geht?
- Haben Sie erläutert, warum er es tun soll?
- Konnten Sie ihn davon überzeugen, dass Ihre Methode funktioniert?
- Haben Sie sichergestellt, dass Ihre und seine Sicht der aktuellen Prioritäten übereinstimmen?
- Kann Ihr Mitarbeiter die Aufgabe in der vorgegebenen Zeit und den ihm zur Verfügung stehenden Mitteln überhaupt schaffen?

Nach Arbeitsbeginn

- Sind Sie sicher, dass Ihr Mitarbeiter so handelt, wie Sie es erwarten?
- Räumen Sie für ihn Hindernisse, die nicht in seinem Einflussbereich liegen, aus dem Weg?
- Geben Sie ihm regelmäßig ein positives Feedback und weisen ihn auf notwendige Korrekturen hin?
- Bestrafen Sie schlechte Leistungen, anstatt sie durchgehen zu lassen?

4.3 Und was macht Ihr Mitarbeiter, wenn er nichts macht?

Ein hoher Anteil von Fehlzeiten ist durch ein schlechtes Betriebsklima bedingt

Nicht nur die betrieblichen Zeiten Ihrer Mitarbeiter können optimiert werden, sondern auch die Zeiten, in denen der Mitarbeiter fehlt. Eine Untersuchung der Unternehmensberatung IMPLUS ERHARD FALTO & PARTNER beispielsweise führt 34 Prozent der Fehlzeiten auf ein schlechtes Betriebsklima zurück. Andere Studien schätzen den Anteil der motivationsbedingten Fehlzeiten auf 30 bis 40 Prozent. Das ergibt bei 6 Prozent Fehlzeiten je Mitarbeiter immerhin ein Potenzial von 4 Arbeitstagen pro Jahr.

Vor allem aber erhalten Sie mit dem Fehlzeitenstand auch einen Indikator für die Zufriedenheit Ihrer Mitarbeiter und damit für die Attraktivität Ihres Unternehmens. Zufriedenheit, Motivation und Attraktivität des Arbeitsplatzes führen aber zu weit mehr Leistungssteigerung als die reine Reduzierung der Fehltage.

Der Fehlzeitenstand ist ein Indikator für die Zufriedenheit Ihrer Mitarbeiter

Um sich einen Überblick zu verschaffen, lassen Sie eine Fehlzeitenstatistik erstellen. Vergleichen Sie die Fehltage zwischen den verschiedenen Abteilungen, Arbeitsplätzen, Berufsgruppen und Mitarbeitern. Stellen Sie Ihre Ergebnisse auch den Zahlen anderer Betriebe gegenüber. Sie finden diese in Studien der Krankenkassen und der Industrie- und Handelskammern, häufig sogar nach Branchen und Betriebsgrößen gegliedert.

Lassen Sie eine Fehlzeitenstatistik erstellen

Sollten Ihre Werte über dem Branchenschnitt liegen, sprechen Sie mit Ihrer lokalen AOK oder Betriebskrankenkasse. Viele Kassen unterstützen Gemeinschaftsprojekte zur Untersuchung von Zusammenhängen zwischen Arbeitsbedingungen und Erkrankungen.

	Wie häufig gefehlt?	Tage	durchschnitt- liche Fehlzeit	Arbeitstage der Abteilung	Prozentsatz (= Anzahl Fehltage / Anzahl Arbeitstage der Abteilung * 100)
Einkauf	4	8	2	160	5 %
Lager	6	6	1	200	3 %
Verwaltung	1	1	1	80	1,25 %
...					
Summe	**25**	**75**	**3**	**1650**	**4,55 %**
Vergleich Branche					2,8 %
Vergleich Region					3,5 %

Abb. 4.2: Beispiel einer Fehlzeiten-Statistik

Der erste und einfachste Schritt zur Reduzierung von Fehlzeiten ist ihre Bekanntgabe. In dem Moment, wo Sie Ihren Mitarbeitern erklären, welche Bedeutung Fehlzeiten für Ihr Unternehmen haben und den Zusammenhang zwischen Wettbewerbsfähigkeit und Krankenstand aufzeigen, beginnt sich die Einstellung zu den Fehlzeiten zu verändern. Verstärkt wird dieser Trend, wenn sich diese Aussagen mit Ihrem Unternehmensleitbild decken.

Die betrieblichen Auswirkungen von Fehlzeiten kommunizieren

Im zweiten Schritt sollten Sie überprüfen, ob Sie nicht die Flexibilisierung Ihrer Arbeitszeiten weiter ausdehnen können. Vorrangig reduziert eine solche Flexibilisierung den Anteil an Fehlzeiten, die teilweise vermeidbar wären, wie beispielsweise Arzt- oder Behördenbesuche.

Vorteile flexibler Arbeitszeitmodelle

Flexible Arbeitszeitmodelle bieten aber darüber hinaus weitere Vorteile:
- Die Zeitorientierung wird zurückgedrängt und die Ergebnisorientierung tritt in den Vordergrund. Das strategische Endziel aller Arbeitszeitmodelle sollte eine möglichst resultatorientierte Bezahlung sein.
- Das Unternehmen gewinnt für Mitarbeiter an Attraktivität und hat bei Neueinstellungen eine größere Auswahl
- Schwankungen im Arbeitsanfall können aufgefangen werden
- Servicezeiten können ausgedehnt werden, indem die Mitarbeiter die Zeiten eigenverantwortlich abstimmen

Einen Fehlzeitenbrief entwerfen

Im dritten Schritt können Sie einen Fehlzeitenbrief entwerfen. Jeder Mitarbeiter, der mehr als zwei Tage fehlt, erhält einen persönlichen Brief seines Vorgesetzten. Dieser drückt sein Bedauern über die Krankheit aus, erläutert, weshalb der Mitarbeiter dem Unternehmen wirklich fehlt und schickt die besten Genesungswünsche. In kleineren Unternehmen macht sich auch ein Blumenstrauß bezahlt. So erfährt der Mitarbeiter, dass er nicht unbemerkt fortbleiben kann. Gleichzeitig wird ein Stück weit sein Ego hinsichtlich seiner Unersetzbarkeit gestärkt.

Das Rückkehrgespräch gibt Aufschluss über die Gründe von Fehlzeiten

Das wichtigste Mittel zur Reduzierung von Fehlzeiten und dem Aufspüren von Motivationsproblemen ist und bleibt aber das so genannte Rückkehrgespräch. Dieses sollte möglichst zeitnah nach der Rückkehr des Mitarbeiters an seinen Arbeitsplatz geführt werden. Im Mittelpunkt sollten der Mitarbeiter, seine Beschwerden und sein Befinden stehen. Im ersten Gespräch geht es nicht um Kritik, sondern um Zuhören, Interesse und Aufmerksamkeit. Gleichzeitig nutzt die Führungskraft die Gelegenheit, um den Mitarbeiter über betriebliche Veränderungen zu informieren und die aktuellen Aufgaben des Mitarbeiters zu besprechen.

Bei mehrmaliger Krankheit wird das Rückkehrgespräch allerdings schrittweise eskaliert. Das zweite Gespräch führt der Personalleiter und beim dritten Gespräch ist möglicherweise schon ein Geschäftsführer oder Prokurist vertreten. Im Fortschreiten dieser Eskalation wandelt sich auch der Gesprächsinhalt. Steht am Anfang die Ursachenforschung und Problemanalyse im Vordergrund, konzentrieren sich die Folgegesprächen auf die Konsequenzen weiterer Fehlzeiten. Werden Folgen angedroht und kommt es zu neuen Auszeiten, so müssen diese dann allerdings auch konsequent umgesetzt werden.

5   Dritter Schritt: Im Einkaufs- Management liegt der Gewinn

Immer mehr Unternehmen haben in den letzten Jahrzehnten immer mehr Bereiche und Vorprodukte ausgelagert. Fertigungstiefe und damit eigene Wertschöpfung gingen zurück, gleichzeitig verdoppelte sich in vielen Branchen das durchschnittliche Einkaufsvolumen. Um die sich daraus ergebenden Potenziale zu heben, begann die Automobilindustrie Ende der 80er-Jahre, im Einkauf neue Wege zu gehen und bestehende Lieferantenbeziehungen durch eine Internationalisierung des Beschaffungsprozesses, Global-Sourcing genannt, in eine neue Dimension des Wettbewerbs zu stellen.

Global-Sourcing: Internationalisierung des Beschaffungsprozesses

Weil viele Zulieferer die durchgeführten Benchmarks als unrealistisch abqualifizierten, begannen die neuen Einkäufer, angeführt vom Team des Spaniers Ignaz Lopez, ihren Lieferanten mit Wertanalysen und Methoden wie dem kontinuierlichen Verbesserungsprozess die Rationalisierungspotenziale aufzuzeigen. So hat Lopez beispielsweise in seinem Job als Einkäufer für OPEL bei der Inspektion einer Fertigungsstraße für Klimaanlagen von SIEMENS ungenutzte Produktivitätspotenziale von 46 Prozent entdeckt (s. Gerd Kerkhoff: Milliardengrab Einkauf).

Nach seinem Wechsel zu VW begann Ignaz Lopez mit einer zweiten Kostensenkungswelle durch eine Ausweitung des verlängerten Werkbank-Konzepts. VW verpflichtete dabei Entwicklungspartner, die bereit waren, Produkte zu vorgegebenen Kosten anhand bindender Pflichtenhefte für einen langfristigen Liefervertrag (Life-Time-Contract) zu entwickeln und zu produzieren.

Im Mittelstand dagegen sind diese Veränderungen in der Regel fast spurlos am Einkauf vorübergegangen. Es findet sich kaum ein Unternehmen, welches in den letzten Jahren seine Beschaffungskosten drastisch senken konnte. Dabei bietet der Einkauf den größten Hebel für einen schnellen Gewinnanstieg. Wenn Ihr Unternehmen beispielsweise Waren und Leistungen in Höhe von 30 Prozent des Umsatzes bezieht und bei 19 Prozent Gemeinkosten bisher eine Umsatzrendite von 6 Prozent erzielt, wirkt sich eine Reduzierung der Beschaffungskosten wie folgt aus:

Auch im Mittelstand bietet der Einkauf den größten Hebel für einen schnellen Gewinnanstieg

Reduzierung Einkaufskosten um	Anteil der Ersparnis am Umsatz	erzielter Gewinnanstieg	Notwendige Umsatzsteigerung für vergleichbaren Gewinnanstieg
1 %	0,3 %	5 %	3,75 %
2 %	0,6 %	10 %	7,50 %
5 %	1,5 %	25 %	18,75 %
10 %	3,0 %	50 %	37,50 %

Abb. 5.1: Vergleich Gewinnsteigerung Einkauf versus Verkauf

Wenn Sie Ihre jährlichen Einkaufskosten um 10 Prozent senken, schlägt sich dies direkt im Gewinn nieder, in unserem Beispiel steigt dadurch Ihr Gewinn um 50 Prozent. Um das gleiche Ergebnis durch ein Umsatzsteigerungsprogramm zu erzielen, müssten Sie den Umsatz um 37,5 Prozent steigern. Denn bei einem Deckungsbeitrag von 25 Prozent gehen drei

Viertel der Umsatzsteigerung durch die Abdeckung der direkten Kosten wieder verloren.

Professionelles Beschaf-
fungsmanagement führt
in der Praxis immer noch
ein Schattendasein

Trotz dieser offensichtlich existenziellen Bedeutung eines professionellen Beschaffungsmanagements führt dieses in der Praxis immer noch ein Schattendasein. An Universitäten und Fachhochschulen stehen Marketing und Vertrieb weit höher im Kurs. Trotz der elementaren Auswirkungen der Beschaffungsfunktion verdienen Einkäufer in der Regel nur zwei Drittel des Gehalts vergleichbarer Kollegen im Außendienst.

Um die Einsparungspotenziale im Einkauf zu heben, bedarf es deshalb im ersten Schritt einer Neupositionierung der Einkaufsfunktion. Damit schaffen Sie die richtige Infrastruktur für ein zukunftsträchtiges Beschaffungswesen. Dem Pareto-Prinzip folgend fokussieren sich Ihre Einkäufer dann mit den ersten Projekten auf die größten Beschaffungsvolumina. Und im dritten Schritt nutzen Sie die neuen Möglichkeiten des E-Business, um die Geschäftsprozesskosten, aber auch die Preise selbst zu reduzieren.

5.1   Positionieren Sie die Einkaufsfunktion neu

Wer nicht nur auf ein oder zwei Prozent Verhandlungsgewinn, sondern auf drastische Einsparungen aus ist, muss die vorhandenen Strukturen überprüfen. In der Regel ist der Einkauf mit der Aufgabe, die Materialversorgung gemäß den vorgegebenen Kosten, Terminen und Qualitäten sicherzustellen, ausgelastet oder gar überlastet. Kaum ein Einkäufer, der mehr als 10 Prozent seiner Zeit für Marktanalysen, Lieferantenvergleiche, Preisverhandlungen oder gar Wertanalysen zur Verfügung hat.

In der Praxis hat
der Einkauf vielfach
einen schlechten Stand

Gleichzeitig gilt in vielen Unternehmen die Grundregel: egal ob IT-Systeme, Marketing, Werbung, Firmenfahrzeuge oder Personalgestellung bzw. Fremdleistungen, Büromaterial, Reisekosten, Anmietung von Räumen oder PKW – der Einkauf erfährt es zuletzt. Aus Sicht der Fachabteilungen ist der Einkauf überlastet, zu langsam und ohne Fachkompetenz. Aus Sicht des Einkaufs fehlt der Fachabteilung die Einkaufskompetenz, Preisvergleiche erfolgen nur ansatzweise und in Preisverhandlungen stößt die Fachabteilung nie bis an die wirklichen Schmerzgrenzen vor.

Einkauf ist mehr als Bestellwesen. Es geht um die strategische Auswahl von Beschaffungsalternativen, die regelmäßige, d.h. jährliche Senkung der Beschaffungskosten, die Minimierung der Nebenkosten und eine Verschlankung aller Beschaffungsprozesse.

Beschaffungsmanagement
ist mehr als bloße
Teilfunktion des Lagers

Verdeutlichen Sie den Wert des Beschaffungsmanagements, indem Sie Ihren Einkaufsleiter im Organigramm nicht mehr als Teilfunktion des Lagers, sondern als den anderen Bereichsleitern gleichgestellten Partner gegenüberstellen.

Definieren Sie zusammen mit Ihrem Einkaufsleiter das Projekt „Strategische Beschaffung". Legen Sie gemeinsam konkret die Einsparungsziele und den dafür notwendigen Zeitrahmen fest. Trennen Sie die Ziele nach Arten:

Ziele des Projekts „Strategische Beschaffung"

• Materialeinkauf
• Personalgestellung / Fremdleistung
• Bestellverfahren und -prozesse
• Komplexitätskosten / Lieferantenanzahl
• Kapitalbindung
• Logistik

Verknüpfen Sie diese Ziele mit konkreten Kennzahlen für den Soll- / Ist-Vergleich. Da die Neuausrichtungs- und Einsparungsoffensive mit erheblichen Mehrbelastungen für die Einkäufer einhergeht, sollten Sie die Zielerreichung mit einem attraktiven Prämiensystem koppeln.

Die Zielerreichung mit einem attraktiven Prämiensystem koppeln

Analysieren Sie im Projektteam ihre bisherigen Geschäftsprozesse im Einkauf mit der Vorgabe, den Aufwand für das reine Bestellwesen mindestens zu halbieren. Ihre zukünftige Einkaufsabteilung sollte nur noch zu einem Drittel mit Routineaufgaben wie der Materialversorgung und Preispflege und zu 65 Prozent mit dem strategischen Einkauf beschäftigt sein.

Investieren Sie gezielt in das Know-how Ihrer Einkäufer, um sie auf die neuen Aufgaben als Beschaffungsmanager vorzubereiten. Überprüfen Sie dazu den aktuellen Kenntnisstand hinsichtlich Marktanalysen, Global Sourcing, E-Procurement, Lieferantenauswahl, Rahmenverträgen, Wertanalysen und Preisverhandlungen. Wenn ein Einkäufer auf Ihre Ideen skeptisch reagiert, lassen Sie nicht locker und spüren die wahren Ursachen auf. Schon häufig scheiterte die Idee einer europaweiten Lieferantensuche über das Internet, weil der Einkäufer seinen Englisch- oder Französischkenntnissen nicht traut, dies aber nicht zugeben wollte. Ein Problem, welches schon durch einen preiswerten Kurs bei der nächstgelegenen VHS (Volkshochschule) zu lösen ist.

Machen sie Ihre Einkäufer zu Beschaffungsmanagern

Sollten Sie erkennen, dass die Ziele mit der vorhandenen Mannschaft nicht realisierbar sind, überdenken Sie Ihre Personalpolitik. Überlastete Einkäufer nehmen gerne jede Arbeitserleichterung von ihren Lieferanten an – wer in solche Abhängigkeiten gerät, kann keine drastischen Einsparungen erzielen. Ein zusätzlicher Mitarbeiter schafft hier Freiräume, bringt neue Ideen und kann unbelastet von der Vergangenheit an die Umsetzung Ihrer Ziele gehen.

Um gleich messbare Ergebnisse zu erzielen, geben Sie dem neuen Mitarbeiter einen eigenen Bereich. Wenn das Einkaufsvolumen groß genug ist, könnte er sich beispielsweise im ersten Schritt auf die Personalgestellung durch Sub-Unternehmer sowie die Beschaffungsvorgänge aus der Verwaltung konzentrieren. Geben Sie ihm in jedem Fall klare Ziele für die zu hebenden Einsparungspotenziale vor und machen ihn für die Umsetzung verantwortlich.

Eine andere Möglichkeit, Ihre Einkäufer zu entlasten, ist die Berufung von Einkaufskoordinatoren, auch Power-User genannt. Dies sind Spe-

Berufung von Einkaufskoordinatoren

Spezialisten aus den Fach-
abteilungen für strategi-
sche Analysen als Sachver-
ständige heranziehen

zialisten aus den Fachabteilungen, welche die Verantwortung für die Suche nach alternativen Lösungen und Lieferanten übernehmen. Der Einkauf zieht sie offiziell für strategische Analysen als Sachverständige heran. Damit verbessert sich der Kontakt zur Fachabteilung, der Einkäufer wird zum Projektleiter und kann in jedem Bereich auf die passenden Experten zugreifen. Bilden Sie auch im Verwaltungsbereich Power-User für IT-Systeme, Telekommunikation, Büromaterial und Reisen. Diese haben nicht nur die Aufgabe, den Einkauf bei der Lieferantenauswahl zu unterstützen, sondern tragen gleichzeitig zur Einführung und Nutzung der neuen Beschaffungsprozesse bei.

Unternehmensweite
Einkaufs-Richtlinie
entwickeln

Fassen Sie die neuen Verfahren und Regeln zu einer unternehmensweiten Einkaufs-Richtlinie zusammen. Unterstreichen Sie die Bedeutung durch eine unternehmensweite Kick-off-Veranstaltung. Ab diesem Moment sollten Sie selbst mit gutem Beispiel vorangehen und den Einkauf einschalten. Stellen Sie die regelmäßige Kontrolle der Umsetzung Ihrer Einkaufsrichtlinien sicher und ahnden zeitnah jeden entdeckten Verstoß.

Wettbewerbsfähigkeit
durch einen pro-aktiven,
strategisch ausgerichteten
Einkauf absichern

Falls Sie – aus welchen Gründen auch immer – Ihrer Crew einen solchen Paradigmenwechsel aus eigener Kraft nicht zutrauen, sollten Sie eine auf Beschaffungsmanagement spezialisierte Unternehmensberatung hinzuziehen. Vereinbaren Sie eine ergebnisorientierte Bezahlung, um Ihr Kostenrisiko abzusichern. Setzen Sie die Umstrukturierung Ihres Einkaufs ganz oben auf Ihre Prioritätenlisten. Denn langfristig werden nur solche Unternehmen überleben, die ihre Wettbewerbsfähigkeit durch einen pro-aktiven, strategisch ausgerichteten Einkauf absichern.

5.2 Fokussieren Sie Ihr Beschaffungs-Management

Die Zeit für strategischen
Einkauf ausweiten

Die Zeitstudien von Vertrieb und Einkauf ähneln sich. Auch dem Einkäufer stehen nur 10 bis 15 Prozent seiner Zeit für den aktiven Einkauf zur Verfügung. Diese Zeit muss verfünffacht werden, denn der strategische Einkäufer sollte 65 Prozent seiner Zeit der Umsetzung der Unternehmensziele und nur 35 Prozent dem operativen Tagesgeschäft widmen.

Beginnen Sie mit einem intensiven Data-Mining, wie es im Projekt Umsatzsteigerung (siehe Teil III, Kap. 3) beschrieben wurde. Analysieren Sie Ihre Lieferanten, Warengruppen, Materialien, Rohstoffe und die internen Abnehmer nach dem A/B/C-Prinzip hinsichtlich:
- Einkaufsvolumen
- Arbeitsaufwand für den Einkauf
- Bedeutung (Auswirkungen auf das Geschäft)
- Abhängigkeit vom Lieferanten

Geschäftsprozess-Analyse
durchführen

Führen Sie eine Geschäftsprozess-Analyse durch. Konzentrieren Sie sich auf die Bereiche mit dem höchsten Arbeitsaufwand für den Einkauf. Testen Sie möglichst viele Verdächtige für den Titel des Kostentreibers: Anzahl Lieferanten, Artikel, Bestellungen, Lieferungen, Reklamationen, Eingangsrechnungen usw. Erstellen Sie Rationalisierungs-Tabellen und delegieren die Umsetzung.

Wo liegen die Kostentreiber?

Mit den frei werdenden Potenzialen sollten für alle C-Artikel und Warengruppen, die nicht geschäftskritisch sind, Kernlieferanten ausgewählt und Rahmenvereinbarungen abgeschlossen werden. Nutzen Sie dabei möglichst die Vorteile katalogbasierender Systeme, wie sie im Folgekapitel beschrieben werden. Falls das nicht möglich ist, entwickeln Sie gemeinsam ein möglichst einfaches Bestell- und Lieferverfahren. Stellen Sie sicher, dass die internen Kosten für Bestellabwicklung, Freigaben und Rechnungskontrolle nicht den eigentlichen Warenwert übersteigen. Kommunizieren Sie intern die Vereinbarungen. Legen Sie fest, dass Ausnahmen Ihrer persönlichen Sondergenehmigung bedürfen, so erhalten Sie frühzeitig Informationen, ob der eingeschlagene Weg funktioniert. Vereinbaren Sie schon bei Vertragsabschluss Inspektionstermine: nach drei Monaten, um die Effizienz der Prozesse zu überprüfen und von da ab jährlich, um die Leistung neu auszuschreiben und den Rahmenvertrag neu zu vergeben.

Für nicht geschäftskritische Artikel Kernlieferanten mit Rahmenvereinbarungen auswählen

Die Ausschreibung und Vergabe der Rahmenverträge für die C-Artikel ist eine gute Vorbereitung für den nächsten qualitativen Sprung im Einkauf – der Konzentration auf die Einsparungsmöglichkeiten bei den großen Volumina und die Definition von Schwerpunktlieferanten.

Der Profi-Einkäufer beginnt die Beschaffung mit einer ausgiebigen Erkundung der lokalen und globalen Beschaffungsmärkte. Selbst wenn das Unternehmen nicht im Ausland einkaufen möchte, muss er die weltweiten Märkte und ihre Preise kennen. Denn auf der Vertriebsseite könnte das Unternehmen im Wettbewerb zu einem internationalen Konzern stehen, der alle Kostenvorteile des Global Sourcing ausnutzt. Es ist deshalb die Pflicht des Einkäufers, nicht nur die günstigsten Preise herauszufinden, sondern die eigenen Lieferanten an das international übliche Preis-/Leistungsverhältnis heranzuführen. Nur ein Lieferant, der bereit ist, sich dem internationalen Wettbewerb zu stellen, wird dauerhaft als Partner zur Verfügung stehen können.

Ausgiebige Erkundung der lokalen und globalen Beschaffungsmärkte

Eigene Lieferanten an das international übliche Preis-/Leistungsverhältnis heranführen

Außer den klassischen Informationsquellen über die verschiedenen Branchenorganisationen, Bankverbände, den DIHT, die EU und die Einkaufskataloge öffnet das Internet eine völlig neue Recherchedimension. Bei WWW.GLOBALSOURCES.COM sind beispielsweise über 400.000 Mitglieder gelistet. Das Unternehmen eröffnet dem Einkäufer einen schnellen Zugriff auf aktuelle Hersteller- und Produktinformationen. Im zweiten Quartal 2004 hat alleine diese Marktübersicht über eine Million Produktanfragen an die betreffenden Hersteller weitergeleitet. Aber auch die deutschsprachigen Datenbanken rüsten auf. ABC ONLINE stellt inzwischen Informationen über 140.000 Hersteller aus insgesamt 39 Ländern zur Verfügung (www.abconline.de).

Das Internet als Recherchequelle nutzen

Im nächsten Schritt trifft der Profi-Einkäufer eine Vorauswahl unter den möglichen Lieferanten. Neben den klassischen Kriterien wie Preis, Qualität und Termintreue gewinnen dabei zunehmend weitere Potenziale zur Kostensenkung an Bedeutung. So bieten Lieferanten, die sich in die Bestellprozesse oder gar in die eigene Warenwirtschaft einkoppeln können, reduzierte Prozesskosten. Andere sind bereit, die Funktionalität aufwändiger Vorprodukte so anzupassen, dass ein optimales Preis-/Leistungsverhältnis entsteht.

Ein zukünftiger A-Lieferant sollte bereit sein, seine Kalkulation offen zu legen

Für die eigentlichen Preisverhandlungen sollte ein zukünftiger A-Lieferant heute bereit sein, seine Kalkulation offen zu legen und gemeinsam zum beiderseitigen Vorteil nach Einsparungspotenzialen zu suchen. Denn der Einkäufer der Zukunft wird nicht nur weltweit nach Vergleichsangeboten suchen und die Preisentwicklung im Auge behalten, sondern die Kalkulation nachvollziehen. Wie hoch ist der Materialwert des Produktes, wie komplex der Fertigungsprozess, wie hoch sind Personal- und Gemeinkosten im Branchenvergleich. Auch die Transport- und Verpackungskosten sollten eingehend geprüft werden. An die Endverbraucher adressierte Verkaufsverpackungen werden im Industriebereich nicht benötigt. Ein Wechsel des geplanten Lieferverfahrens oder die Einrichtung eines Kommissionslagers kann die Logistikkosten spürbar senken.

Übersehen wird vielfach, dass der Artikel als solcher verändert werden kann. Welche Funktionen werden zwar kalkuliert und bezahlt, vom Unternehmen aber gar nicht benötigt? Welche Anforderungen muss das Produkt wirklich erfüllen (so genannte Musts), was kann dagegen weggelassen werden? Jedes überflüssige Teil verursacht Kosten. Häufig werden als Blickfang interessante Sonderfunktionen integriert, die im Haus gar nicht benötigt werden. Endverbraucher liebäugeln bei Vertragsverlängerungen mit neuen Handys, obwohl die bestehenden Geräte eine ausreichende Funktionalität gewährleisten. Es ist Aufgabe des Einkaufs, statt dessen die Konditionen für die Gesprächskosten zu verbessern.

Der Einkäufer wandelt sich vom Beschaffungsspezialisten zum aktiven Wertschöpfer

Zusammengefasst wandelt sich die Aufgabe des Einkäufers vom Beschaffungsspezialisten zum aktiven Wertschöpfer. Er kann sich nie auf dem Erreichten ausruhen, sondern muss Jahr für Jahr neue Wege finden, um die Beschaffungskosten des Unternehmens nachhaltig zu reduzieren. Um diese Herausforderung zu bewältigen, sollte das Unternehmen seine Vergütung am Ergebnis orientieren. So bietet sich dem Einkäufer die Möglichkeit, in Einkommen, Leistung aber auch der dazugehörigen Erfolgsdisziplin mit den Kollegen vom Vertrieb gleichzuziehen.

5.3 Nutzen Sie den Stand der Technik

Die beeindruckenden Ergebnisse, welche Jack Welch, langjähriger Vorstandsvorsitzender von GENERAL ELECTRIC (GE), mit der Umstellung auf die Online-Beschaffung bei GE erzielte, waren eine der Triebkräfte für den Boom der Internetfirmen am Neuen Markt. So erreichte GE Materialeinsparungen zwischen 5 und 20 Prozent und verkürzte die Bearbeitungszeiten einer Bestellung von sieben auf einen einzigen Tag.

Allerdings waren die Voraussetzungen von GE, was beispielsweise technisches Know-how und Marktmacht angeht, nicht mit denen deutscher Mittelständler vergleichbar. Zu wenig gelistete Lieferanten, komplizierte Handhabung, ständig wechselnde Technologien und fehlende Schnittstellen zu den vorhandenen IT-Systemen ließen hier die ersten Projekte zur elektronischen Beschaffung stranden. Inzwischen aber hat sich die Situation geändert. Die hohe Verbreitung von DSL sorgt für die Internet-Infrastruktur, die Plattformen sind ausgereift und die Erfolge der Web-Pioniere zwingt mehr und mehr Hersteller und Lieferanten zur Nutzung der Online-Beschaffung, auch E-Procurement genannt.

Nutzung der Online-Beschaffung (E-Procurement)

Grundsätzlich bietet Ihnen E-Procurement vier Alternativen, um Ihre Kosten mittels Online-Beschaffungssystemen zu reduzieren:

Online-Shops

Der schnellste Weg, um vom Internet zu profitieren, ist die Nutzung der von Ihren Lieferanten angebotenen Online-Shops. Der Einsatz dieser Technologie erfordert weder spezielle Kenntnisse noch zusätzliche Software. Der Anwender erhält eine Anmelde-Kennung und ein Kennwort und kann dann über jeden Internetanschluss Waren auswählen und bestellen.

Dadurch eignen sich Online-Shops für ein schnelles, einfaches Bestellen von Sonderfällen bei relativ niedrigem Bestellwert. Spezialanbieter, so genannte Preisagenturen, haben sich darauf spezialisiert, die Preise unterschiedlicher Anbieter für Konsum- und Investitionsgüter zu vergleichen und kostenfrei im Internet zur Verfügung zu stellen, sodass der Mitarbeiter ohne großen Mehraufwand noch einen einfachen Preisvergleich vornehmen kann.

Schnelles, einfaches Bestellen von Sonderfällen bei relativ niedrigem Bestellwert

Online-Shopping ist aber genauso wenig reglementierbar wie die telefonische Direktbestellung der Sekretärin beim Bürofachhandel. Unkontrolliertes Anwenden von Online-Shopping führt zu einer Umgehung des Einkaufs, einer Zersplitterung der Bestellvolumina und unverhältnismäßig hohen Logistikkosten. Legen Sie deshalb klare Regeln fest, wann ein Mitarbeiter über den Online-Shop eines Lieferanten bestellen darf.

Klare Regeln festlegen

Katalogbasierende Marktplätze

Bei katalogbasierenden Marktplätzen dagegen, auch Desktop-Purchasing-Systems (kurz DPS) genannt, führt der Einkauf erst eine strategische Vorauswahl durch, vereinbart spezifische Bestellkonditionen und entscheidet sich dann für einen oder mehrere DPS-Anbieter. Der DPS-Anbieter integriert sein Bestellverfahren in die betrieblichen Abläufe. Der Mitarbeiter bestellt schnell und einfach, ohne seinen Arbeitsplatz zu

Desktop-Purchasing-Systems

Der DPS-Anbieter integriert sein Bestellverfahren in die betrieblichen Abläufe

verlassen. Dazu erhält er einen Zugriff auf das DPS, welches ihm für seinen Bereich umfassende Recherchen und Bestellungen erlaubt. Dabei wird er automatisch und sicher durch den vereinbarten Workflow geführt. Da hier Berechtigungen sowie die betrieblichen Regeln für Freigaben und Genehmigungsverfahren integriert werden, kann es im Prinzip nicht mehr zu einer Verletzung der Beschaffungsrichtlinien kommen.

Drastische Reduzierung des Verwaltungsaufwands

Durch die komplette Abkehr vom Papier sorgen katalogbasierende Systeme für eine drastische Reduzierung des bisherigen Verwaltungsaufwands. Die größten Einsparungen können in den Bereichen Betriebsmittel, Bürobedarf und Reisen erzielt werden. Allerdings bedarf es nicht nur der Vorarbeiten zur Lieferanten- und Systemauswahl, sondern auch einer umfassenden Restrukturierung der bisherigen Bestellverfahren. Anstatt alle Bestellungen zu drucken und zur Unterschrift vorzulegen, sollte die Genehmigung entweder über die Anwendungssoftware, per E-Mail oder monatlich nachträglich durch die Überprüfung des vereinbarten Budgets erfolgen.

Für die gebündelten Abnahmemengen werden Sonderkonditionen ausgehandelt

Der Einkäufer investiert die Zeit für eine strategische Lieferantenauswahl und verhandelt für die gebündelten Abnahmemengen Sonderkonditionen aus. Die operative Bestellabwicklung bis hin zur Rechnungsprüfung erfolgt in der Fachabteilung. Durch integrierte Statistiken bleibt der Einkäufer aber involviert und kann jederzeit bei verändertem Einkaufsverhalten eingreifen.

Elektronische Marktplätze

Wie auf einem realen Markt bieten elektronische Marktplätze Anbietern und Nachfragern die Gelegenheit, einander kennen zu lernen, Preise und Leistungen zu vergleichen, zu verhandeln und die Geschäfte abzu

Schnelle Marktübersicht

schließen. Durch die Vielzahl der Anbieter ermöglichen elektronische Marktplätze dem Einkäufer eine schnelle Marktübersicht.

Allerdings führt dies den Einkäufer auch in eine neue Dimension der Qualitätssicherung. Die Möglichkeit, mit einer Vielzahl von Lieferanten zu verhandeln, bedeutet auch eine entsprechende Mehrarbeit. Im Gegensatz zum Geschäft mit dem Hauslieferanten muss er seine Ansprüche genau spezifizieren, mit technischen Unterlagen und Zeichnungen dokumentieren und seine Anfrage in mehreren Sprachen verfassen. Der Versand dieser Anfragen, im Fachjargon RFI, Request For Information, genannt, wird dann vom elektronischen Marktplatz übernommen.

Möglichkeit der Ausschreibung auf einem branchenspezifischen Marktplatz

Viele elektronische Marktplätze bieten auch die Möglichkeit der Ausschreibung. Das heißt, der Einkäufer fragt nicht nur bei den ihm bekannten Lieferanten an, sondern platziert seine Anfrage auf einem branchenspezifischen Marktplatz (RFQ, Request For Quotation). Je nach Qualität des elektronischen Marktplatzes wird der Einkäufer nicht nur bei der Ausschreibung, sondern auch bei der Überprüfung und Bewertung der eingegangenen Angebote unterstützt. Durch die vom Marktplatz vorgegebenen digitalen Raster kommen die Angebote in einer ma

schinell auslesbaren Struktur und ermöglichen so differenzierte Verglei-
che und Gewichtungen.

Auktionsbasierende Marktplätze

Von dem Request For Quotation ist es nicht mehr weit bis zum Höhe-
punkt der elektronischen Beschaffung, der Online-Auktion. Bei diesen
Versteigerungen, Reverse-Auctions genannt, legt der Anbieter einen
Höchstpreis fest, der von den interessierten Lieferanten unterboten
wird. Dieses Verfahren kann für einzelne Artikel oder komplette Ein-
kaufspakete vorgenommen werden. Der Anbieter bestimmt vorher
durch die Art der Auktion, ob die Wettbewerber jeweils alle Preise oder
nur ihr aktuelles Ranking gegenüber der Konkurrenz einsehen können.

Der Anbieter legt einen Höchstpreis fest, der von den interessierten Lieferanten unterboten wird

Auktionsbasierende Marktplätze bieten Einkäufer und Unternehmen
völlig neue Möglichkeiten. Diese können allerdings nur nach konse-
quenter und professioneller Vorbereitung durch den eigenen Einkauf genutzt werden. Wer versucht, aus dem Stand heraus direkt seine Einkaufsvolumina über Internetauktionen zu vergeben, wird Schiffbruch erleiden.
Das fängt schon mit der Auswahl des richtigen elektronischen Marktplatzes an. Der Markt für elektronische Marktplätze ist völlig undurch-
sichtig, dementsprechend gibt es völlig unterschiedliche Gebührenstruk-
turen. Dazu kommen unterschiedliche Werkzeuge und Technologien,
sodass ein Unternehmen sich auf wenige, zu seinen Geschäftsfeldern passende elektronische Marktplätze konzentrieren sollte.

Eine gute Übersicht hierzu gibt Ihnen der B2B-Marktplatzführer „Erfolgreich handeln auf Online-Märkten" von Prof. Dr. Ronald Bogas-
chewsky, Universität Würzburg, Mitglied des Bundesvorstandes des
Bundesverbandes Materialwirtschaft, Einkauf und Logistik e.V. (www.
b2b-marktplaetze.de).

Übersicht über elektroni- sche Marktplätze

6 Aktionsplan: So bleiben Sie dauerhaft schlank

6.1 Setzen Sie Schwerpunkte

Komplexe Vorgänge benötigen mehr Zeit, um sie zu planen, zu steuern
und nachzuvollziehen. Das schlägt sich in steigenden Kosten, längeren
Durchlaufzeiten, nicht nachvollziehbaren Qualitätsschwankungen und
Terminschwierigkeiten nieder. Vereinfachen reduziert Komplexität und
Kosten, verkürzt die Einarbeitszeiten und erleichtert die Steuerung.

Reduzieren Sie deshalb die Anzahl Ihrer Komplexitätstreiber. Komplexität steigt exponentiell an, es ist immer der letzte Tropfen, der das Fass
zum Überlaufen bringt. Streichen Sie alle Randgruppen aus Ihrem Blick-

Die Anzahl der Komple- xitätstreiber reduzieren

winkel und setzen Schwerpunkte:

Komplexitäts-Treiber	Wir sollten folgende Randgruppen streichen	Wir konzentrieren uns auf
Kunden		
Produkte		
Abteilungen		
IT-Systeme		
Lieferanten		
Technologien		

Auch eine vorhandene Organisation mit allen Geschäftsprozessen zu analysieren und zu vereinfachen, ist ein komplexes Vorhaben. Beginnen Sie deshalb bei Ihrer Analyse mit einem einzigen Verfahren, konzentrieren Sie sich auf einen einzigen Kostentreiber. Suchen Sie dazu nach Ihrem betrieblichen Engpass. Das deutlichste Signal für Komplexität sind Durchlaufzeiten und Mengen. Wo staut sich in Ihrem Unternehmen die Arbeit, welche Vorgänge dauern ewig? Überlegen Sie, was passieren würde, wenn Sie die Durchlaufzeit und/oder Mengen eines Vorgangs bei zumindest gleicher Qualität und gleichem Ergebnis halbieren könnten. Fangen Sie gleich an und tragen Ihre Schätzungen in die nachfolgende Tabelle. Wählen Sie dann für die erste Analyse den Vorgang mit dem größten Hebel aus:

Suchen Sie Engpässe: Das deutlichste Signal für Komplexität sind Durchlaufzeiten und Mengen

Vorgang	Anzahl Geschäftsvorfälle	Durchlaufzeit (Tage)	Effekte bei Mengenreduzierung um 50 Prozent	Effekte bei Beschleunigung Durchlaufzeit um 100 Prozent

6.2 Stellen Sie die Wertschöpfung in den Mittelpunkt

Nur mit Kostenkürzungen kann kein Betrieb einen Gewinn abwerfen. Gewinne sind Ertrag des betrieblichen Mehrwertes, seiner Wertschöpfung. Stellen Sie deshalb die Wertschöpfung in den Mittelpunkt einer jeden Entscheidung. Und berücksichtigen dabei die langfristige Orientierung Ihres Unternehmens. Visionen und strategische Ziele kann nur erreichen, wer auf kurzfristige Seifenblasen verzichtet. Daraus ergibt sich die Maxime für Entscheidungen:

EINE ENTSCHEIDUNG IST DANN GUT, WENN SIE AUS DEN ZUR VERFÜ-
GUNG STEHENDEN HANDLUNGSALTERNATIVEN DIEJENIGE AUSWÄHLT,
WELCHE AM NACHHALTIGSTEN DEN MEHRWERT DES UNTERNEHMENS
STEIGERT.

Maxime für
Entscheidungen

Auf der Basis dieser Entscheidungsregel lässt sich das gesamte Kostensenkungsprogramm auf vier Punkte reduzieren:

**Reduzieren Sie Ihr gesamtes Kostensenkungsprogramm auf
vier Punkte:**

- **Persönliches Zeitmanagement**
  Zeit für Aufgaben, welche Gewinn abwerfen oder zu einer Gewinnsteigerung beitragen, steigern.

- **Personalführung**
  Sich auf Mitarbeiter, welche zur Wertschöpfung beitragen oder
  den Prozess wesentlich erleichtern, konzentrieren.

- **Kosten**
  Alle Ausgaben, welche nicht zu einer Steigerung des Betriebsgewinns beitragen, reduzieren.

- **Geschäftsprozesse und Aufgaben**
  Vorgänge, welche keine direkte Leistung erbringen oder die Leistungserbringung nicht wesentlich vorantreiben, streichen, auslagern, vereinfachen oder reduzieren.

6.3 Übernehmen Sie die Verantwortung für Ihren Einkauf

Nach einer Prognose von Professor Christopher Jahns, Leiter des Supply
Institute an der EUROPEAN BUSINESS SCHOOL (EBS) in Schloss Reicharts-
hausen hält der Trend zur Reduzierung der Eigenproduktion an. In der
Zukunft werden bis zu 85 Prozent der Leistungen und Waren eingekauft.
Wenn über die Hälfte aller Kosten im Einkauf liegen, gebührt dem Ein-
kauf die höchste betriebliche Priorität und wird damit zur Chefsache.

Anhaltender Trend zur
Reduzierung der
Eigenproduktion

Vorhandene und zukünftige Potenziale im Einkauf können Sie nur
heben, wenn Sie Ihre und die Einstellung Ihrer Mitarbeiter ändern. Stat-
ten Sie deshalb Ihren Einkauf mit ausreichend Kompetenzen und Ressourcen aus. Starten Sie das Projekt „Strategische Beschaffung".

Einkauf wird
zur Chefsache

Bieten Sie dem Projektteam die Unterstützung eines externen, professionellen Einkaufsberaters an. Diese Investition rechnet sich, insbesondere dann, wenn Sie mit diesem eine erfolgsabhängige Bezahlung verein-

baren.

Machen Sie sofort die Probe aufs Exempel und prüfen den Stellenwert Ihrer Einkaufsabteilung:

	Einkauf	Vertrieb
Berichtet direkt an Geschäftsleitung		
Anzahl Mitarbeiter • davon mit Hochschulabschluss • guten Sprachenkenntnissen • guten IT-Kenntnissen • Schulungstage pro Mitarbeiter in den letzten drei Jahren • durchschnittlicher Verdienst		
Software-Investitionen in den letzten drei Jahren		
Optischer Eindruck • Büroräume • IT-Ausstattung • Möbel		

7   Checkliste: Ihre Unternehmenskosten senken

Maßnahme	Priorität	Wer	bis wann	Kontrolle am	erledigt
Versteckte Kosten reduzieren					
Komplexitäts-Treiber identifizieren					
Schwerpunkte festlegen					
Komplexität reduzieren • Kunden • Lieferanten • Sortiment • IT-Systeme • Technologien					
Kosten für Qualität ermitteln					
Qualität aus Kundensicht definieren					

Maßnahme	Priorität	Wer	bis wann	Kontrolle am	erledigt
Qualität schon in Design- und Planungsphase fokussieren (2 x messen, 1 x sägen)					
Kostentreiber identifizieren					
Schwerpunkte für Prozessanalyse					
Prozessanalyse durchführen					
Aufgaben und Prozesse • vereinfachen • standardisieren • reduzieren • streichen • auslagern • automatisieren					
Sonstige Kosten überprüfen					
Kontroll-Portfolio erstellen und bearbeiten					
Produktivität des Personals verbessern					
Produktivitäts-Revision für jeden Arbeitsplatz anstoßen • Aufgaben listen • aus heutiger Sicht bewerten • neu ausrichten					
Managementaufgaben • in Management-Qualifikation investieren • Job Design prüfen • Dokumentation der Leistungsprozesse • Management auf neue Personal-Philosophie einstimmen • Checkliste „So räumen Sie Ihren Mitarbeitern den Weg frei" anwenden					
Fehlzeiten reduzieren					
Fehlzeiten-Statistik erstellen • Fehlzeiten analysieren					

Maßnahme	Priorität	Wer	bis wann	Kontrol-le am	erledigt
• Mitarbeiter über die betrieblichen Auswirkungen von Fehlzeiten informieren • Fehlzeitenbrief einführen • Rückkehrgespräche einführen					
Effektivität im Einkauf erhöhen					
Einkaufsabteilung neu positionieren					
Projektplan „Strategische Beschaffung"					
Projektziele und Kennzahlen definieren • Materialkosten • Personalgestellung / Fremdleistung • Prozesskosten • Kapitalbindung • Logistik-Kosten					
Schulungsplan erstellen					
Power-User auswählen					
Data-Mining					
Rahmenverträge für C-Artikel					
Strategischer Beschaffungsprozess für A-Artikel / Warengruppen					
Aufwand- / Nutzenabschätzung für die Anwendung von Online-Beschaf-fungs-Systemen: • Online-Shops • Katalogbasierende Marktplätze • Elektronische Marktplätze • Auktionsbasierende Marktplätze					

Teil V

Risiko-Management:
Vermögen und Ertrag nachhaltig sichern

Es war einmal eine alte Sau, die hatte drei kleine Schweinchen. Sie hatte aber nicht genug zum Leben, deshalb schickte sie ihre Kinder fort, ihr Glück zu suchen. Das erste ging und traf einen Mann mit einem Bündel Stroh und sprach zu ihm:

„Bitte, lieber Mann, gib mir das Stroh, ich möchte daraus ein Haus bauen."

Das tat der Mann, und das Schweinchen baute sich ein Haus. Da kam der Wolf des Weges, klopfte an die Tür und sagte: *„Schweinchen, Schweinchen, lass mich herein!"* Da antwortete das Schweinchen: *„Nein, nein, das fällt mir gar nicht ein."* Da antwortete der Wolf: *„Dann hust ich und pust ich dein Haus kurz und klein."* Nun hustete er und pustete, bis das Haus zusammenfiel, und fraß das Schweinchen auf.

Das zweite Schweinchen traf einen Mann mit einem Bündel Ginster und sagte: *„Bitte, lieber Mann, gib mir den Ginster, ich möchte mir daraus ein Haus bauen."* Das tat der Mann und das Schweinchen baute sich ein Haus. Da kam der Wolf des Wegs und sagte: *„Schweinchen, Schweinchen, lass mich hinein."* *„Nein, nein, das fällt mir gar nicht ein."* *„Dann hust ich und pust ich dein Haus kurz und klein."* Nun hustete er und pustete, bis das Haus zusammenfiel, und fraß das Schweinchen auf.

Das dritte Schweinchen traf einen Mann mit einer Ladung Ziegel und sagte: *„Bitte, lieber Mann, gib mir die Ziegel, ich möchte mir daraus ein Haus bauen."* Da gab ihm der Mann die Ziegel, und das Schweinchen baute sich daraus ein Haus. Da kam der Wolf und sagte: *„Schweinchen, Schweinchen, lass mich hinein."*

„Nein, nein, das fällt mir gar nicht ein." *„Dann hust ich und pust ich dein Haus kurz und klein."* Nun hustete er und pustete und hustete und pustete und hustete und pustete; aber das Haus fiel nicht zusammen. (…)

Da war der Wolf furchtbar böse, und sagte, er würde doch das Schweinchen fressen, und er würde den Schornstein hinunterrutschen, um in sein Haus einzudringen und es zu fangen. Als das Schweinchen aber sah, was er vorhatte, stellte es einen großen Kessel voll Wasser auf den Herd und machte darunter ein großes Feuer an, und grade als der Wolf heruntergerutscht kam, nahm es den Deckel ab und der Wolf fiel kopfüber hinein; da legte das Schweinchen schleunigst den Deckel wieder auf den Kessel und kochte den Wolf und aß ihn zum Abendbrot und lebte nun ungestört und glücklich ein Leben lang.

Joseph Jacobs
Quelle: Das große Märchenbuch

1 Risiko-Inventur: Testen Sie Ihre betrieblichen Risiken

Mögliches Risiko	Eintrittswahrscheinlichkeit im nächsten Jahr: 5 Prozent = 1 x in 20 Jahren / 25 Prozent = 1 x in 4 Jahren / 50 Prozent = 1 x in 2 Jahren / 100 Prozent = 1 x pro Jahr / 300 Prozent = 3 x pro Jahr				Maximale Schadenshöhe in EUR	Wahrscheinlicher Schaden (%-Satz • maximaler Schaden)	... größer als Eigenkapital? X = Ja	... größer als der Jahresgewinn? X = Ja
	0 – 24 %	25 – 49 %	50 – 74 %	> 75 %				
1. Key-Player Schätzen Sie die Abhängigkeit von Ihren Key-Playern. Was passiert, wenn eine tragende Säule Ihres Geschäfts wegbricht?								
• Ausfall eines A-Kunden.								
• Ausfall eines A-Lieferanten.								
• Ihr wichtigster Know-how-Träger verlässt Ihr Unternehmen und geht zur Konkurrenz.								
• Der Hauptgesellschafter steigt aus.								
• Die Hausbank kündigt die Kreditlinie.								
• Ein Geschäftsführer wird für mindestens drei Monate krank.								
2. Leistungserbringung Ohne Leistung kein Umsatz. Wie resistent ist Ihre Firma gegenüber folgenden Störgrößen?								
• Produktentwicklung stößt an technische Grenzen.								
• Laufen wichtige Patente aus?								
• Gravierender Qualitätsabfall in der Produktion.								
• Lieferengpässe bei Single Source Lieferanten.								

Sehen Sie potenziellen Gefahren in die Augen, um rechtzeitig Vorsorge treffen zu können. Umsichtige Unternehmer führen regelmäßig eine Risiko-Inventur durch:

- Produktionsblockaden durch Streik oder defekte Maschinen.
- Bei Dienstleistern: Ausfall des wichtigsten Leistungserbringers.
- Unvorhergesehene Kumulation von Fehlzeiten (Mutterschaft, Bundeswehr, Unfälle, Krankheit).
- Die IT-Infrastruktur fällt komplett für zwei Tage aus.
- Die Lieferkette zu Ihren Kunden wird durch Fremdeinflüsse blockiert.

3. Absatz

Plötzliche bzw. nicht rechtzeitig erkannte Marktveränderungen können zu Absatzstörungen führen:

- Verstärkte Rezession in Ihrem Hauptmarkt.
- Durch zunehmenden Wettbewerbsdruck halbieren sich Ihre Margen.
- Neue, aggressive Wettbewerber betreten den Markt.
- Durch Qualitätsprobleme und Rückrufaktionen steigen Ihre Garantie- / Serviceaufwendungen.
- Die Verbraucher substituieren Ihr Produkt durch völlig andere Artikel.
- Ihre Produkte veralten schneller als geplant (Mode, Technik, Lebenszyklus).
- Politische Rahmenbedingungen verändern sich.
- Sie verlieren einen wichtigen Vertriebskanal.
- Zentrale Informationen zu Kunden, Projekten oder Produkten gehen an Ihre Konkurrenz.

Mögliches Risiko	Eintrittswahrscheinlichkeit im nächsten Jahr: 5 Prozent = 1 x in 20 Jahren, 25 Prozent = 1 x in 4 Jahren, 50 Prozent = 1 x in 2 Jahren, 100 Prozent = 1 x pro Jahr, 300 Prozent = 3 x pro Jahr				Maximale Schadenshöhe in EUR	Wahrscheinlicher Schaden (%-Satz • maximaler Schaden)	...größer als Eigenkapital? X = Ja	...größer als der Jahresgewinn? X = Ja
	0 – 24 %	25 – 49 %	50 – 74 %	> 75 %				

4. Finanzen

Kein kurzfristiges Überleben ohne ausreichende Liquidität, kein langfristiges Überleben ohne Ertragskraft. Wie gefährdet sind diese Säulen Ihres Unternehmens:

- Ausfall der größten Kundenforderung.
- Geltendmachung von Garantie- oder Haftungsansprüchen.
- Vertragsstrafen.
- Unerwartete Kostensteigerungen (Rohstoffe, Waren, Fremdleistungen, Personal).
- Betriebsprüfung mit der Folge von Steuernachzahlungen.
- Wechselkursrisiken.
- plötzliches Anziehen der Kreditzinsen.

- nicht ausreichende Rückstellungen z.B. für Pensionsverpflichtungen.
- Rückzug eines wichtigen Geldgebers.
- kein Zugang zu weiteren Finanzierungsmitteln.

5. Externe Schadensrisiken

Wie empfindlich können Sie durch externe Ereignisse und Elementarschäden getroffen werden?

- Feuer, Explosion
- Emission
- Sturm, Hagel, Frost
- Überschwemmung
- Leitungswasser
- Erdbeben
- Vandalismus
- Einbruch, Diebstahl, Raub oder Unterschlagung

2 Risiken managen – muss das sein?

„Je mehr Risiko, desto höher ist der Gewinn – wäre da nicht noch eine Kleinigkeit: die Wahrscheinlichkeit"

Wer nichts riskiert, kann nur schwer Wettbewerbsvorteile erzielen

Risiken und Chancen sind zwei Seiten der gleichen Medaille. Jede Flucht vor Risiken ist auch eine Flucht vor Chancen. Wer nichts riskiert, kann nur schwer Wettbewerbsvorteile erzielen und bleibt zurück. Erfolgreiche Unternehmer gehen Risiken ein, aber kalkulierte Risiken. Sie erarbeiten aktiv eine Risiko-Strategie und treffen dann bewusst die Entscheidung für oder gegen ein Risiko. Wie ertragreich ein professionelles Risiko-Management sein kann, zeigt ein Blick auf Banken und Versicherungen. Beide Branchen leben vom Geschäft mit dem Risiko – und erzielen dabei attraktive Kapitalrenditen.

Wie viel Risiko können wir uns und wie viel Sicherheit müssen wir uns leisten?

Als Unternehmer Risiken einzugehen, ist deshalb richtig. Denn höhere Risiken werden durch größere Gewinne entlohnt. Absicherung und Vorsorge dagegen kosten Zeit und Geld. Und wenn der Risikofall nicht eintritt, verfallen die Vorsorgeaufwendungen. Andererseits aber kann der Eintritt eines Risikos nicht nur den geplanten Gewinn, sondern das ganze Unternehmen kosten. Die strategische Frage lautet deshalb: *„Wie viel Risiko können wir uns und wie viel Sicherheit müssen wir uns leisten?"*

Diese Frage ist so zentral, dass der Gesetzgeber Aktiengesellschaften und großen GmbHs vorschreibt, Risikomanagement-Systeme zu implementieren. Und kleinere Unternehmen, die kein Risikomanagement-System aufbauen, verschlechtern zukünftig in jedem Fall ihre Position gegenüber den Kreditinstituten. Denn alle Banken sind gesetzlich verpflichtet, regelmäßig die Risiken ihrer Kreditengagements zu prüfen.

Rating: Vorhersage der zukünftigen Zahlungsfähigkeit eines Unternehmens

Das geschieht durch so genannte Ratings. Rating ist nichts anderes als die Vorhersage der zukünftigen Zahlungsfähigkeit des Unternehmens oder anders gesagt, die Wahrscheinlichkeit einer möglichen Insolvenz des Unternehmens. Deshalb wird im Rating u. a. überprüft, inwieweit das Unternehmen seine Risiken im Griff hat. Je riskanter die Geschäfte, desto schlechter das Rating. Eine Herabstufung im Rating führt zumindest zu höheren Zinsen, unter Umständen aber auch zu einem Rückzug aus der Geschäftsbeziehung.

Risiken sind Probleme, die erst noch auftauchen können. Im Gegensatz zu der Beschäftigung mit den Zahlen aus dem Rechnungswesen wird der Blick des Unternehmers in die Zukunft gelenkt. Der vorausschauende Umgang mit Risiken warnt deshalb wesentlich früher vor drohenden Krisen. Je früher aber eine Gefahr erkannt wird, desto weniger Zeit und Aufwand kostet ihre Bewältigung. Ein Frühwarnsystem sichert deshalb nicht nur das Vermögen des Unternehmers, sondern spart auch Unternehmensressourcen.

Dabei ist die Einführung eines unternehmensspezifischen Risikomanagement-Systems mit relativ geringem Aufwand in vier Schritten zu realisieren:

1. Identifizieren Sie potenzielle Risiken
2. Schätzen Sie Wahrscheinlichkeit und Auswirkungen
3. Treffen Sie angemessene Vorsorgemaßnahmen
4. Richten Sie ein Frühwarnsystem ein

3 Erster Schritt: Identifizieren Sie potenzielle Risiken

Zuerst sollten Sie alle potenziellen Gefahrenquellen für Ihr Unternehmen identifizieren. Am besten bilden Sie eine kleine Gruppe mit Vertretern aus allen Bereichen, denn jeder sieht aufgrund seiner Vorbildung und Erfahrung andere Risiken oder bewertet Gefahren unterschiedlich.

Als Ausgangspunkt Ihres Brainstormings kann die Risiko-Checkliste in der Einleitung dieses Kapitels dienen. Allerdings reicht dieses nicht aus, da jede Branche und im Prinzip jeder Betrieb ein anderes Risikoprofil hat.

Jede Branche und im Prinzip jeder Betrieb hat ein anderes Risikoprofil

Nachfolgend ein paar Beispiele aus der Baubranche:
- Ist die korrekte Bewertung und Abgrenzung von Projekten sichergestellt?
- Gibt es Projekte, bei denen jetzt schon ungenehmigte Termin- oder Kostenüberschreitungen absehbar sind?
- Welche Projekte werden den geplanten Mindestdeckungsbeitrag unterschreiten?
- Entsprechen die Rückstellungen für Vertragsstrafen und Nacharbeiten dem aktuellen Kenntnisstand?

Im produzierenden Gewebe könnten beispielsweise folgende Gefahren die Risikoliste ergänzen:
- Welche Umweltrisiken birgt der Produktionsprozess?
- Kann es Gefahren aus Altlasten geben?
- Wie hoch ist das Streikrisiko?
- Besteht das Risiko eines drastischen technologischen Wandels?
- Wie werden sich die gesetzlichen Auflagen entwickeln?

Eine andere Möglichkeit, ihre Schwachstellen zu identifizieren, bietet die Interview-Technik. Dabei rufen Sie nicht alle Experten zusammen, sondern interviewen in Einzelgesprächen ausgewählte Schlüsselpersonen. Gerade in größeren Firmen vermeiden Sie damit große, unproduktive Besprechungen und können relativ schnell zum Ergebnis kommen.

In Einzelgesprächen ausgewählte Schlüsselpersonen interviewen

Oder Sie nehmen Kontakt zur nächstgelegenen Hochschule auf. Bieten Sie BWL-Studenten die Einrichtung eines Risikomanagement-Systems als Praktikumsaufgabe oder als Thema einer Diplomarbeit an. Sie investieren zwar in Vorbereitung und Coaching der Studenten, bekommen dafür aber ein externes, unvoreingenommenes Bild über die Schwächen Ihres Unternehmens. Gleichzeitig bietet sich die Gelegenheit, preiswert und risikolos mögliche Nachwuchskräfte zu testen.

4 Zweiter Schritt: Schätzen Sie Wahrscheinlichkeiten und Auswirkungen

Wie wahrscheinlich ist das Eintreten möglicherRisiken?

Jedes bekannte Risiko muss im nächsten Schritt nach zwei Kriterien klassifiziert werden. Die erste Frage ist die nach der Wahrscheinlichkeit des Eintritts. Verzichten Sie dabei auf komplexe statistische Verfahren. Schätzen Sie einfach, wie häufig dieser Schaden in den nächsten Monaten und Jahren Ihrer Meinung nach eintreten wird. Greifen Sie dafür auch auf Erfahrungen aus den vergangenen Jahren zurück. Wenn Sie das Geschäftsjahr als Ausgangspunkt nehmen, können Sie sogar direkt Daten aus Ihrem Rechnungswesen, beispielsweise zum Forderungsausfall, übernehmen.

Die unterschiedlichen Wahrscheinlichkeiten in vier Risikoklassen einstufen

Aus der Anzahl Schadensereignisse pro Jahr bzw. Ihrer Schätzung über die Anzahl Jahre zwischen zwei Schäden ergibt sich die Eintrittswahrscheinlichkeit in Prozent. Es hat sich bewährt, bei kleinen und mittleren Unternehmen die unterschiedlichen Wahrscheinlichkeiten in vier Risikoklassen einzustufen. Nachfolgende Tabelle zeigt Ihnen eine mögliche Gruppierung von Eintrittswahrscheinlichkeiten in Eintrittsstufen. Beachten Sie aber, dass gerade die Zuordnung in Eintrittsstufen ein wesentliches Element Ihrer persönlichen Risikobereitschaft ist und Sie deshalb die Tabelle nicht ungeprüft 1:1 übernehmen sollten.

Anzahl Schadens-ereignisse pro Jahr	Anzahl Jahre zwischen zwei Schäden	Eintrittswahrscheinlichkeit binnen 12 Monaten in %	Eintritts-Stufen
12,00	0,08	1200	4
6,00	0,17	600	4
1,00	1	100	4
0,50	2	50	3
0,33	3	33	3
0,20	5	20	2
0,10	10	10	2
0,05	20	5	1
0,01	100	1	1

Abb. 4.1: Beispiel für die Bildung von Eintrittsstufen

Die zweite Frage zur Klassifikation des Risikos befasst sich mit der Einschätzung der Schadenshöhe. Dabei geht es im ersten Schritt um den absoluten Betrag, den Sie der Schaden kostet. Berücksichtigen Sie dabei aber auch eine Schwächung Ihrer Ertragskraft. Sollten Ihnen beispielsweise aufgrund eines Ausfalls Ihrer Produktion zwölf Monate lang nur 80 Prozent Ihrer Kapazität zur Verfügung stehen, schlagen Sie die Summe der nicht realisierten Gewinne der Schadenssumme zu.

Bei der Einschätzung der Schadenshöhe auch eine Schwächung der Ertragskraft berücksichtigen

Doch der absolute Betrag alleine ist nicht aussagefähig. Manche Unternehmen können einen unerwarteten Schaden von 50.000 Euro aus der Portokasse zahlen, für andere Firmen wäre das der Auslöser für die Insolvenz. Diesen Unterschied nennt man im Fachjargon die Risikotragfähigkeit. Die Risikotragfähigkeit drückt aus, welche Schäden ein Unternehmen verkraften kann. Die Tragfähigkeitsgrenze ergibt sich dabei aus dem Zusammenspiel von vier Faktoren:

- Liquidität
- Cash-flow
- Eigenkapital
- persönliche Risikobereitschaft der Gesellschafter

Faktoren der Risikotragfähigkeit

Die maximal mögliche Obergrenze wird durch rechtliche Rahmenbedingungen zur Insolvenzregelung vorgeben, d.h. der Schaden darf nicht dazu führen, dass ein Zustand der Zahlungsunfähigkeit (nicht ausreichende Liquidität) oder Überschuldung (nicht ausreichendes Eigenkapital) eintritt. Eine weitere Grenze wird durch die Gesellschafter gezogen. Vorsichtige Unternehmer definieren die Tragfähigkeitsgrenze so, dass das Unternehmen keinen dauerhaften Schaden davon trägt und fixieren dies am Jahresgewinn. In der Praxis bietet sich als Kennzahl der Cash-flow an, weil er Gewinn und Finanzkraft miteinander kombiniert. Andere Unternehmer stecken die Tragfähigkeitsgrenze höher, um die Vorsorgekosten zu senken. In der Praxis liegen die Grenzen häufig zwischen dem Cash-flow für 6 Monate und 50 Prozent des Eigenkapitals.

Die Kennzahl der Cash-flow verbindet Gewinn und Finanzkraft miteinander

Setzen Sie deshalb den maximal möglichen Schaden in Relation zu Ihrem monatlichen Cash-flow, Ihren liquiden Mitteln und/oder Ihrem Eigenkapital und ermitteln so die Schadensstufe.

mögliche Schadenshöhe	in Relation zum monatlichen Cash-flow	in Relation zu Ihrem Ihrem Eigenkapital	Schadensstufen
2.000	0,1 Monat		1
10.000	0,5 Monate		1
50.000	2,5 Monate		2
100.000	5,0 Monate		2
250.000	12,5 Monate	25 %	3
500.000	25,0 Monate	50 %	3
1.000.000	50,0 Monate	100 %	4
> 1 Mio.			4

Abb. 4.2: Beispiel für die Bildung von Schadensstufen

Überdenken Sie   Nutzen Sie die Gelegenheit, Ihre persönliche Risikobereitschaft zu über-
Ihre persönliche   denken. Setzen Sie diese in Bezug zu Ihren liquiden Mitteln, dem Cash
Risikobereitschaft   flow und Ihrem Eigenkapital und entwickeln eigene Schadensstufen.

> **Tipp: Cash-flow**
>
> Die einfachste Möglichkeit, überschlägig Ihren Cash-flow zu ermit-
> teln, bietet folgende Formel:
>
>   Betriebs- und Finanzergebnis
> \+   Abschreibungen
> -------
> \=   Cash-flow (absolut)

Risiko-Matrix   Den Abschluss Ihrer Klassifikation bildet die Positionierung des Risikos
in der Risiko-Matrix:

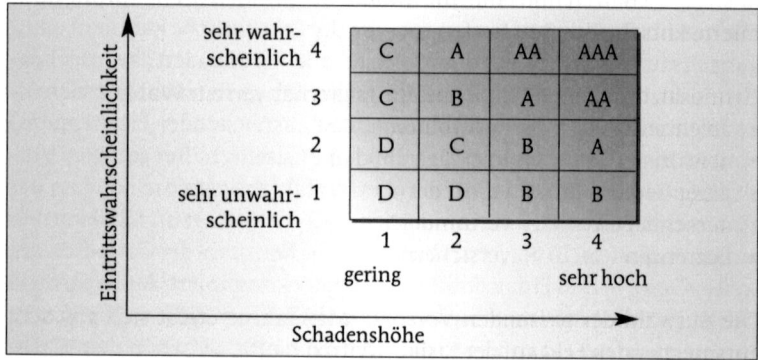

Abb. 4.3: Risiko-Matrix

Diese zeigt Ihnen auf Anhieb das Bedrohungspotenzial für Ihr Unternehmen. Die größte Gefahr geht von rechts oben aus. Beispielsweise
kombinieren alle mit A gekennzeichneten Felder ein hohes Schadensri-
siko mit einer großen Wahrscheinlichkeit. Hier ist unbedingter Handlungsbedarf angesagt. So lange die AAA-Risiken nicht abgesichert sind,
befindet sich das Unternehmen in existenzieller Gefahr. Links unten dagegen liegen Gefahren, die aufgrund der geringen Schadenshöhe und der
niedrigen Eintrittswahrscheinlichkeit vernachlässigt werden können
und deshalb mit D klassifiziert werden.

Kleine Betriebe können die Matrix vereinfachen, indem sie nicht nach
vier, sondern nur nach zwei Klassifizierungsstufen für Wahrscheinlichkeit und Schadenshöhe unterscheiden. In diesem Fall ergibt sich anstatt
der obigen 16-Felder (4x4) eine 4-Felder Matrix (2x2, siehe Beispiel in
Abb. 5.1 im folgenden Kapitel). Wenn es dagegen um die Einschätzung
sehr vieler und komplexer Risiken geht, wird häufig mit 36 oder mehr
Feldern gearbeitet.

Unabhängig von der Anzahl der verwendeten Klassifizierungsstufen erhalten Sie durch die Positionierung des jeweiligen Risikos eine klare Rückmeldung, welche Maßnahmen sich für die Risikovorsorge am besten eignen.

Klare Rückmeldung, welche Maßnahmen sich für die Risikovorsorge am besten eignen

5 Dritter Schritt: Treffen Sie angemessene Vorsorgemaßnahmen

Fast jedes Risiko lässt sich heute versichern. Doch das ist gar nicht immer notwendig. Wer nach Asien reist, wird keine Versicherung gegen Gelbfieber abschließen, sondern sich impfen lassen. Vorsorgen heißt, für jedes Risiko Handlungsalternativen erarbeiten, deren voraussichtliche Kosten abschätzen und eine im Hinblick auf die Risiko-Einstufung optimierte Entscheidung zu treffen.

Grundsätzlich stehen zehn Handlungsalternativen zur Wahl:

Handlungsalternativen zur Risikoabsicherung

- ablehnen
- abwälzen
- akzeptieren
- ausschließen
- begrenzen
- kontrollieren
- Rücklagen bilden
- verhindern
- vermindern
- versichern

Die Auswahl der passenden Vorsorge-Maßnahme ergibt sich aus dem entsprechenden Feld auf der Risiko-Matrix:

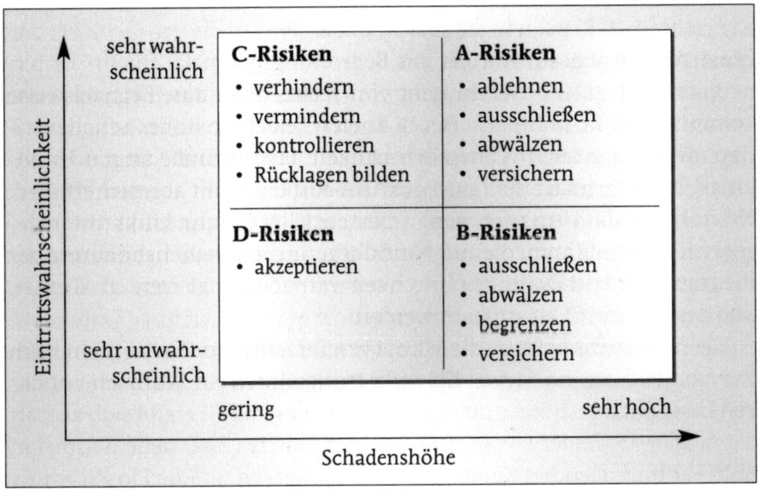

Abb. 5.1: *Zusammenhang zwischen Vorsorgemaßnahmen und Risiko-Klassifikation*

Vorsorgemaßnahmen bei A-Risiken

Schäden, die sehr wahr-
scheinlich eintreten und
das Unternehmen existen-
ziell gefährden werden

Für A-Risiken ist absehbar, dass ein solcher Schaden in absehbarer Zeit, möglicherweise sogar in den nächsten 2 bis 5 Jahren eintreten kann und die sich ergebende Schadenssumme das Unternehmen existenziell gefährden wird. In der Regel ist dies der Fall, wenn mehr als die Hälfte des vorhandenen Eigenkapitals zur Überwindung der Krise benötigt wird. Für solche Fälle bieten sich folgende Vorsorgemaßnahmen an:

Ablehnen

Risiken bewusst
nicht eingehen

Häufig liegen Risiken dieser Größenordnung und Wahrscheinlichkeit in der eigenen Einflusssphäre. Niederlassungen, die immer höhere Verluste kumulieren; Produkte, für die in absehbarer Zeit Regressansprüche geltend gemacht werden können; Beteiligungen, die erfolglos mit hohen Risiken in neuen Märkten agieren und immer wieder zusätzliche Mittel benötigen. In diesen Fällen empfiehlt sich eine Ablehnung dieser Risiken und damit verbunden eine konsequente Bereinigung des Risiko-Portfolios.

Für die Zukunft sollte bei größeren Geschäften, Projekten und strategischen Entscheidungen eine Risikoanalyse zur Selbstverständlichkeit werden. Wenn sich dabei A-Risiken ergeben, die nicht mittels der nachfolgenden Methoden auf ein akzeptables Maß gesenkt werden können, sind diese abzulehnen.

Ausschließen

Risiken vertraglich
ausschließen

Häufig vernachlässigt oder aus Bequemlichkeit übersehen wird die Möglichkeit, Risiken auszuschließen. Dies kann schon in den Allgemeinen Geschäftsbedingungen oder durch spezielle Klauseln in Angeboten und Verträgen erfolgen. Risiken auszuschließen ist der preiswerteste Weg der Schadensabwehr. Stellen Sie aber sicher, dass entsprechend formulierte Klauseln für A-Risiken in jedem Fall mit einem auf diesem Gebiet erfahrenen Anwalt abgestimmt werden.

Auch der Totalverlust elementarer Unternehmensdaten kann zu einer existenziellen Krise führen. Bei IT-Revisionen stellt sich häufig heraus, dass die vorhandenen Datensicherungen unvollständig sind oder wesentliche Informationen gar nicht wiederhergestellt werden können. Um solche Fälle auszuschließen, sollte die IT-Abteilung mindestens einmal im Jahr im Rahmen einer Notfallübung die Wiederherstellung von Programmen und Daten auf einem separaten Server belegen. Zu den elementaren Sicherungsmaßnahmen gehört es auch, wichtige Daten auszulagern. Bewahren Sie deshalb Kopien aller wichtigen Verträge und eine Datensicherung pro Monat bei Ihrer Bank oder in einem Tresor bei sich zu Hause auf.

Wichtige Daten
auslagern

Abwälzen

Lieferanten oder ein Ge-
meinschaftsunternehmen
in die Pflicht nehmen

Vielfach kann das Risiko auch ganz oder teilweise an die eigenen Lieferanten weitergegeben werden. Falls das verbleibende Risiko immer noch zu hoch ist, bietet sich die Auslagerung in ein Gemeinschaftsunternehmen zur Risiko-Abwälzung an.

Versichern

Speziell im Export- und Projektgeschäft ist es äußerst schwierig, alle absehbaren A-Risiken abwälzen oder ausschließen zu können. Wenn Ihre Firma auf das Geschäft nicht verzichten kann, sollten Sie sich durch den Abschluss spezieller Versicherungsverträge absichern.

Spezielle Versicherungsverträge abschließen

Vorsorgemaßnahmen bei B-Risiken

B-Risiken signalisieren Schadensrisiken, die das Unternehmen zwar in der Substanz bedrohen, allerdings seltener, beispielsweise nur alle 15, 30 oder 50 Jahre eintreten. Typische Vertreter dieser Risikoklasse sind die Elementarschäden wie z.B. Feuer, Explosion oder Überschwemmung. Aber auch Haftungsschäden gehören dazu. In diesen Fällen ist in der Regel der Abschluss von Versicherungen sinnvoll.

Elementar- oder Haftungsschäden

Um für Ihre Versicherungsausgaben einen möglichst hohen Gegenwert zu erhalten, schalten Sie einen Versicherungsmakler ein. Durch den hierfür notwendigen Maklervertrag entstehen Ihnen keine zusätzlichen Kosten, denn der Makler wird von den Versicherungsunternehmen bezahlt. Bei einem sehr hohen Prämienaufkommen sollten Sie stattdessen einen freiberuflichen Versicherungsberater einsetzen. Es entstehen Ihnen zwar zusätzliche Kosten in Form von Beratungsgebühren, dafür erhalten Sie aber eine garantiert neutrale Beratung.

Neutrale Beratung sicherstellen

Begrenzen

Von Ihrem Versicherungsunternehmen, dem Makler oder Versicherungsberater erhalten Sie auch gute Tipps zur Risikobegrenzung. So sollten Sie beispielsweise empfindliche Waren und Anlagen sowie Ihre IT-Systeme in einem Überschwemmungsgebiet nicht im Keller unterbringen. Durch einfache bauliche Maßnahmen, die Ausbildung von Brandschutzhelfern und regelmäßige Feuerübungen können Sie sowohl das Brandschutzrisiko als auch die voraussichtliche Schadenshöhe maßgeblich senken.

Vorbeugende Maßnahmen ergreifen

Aber auch immaterielle Schäden, beispielsweise die Kündigung oder Krankheit Ihres Vertriebs- oder Produktionsleiters, können Sie begrenzen. Stellen Sie jedem Key-Player einen offiziellen Vertreter zur Seite. Sorgen Sie dafür, dass dieser Gelegenheit erhält, in dem Bereich ausreichend Erfahrungen zu gewinnen. So verringern Sie Ihr Ausfallrisiko und bauen gleichzeitig erfahrene Nachwuchskräfte auf.

Vorsorgemaßnahmen bei C-Risiken

Bei C-Risiken geht es zwar um kleinere Schadenssummen, diese können sich aber durch die Häufigkeit des Auftritts kumulieren und schwächen so Ihren Gewinn. Dabei könnten gerade in diesem Bereich viele Schäden

Auch kleinere Schadenssummen können sich durch die Häufigkeit ihres Auftretens kumulieren

*Regelmäßige Schäden im
C-Bereich sind ein Signal
für Schwächen im
operativen Management*

durch ein vorausschauendes Management vermieden werden. Regelmäßige Schäden im C-Bereich sind deshalb ein Signal für Schwächen im operativen Management. Typische Schutzmaßnahmen gegen C-Risiken sind:

Verhindern

Einrichtung eines operativen Frühwarnsystems

Die Einrichtung eines operativen Frühwarnsystems kann helfen viele Gefahrensituationen zu vermeiden. Beispielsweise ermöglicht eine wöchentlich aktualisierte Liquiditätsvorschau über die Ein- und Auszahlungen der nächsten 90 Tage Liquiditätsengpässe rechtzeitig zu erkennen und zu verhindern. Regelmäßige oder gar automatisierte Kreditlimitprüfungen sorgen dafür, dass sich Ihre Forderungsausfälle im Rahmen halten.

Sicherstellung organisatorischer Abläufe

Zur Verhinderung von C-Risiken gehört auch die Sicherstellung organisatorischer Abläufe. So verhindern Checklisten für die Auftragsvorbereitung und Auftragsbestätigungen schon im Vorfeld der Leistungserbringung Missverständnisse und sich daraus ergebende unnötige Kosten.

Vermindern

Effektives Qualitätsmanagement einführen

Qualitätsmängel führen zu Reklamationen oder gar Rückrufaktionen. Effektives Qualitätsmanagement vermindert die Reklamationskosten und erhöht die Kundenzufriedenheit.

Die Gefährlichkeit von C-Risiken wird häufig unterschätzt, weil es um „kleinere" Beträge geht. Aber diese können sich schnell kumulieren, wenn das Unternehmen viele gleichartige Risiken eingeht. Ein Unternehmen mit vielen kleinen Kunden geht zwar beim einzelnen Geschäft *Gefahr vieler gleichartiger
Risiken verringern* ein geringeres Ausfallrisiko ein, wenn alle diese Firmen aber aus der gleichen Branche kommen, kann eine Rezession den Forderungsbestand drastisch dezimieren. Um dieses so genannte Klumpenrisiko zu vermindern, schreibt beispielsweise der Gesetzgeber den Banken in den Mindestanforderungen an das Kreditgeschäft (MaK) vor, ihr Engagement nach Branchen, Regionen, Kreditarten, -größen und Risikoklassen zu streuen.

Kontrollieren

Bei einigen C-Risiken kann es der Fall sein, dass es für das Unternehmen preiswerter ist, die Risiken zu akzeptieren als diese durch entsprechende Vorsorgemaßnahmen zu verhindern oder zu vermindern.

*Alle C-Risiken in Form
von Planwerten in das
Unternehmenscontrolling
aufnehmen*

Dabei darf aber das Klumpenrisiko nicht übersehen werden. Denn selbst eine ausführliche Analyse wird nicht alle möglichen Kumulationsrisiken aufdecken können. Es empfiehlt sich, alle C-Risiken in Form von Planwerten in das Unternehmenscontrolling aufzunehmen. Greifen Sie unverzüglich ein, wenn sich die Schadensentwicklung verschlechtert und suchen nach tiefer liegenden Zusammenhängen.

Rücklagen bilden

Manche Ereignisse sind vorhersehbar und können auch nicht vermieden werden, allerdings sind Höhe des Schadens und Zahlungstermin nur schwer abzuschätzen. Betriebsprüfungen zählen beispielsweise zu dieser Kategorie, ebenso anstehende Prozesse. Bilden Sie für solche Fälle ausreichend Rücklagen. Damit schonen Sie Ihre Liquidität und präsentieren Ihren Banken einen regelmäßigen Cash flow – ein besonderer Pluspunkt in jeder Bonitätsbewertung. Denn alle Geldanleger haben einen Punkt gemeinsam: sie schätzen Kontinuität und fürchten unvorhergesehene Überraschungen.

Ausreichende Rücklagen schützen vor Überraschungen

Die Behandlung von D-Risiken

Durch die geringe Schadenshöhe und das seltene Auftreten von D-Risiken haben diese keine spürbaren Auswirkungen auf das Betriebsergebnis und können deshalb vernachlässigt werden. Akzeptieren Sie solche Risiken als das, was sie sind: unvermeidliche Geschäftskosten.

6 Vierter Schritt: Richten Sie ein Frühwarnsystem ein

„Je kleiner die Flamme, desto einfacher das Löschen."

Immer schneller brechen immer mehr Veränderungen auf die Unternehmen ein. Das gesellschaftliche und wirtschaftliche Umfeld sowie die betrieblichen Gegebenheiten sind im ständigen Fluss. Deshalb ist es, wie im § 91 Absatz 2 des Aktiengesetzes so treffend formuliert wird, Aufgabe des Managements, „ *... geeignete Maßnahmen zu treffen, insbesondere ein Überwachungssystem einzurichten, damit den Fortbestand der Gesellschaft gefährdende Entwicklungen früh erkannt werden.* "

Diese gesetzliche Vorgabe, die das Vermögen der Aktionäre absichern soll, gilt zwar nur für Aktiengesellschaften und große GmbHs, aber welcher Unternehmer möchte sein Vermögen nicht absichern. Richten Sie deshalb für Ihr Unternehmen ein passendes Frühwarnsystem ein. Dieses sollte Sie möglichst frühzeitig über alle unternehmensrelevanten Veränderungen und Risiken informieren. Das heißt, effiziente Frühwarnsysteme gehen über eine reine Risikovorausschau hinaus und ermöglichen Ihnen gleichzeitig die Überwachung und Steuerung Ihrer Unternehmensziele.

Sich über ein Frühwarnsystem möglichst frühzeitig über alle unternehmensrelevanten Veränderungen und Risiken informieren

Basis eines jeden Frühwarnsystems ist dabei das operative Radar. Dieses funktioniert im Prinzip wie das im Kapitel Ertragssteigerung erläuterte Ampelsystem zur Messung des kontinuierlichen Verbesserungsprozesses (Teil III, Kap. 6.3). Sie wählen passende Indikatoren aus, die

Passende Indikatoren auswählen, die möglichst früh Veränderungen signalisieren

möglichst früh und deutlich Veränderungen signalisieren. Legen Sie für jeden Indikator Schwellenwerte fest: Grün = alles o.k., Gelb = Achtung – analysieren, Rot = Gefahr – handeln!

Die Anzahl der ausgewählten Kennzahlen sollte eine DIN A4-Seite nicht überschreiten. Achten Sie darauf, Werte zu finden, die möglichst einfach aus den vorhandenen IT-Systemen und Daten ermittelbar sind. Schreiben Sie monatlich die Ergebnisse fort und markieren Positionen, die sich im gelben bzw. roten Bereich befinden.

Welche Indikatoren sollten in das Frühwarnsystem aufgenommen werden? In ein operatives Radar gehören in jedem Fall Indikatoren zur aktuellen Unternehmensentwicklung, zur Kontrolle von Zielen und zur Entwicklung nicht abgedeckter Schadensrisiken, welche die Tragfähigkeitsgrenze des Unternehmens gefährden. Die Auswahl der Indikatoren sollte passend zu Unternehmensart, -größe, Branche und Risikoneigung erfolgen. Relativ allgemeingültige Kennzahlen sind beispielsweise:

Beispiele für relativ allgemeingültige Kennzahlen

Unternehmensentwicklung

- Liquidität / finanzielle Reichweite
- Cash-flow
- Unternehmensergebnis
- Wertschöpfung
- Betriebsergebnis

Kontrolle von speziellen Zielen

- Aktive Verkaufszeit
- Abschlussquote
- Wertschöpfung pro Mitarbeiter
- Durchlaufzeiten für Prozesse
- Kosten pro Auftrag / Bestellung
- Reduzierung der Einkaufskosten

Risikomanagement

- Durchschnittliches Zahlungsziel
- Maximales Ausfallrisiko
- Entwicklung der Fehltage
- Fluktuation
- Neukunden
- Verlust von Stammkunden
- Anzahl Anfragen / Angebote
- Yield / Ausschussquote
- Auftragseingang
- Reklamationen von Kunden
- Retourenquote im Einkauf
- IFO Geschäftsklima-Index
- Rating der Hausbank (jährlich)

Eine ausführliche Darstellung von betrieblichen Kennzahlen und eine genaue Anleitung zum Aufbau eines betrieblichen Frühwarnsystems finden Sie in meinem Buch „Wie junge Unternehmen Krisen bewältigen können". Branchenspezifische Frühindikatoren zum Risikomanagement erläutert die INITIATIVE QUALITÄTSSICHERUNG NRW im Frühindikatoren-Handbuch (www.iqsnrw.de).

Ein wichtiger Indikator für die Entwicklung Ihrer Geschäftsrisiken ist die Summe des akzeptierten Risikos. Zur Ermittlung der voraussichtlichen Risikobelastung multiplizieren Sie für jedes aufgenommene Risiko den Betrag, der im Schadensfall nicht auf andere abgewälzt werden kann, mit der dazugehörigen Schadenswahrscheinlichkeit.

Ein wichtiger Indikator für die Entwicklung Ihrer Geschäftsrisiken ist die Summe des akzeptierten Risikos

Wenn Sie beispielsweise schätzen, dass Sie der Verlust Ihres größten Kunden voraussichtlich 250.000 Euro kosten wird und die Wahrscheinlichkeit für diesen Fall 10 Prozent (= 1 x in 10 Jahren) beträgt, ergibt sich folgendes akzeptiertes Risiko:

$$\frac{250.000 \cdot 10}{100} = 25.000 \text{ €}$$

Damit erhalten Sie einen klaren Indikator für Ihr eingegangenes Risiko.

Aufgrund der individuellen Risikoschätzungen können Sie diese Kennzahl natürlich nicht direkt mit anderen Unternehmen vergleichen. Aber die Entwicklung im Verlauf der Zeit zeigt Ihnen, ob und wie erfolgreich Ihre Maßnahmen zum Risikomanagement sind.

Gleichzeitig bietet Ihnen das Konzept des akzeptierten Risikos eine gute Entscheidungsunterstützung bei der Bewertung von Handlungsalternativen. Für neue Projekte oder Geschäftsfelder können Sie damit nicht nur Umsätze, Kosten und Deckungsbeiträge, sondern auch die dabei einzugehenden Risiken quantifizieren und beispielsweise in der Kalkulation durch einen Risikozuschlag berücksichtigen.

Entscheidungsunterstützung bei der Bewertung von Handlungsalternativen

Je weiter wir in die Zukunft schauen, desto ungenauer wird das operative Radar, denn es basiert auf den Ergebnissen der aktuellen Geschäftsentwicklung. Sie können zwar die Vorhersagen von Verbänden und Wirtschaftsinstituten einbinden, diese erweisen sich aber häufig als ungenau oder fallen so allgemein aus, dass sie keine klaren Schlussfolgerungen für die betrieblichen Entscheidungen zulassen.

Dabei bringt erst die strategische Früherkennung von Risiken wirkliche Wettbewerbsvorteile. Nur wer Risiken früh genug erkennt, kann diese in Chancen umwandeln. Wer vor Mitbewerbern gesetzliche Änderungen oder Umweltauflagen erkennt, kann gefährdete Geschäftsbereiche noch zu einem guten Preis auslagern oder verkaufen und als erster neue Wege beschreiten. Zeichnet sich frühzeitig das Risiko einer technischen oder modischen Veralterung ab, können die Lager rechtzeitig zu akzeptablen Preisen geräumt werden. Der sich ergebende Cashflow unterstützt den frühzeitigen Wechsel auf die neuen Produkte. Absehbare Beschäfti-

Wettbewerbsvorteile durch die strategische Früherkennung von Risiken

gungseinbrüche können durch Umstellung auf Zeitverträge, flexible Arbeitszeiten und den Austausch von Angestellten durch Freiberufler abgemildert werden.

Es gilt, frühzeitig schon relativ schwache Vorlaufsignale zu erkennen

Die schwachen Vorlaufsignale solcher Veränderungen möglichst frühzeitig zu erkennen, ist die Aufgabe des strategischen Radars. Das Problem liegt dabei nicht in fehlenden Informationen. Im Gegenteil, die Vielzahl der heute zur Verfügung stehenden Informationsquellen wie z.B. Tageszeitungen, Wirtschaftspresse, Fachzeitschriften, Branchendienste, Newsletter, Internet, Verbände etc. überschüttet jeden Entscheider tagtäglich mit einer Unmenge von Impulsen. Dazu kommen noch die Auskünfte von Mitarbeitern, Kunden, Lieferanten, Geldgebern und anderen Geschäftspartnern.

Das strategische Radar muss alle irrelevanten Informationen ausblenden

Ein strategisches Radar muss deshalb die Aufmerksamkeit auf die für die Zukunft des Unternehmens bedeutsamen Punkte richten und alle irrelevanten Informationen ausblenden. In Anlehnung an das Risiko-Portfolio bietet das strategische Radar Ihnen ein Koordinatensystem, um die Informationsflut schnell und einfach zu kanalisieren, Wichtiges vom Unwichtigen zu trennen, neue Chancen zu erkennen und Risiken zu vermeiden.

Dazu müssen Sie nur jede neue Nachricht mit zwei einfachen Fragen bewerten:

1. *„Wie hoch ist die Eintrittswahrscheinlichkeit?"*
2. *„Wie groß sind die mittel- bis langfristigen Auswirkungen auf unser Geschäft?"*

Das Ergebnis positioniert die Information in einem von vier Entscheidungsfeldern des Strategie-Radars:

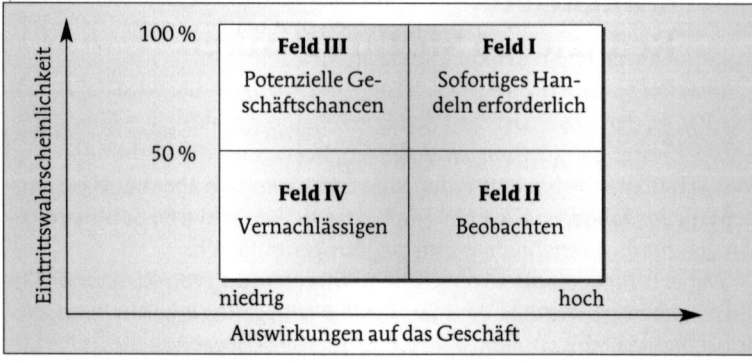

Abb. 6.1: Entscheidungsfelder des Strategie-Radars

Feld I: Große Auswirkungen / sehr wahrscheinlich

Sobald beide Werte über 50 liegen, ist sofortiges Handeln erforderlich

Sobald beide Werte über 50 liegen, ist sofortiges Handeln angesagt. Je früher Sie in diesen Fällen reagieren, desto geringer der potenzielle Schaden. Bedenken Sie dabei, dass jede Veränderung auch neue Chancen bergen kann. Untersuchen Sie dabei unterschiedliche Szenarien und erarbeiten möglichst viele Handlungsalternativen. Welche besonderen Vorteile könnte Ihr Unternehmen durch diese Veränderung erzielen? Entscheiden Sie sich für eine aktive Lösungsstrategie und sichern sich durch eine frühzeitige Umsetzung entscheidende Wettbewerbsvorteile.

Feld II: Große Auswirkungen / wenig wahrscheinlich

Notieren Sie das Stichwort auf Ihrer gedanklichen Aufmerksamkeitsliste. Achten Sie auf jede neue Information zu diesem Thema, denn hier können die zukünftigen Stolperfallen verborgen liegen. Durch die frühzeitige Beschäftigung mit diesen Problemen geben Sie Ihrem Unterbewusstsein die Möglichkeit, die Informationen mit anderen Informationen und Ihren Zielen zu verknüpfen und so den Nährboden für kreative Lösungen zu bereiten.

Im Hinterkopf behalten

Feld III: Geringe Auswirkungen / sehr wahrscheinlich

Halten Sie inne. Wie könnten Sie diese Information mit Ihrem Unternehmen Gewinn bringend verknüpfen? Welche Chancen könnten in dieser Information liegen? Lassen Sie Ihre Fantasie schweifen, denn nur wer seine Scheuklappen ablegt, kann verborgene Geschäftschancen entdecken.

In sämtliche Überlegungen mit einbeziehen

Feld IV: Geringe Bedeutung / wenig wahrscheinlich

Informationen im Feld IV können Sie vernachlässigen.

7 Checkliste: Reduzieren Sie Ihre Risiken

Maßnahme	Priorität	Wer	bis wann	Kontrolle am	erledigt
Risiken identifizieren • Erstellen einer Risiko-Checkliste • Brainstorming zu betriebsspezifischen Risiken • Schwachstellen-Analyse durch Interviews mit Schlüsselpersonen • Diplomarbeit zum Thema Risikomanagement vergeben					

Maßnahme	Priorität	Wer	bis wann	Kontrol-le am	erledigt
Risiken bewerten • Eintrittswahrscheinlichkeit abschätzen • Risikotragfähigkeit des Unternehmens bestimmen • Schadenshöhe klassifizieren • Risiken in der Risiko-Matrix positionieren					
Vorsorgemaßnahmen treffen • A-Risiken • B-Risiken • C-Risiken					

Frühwarnsystem einrichten
• passende Indikatoren auswählen zu
  – Unternehmensentwicklung
  – Projektzielen
  – nicht abgesicherten Risiken
• Schwellenwerte / Ampelsignale festlegen
• Überprüfungstermine fixieren					

Teil VI

Attraktivität und Unabhängigkeit: Die Turbolader in eine erfolgreiche Zukunft

(...) Die Frau hatte zwei Töchter mit ins Haus gebracht, die schön und weiß von Angesicht waren, aber garstig und schwarz von Herzen. Da ging eine schlimme Zeit für das arme Stiefkind an. *„Soll die dumme Gans bei uns in der Stube sitzen!"* sprachen sie.

„Wer Brot essen will, muss es verdienen: hinaus mit der Küchenmagd." Sie nahmen ihm seine schönen Kleider weg, zogen ihm einen grauen alten Kittel an und gaben ihm hölzerne Schuhe. *„Seht einmal die stolze Prinzessin, wie sie geputzt ist!"* riefen sie, lachten und führten es in die Küche.

Da musste es von Morgen bis Abend schwere Arbeit tun, früh vor Tag aufstehn, Wasser tragen, Feuer anmachen, kochen und waschen. Obendrein taten ihm die Schwestern alles ersinnliche Herzeleid an, verspotteten es und schütteten ihm die Erbsen und Linsen in die Asche, sodass es sitzen und sie wieder auslesen musste. Abends, wenn es sich müde gearbeitet hatte, kam es in kein Bett, sondern musste sich neben den Herd in die Asche legen. Und weil es darum immer staubig und schmutzig aussah, nannten sie es Aschenputtel.

(...)

Da warf ihm der Vogel ein golden und silbern Kleid herunter und mit Seide und Silber ausgestickte Pantoffeln. In aller Eile zog es das Kleid an und ging zur Hochzeit. Seine Schwestern aber und die Stiefmutter kannten es nicht und meinten, es müsste eine fremde Königstochter sein, so schön sah es in dem goldenen Kleide aus. An Aschenputtel dachten sie gar nicht und dachten, es säße daheim im Schmutz und suchte die Linsen aus der Asche. Der Königssohn kam ihm entgegen, nahm es bei der Hand und tanzte mit ihm. Er wollte auch mit sonst niemand tanzen, also dass er ihm die Hand nicht losließ, und wenn ein anderer kam, es aufzufordern, sprach er: *„Das ist meine Tänzerin."*

Quelle: Aschenputtel, Gebrüder Grimm

1　Die unterschätzte dritte Erfolgsdimension

Gibt es da noch mehr?

Mit der Optimierung des magischen Quadrats legen Sie den Grundstein für einen nachhaltigen Geschäftserfolg. Aber immer wieder kommen Klienten zu mir, die schon alle klassischen Mittel der Betriebswirtschaft ausprobiert haben und mich fragen, ob es da nicht noch mehr gibt. Der kaufmännische Betrieb ist effizient und schlank, die Vision klar und eindeutig, die Risiken sind überschaubar und dennoch hat der Unternehmer das Gefühl, mit angezogener Handbremse zu fahren. Er schaut auf Wettbewerber, die plötzlich wie mit einem Turbolader beschleunigen und fast uneinholbar Sieg für Sieg einfahren.

Ja, es stimmt. Wenn zwei vergleichbare Unternehmen ihre Hausaufgaben gemacht haben, die Kennzahlen stimmen, die Prozesse effizient laufen und die Vision konsequent verfolgt wird, kann es doch gravierende Unterschiede geben. Diese liegen aber nicht auf der Zahlenebene, der materiellen Welt, wie sie die Buchhaltung und das Controlling abbilden.

WIRKLICH ERFOLGREICHE FIRMEN STRAHLEN EINE EINZIGARTIGE STÄRKE UND FASZINATION AUS, MAN MEINT, DEN ERFOLG RIECHEN ZU KÖNNEN, IM VERGLEICH DAZU WIRKEN ANDERE UNTERNEHMEN BLASS UND BLUTLEER.

Erfolgserlebnisse, von denen Unternehmer träumen

Hätten Sie nicht auch gerne einmal eines oder mehrere der nachfolgenden Erlebnisse?

- Mehrere Banken rufen bei Ihnen an und bieten Ihnen neue Kredite zu Sonderkonditionen an. Sie lehnen lächelnd ab, nutzen diese Informationen aber, um die Konditionen bei Ihrer Hausbank zu verbessern.
- Private Geldgeber und Investoren geben sich die Türklinke in die Hand und würden sich gerne bei Ihnen beteiligen.
- Sie erhalten regelmäßig Blindbewerbungen von Spitzenkräften, die gerne für Sie arbeiten möchten und dafür im Zweifel bereit wären, auf einen Teil des bisherigen Einkommens zu verzichten.
- Ein Top-Verkäufer bewirbt sich bei Ihnen, möchte seine kompletten Kundenbeziehungen mitbringen und auf Provisionsbasis arbeiten.
- Ein wichtiger Mitarbeiter kündigt – und Ihr Betrieb läuft ohne Einschränkungen problemlos weiter.
- Alle renommierten Hersteller und Lieferanten würden Sie gerne als Kunden gewinnen – koste es, was es wolle. Hohe Abnahmemengen und Knebelverträge, wie eigentlich in Ihrer Branche üblich, gehören für Sie der Vergangenheit an.
- Neue Kunden kommen fast automatisch auf Sie zu, obwohl Sie Ihre Werbung auf ein Minimum reduziert haben.
- Ihre Stammkunden gründen einen Fan-Club für Sie.

Solche Vorteile können Sie nicht durch die Analyse der Kennzahlen realisieren. Und ebenso wenig kann dieser Wettbewerbsvorsprung durch ein striktes Kosten- oder Ertragsmanagement geschaffen werden. Hier geht es um qualitative Erfolgsfaktoren oder anders ausgedrückt, um die immaterielle, nicht in absoluten Zahlen messbare, dritte Erfolgsdimension.

Qualitative Erfolgsfaktoren entstehen nicht durch Kennzahlenanalyse oder striktes Kosten- und Ertragsmanagement

Leistungssteigerungen im immateriellen Bereich wirken sich immer auch auf die materielle Ebene und damit auf das Unternehmensergebnis aus. Dazu kommt, dass die immaterielle Ebene wesentlich krisensicherer ist. Es benötigt zwar viel Energie und Einsatz, die Erfolgsfaktoren auszurichten. Aber dafür hält der erreichte Wettbewerbsvorsprung wesentlich länger, da er nicht auf der rein kaufmännischen Ebene geführt wurde.

Einen Ertragseinbruch immer nur mit Kostensenkung zu beantworten, bedeutet, sich in die Position der klassischen Schulmedizin zu begeben und beim Bluthochdruck nur die Symptome zu kurieren. Das führt zwar kurzfristig zu einer Besserung der Situation, erfordert aber möglicherweise lebenslang die Einnahme der entsprechenden Präparate, von den möglichen Nebenwirkungen einmal ganz abgesehen.

Wenn in Ihrem Garten eine junge Pflanze die Blätter hängen lässt und Trockenheit signalisiert, würden Sie dann jedes einzelne Blatt bewässern oder das Wasser an der Wurzel zuführen? Wäre es nicht sinnvoller, das Problem noch eine Dimension höher anzugehen und zu prüfen, ob der bisherige Standort überhaupt für diese Pflanze geeignet ist?

Um einen Quantensprung zu machen, gilt es, auf eine übergeordnete Ebene zu wechseln.

Ein Feldherr, der selbst mitten im Getümmel steht, um die Übermacht des Gegners aufzuhalten, tut sich keinen Gefallen. Er muss das Schlachtfeld von oben betrachten, sich aus der dritten Dimension einen Überblick verschaffen, die maßgeblichen Regeln und Erfolgsfaktoren bestimmen und dann eine zu seinen Ressourcen passende Strategie entwickeln.

Eine solche übergeordnete Ebene bietet Ihnen die dritte Erfolgsdimension. Sie erlaubt Ihnen die Sicht und den Zugang auf die maßgeblichen übergeordneten Erfolgsfaktoren und damit auf den Turbolader zum Erfolg. Den ersten Schritt in diese dritte Dimension haben Sie getan, als Sie die Bedeutung von Vision und Strategie für Ihr Unternehmen erkannten.

Doch in der immateriellen Ebene gibt es zwei weitere entscheidende Faktoren: Unabhängigkeit und Marktattraktivität. Oder anders gesagt, der Erfolgskoeffizient eines jeden Unternehmens wird von seiner Unabhängigkeit und Attraktivität gegenüber allen Geschäftspartnern und Mitarbeitern bestimmt.

Zwei entscheidende Faktoren: Unabhängigkeit und Marktattraktivität

Firmen, die sich schon frühzeitig und freiwillig einem Rating unterzogen oder aber zumindest Berichtswesen und Organisation nach den Rating-Kriterien der Banken optimierten, erhielten in der Vergangenheit wesentlich einfacher Kredite – und das noch zu besseren Konditionen. Durch die optimale Einstellung auf die Bedürfnisse der Banken waren diese Firmen für die Banken einfach attraktiver.

Finanzielle Unabhängigkeit bewahrt und eröffnet Handlungsspielräume

Wer schon einmal probiert hat, eine innovative Geschäftsidee in Deutschland zu finanzieren, weiß den Begriff „finanzielle Unabhängigkeit" zu schätzen. Das Gleiche gilt für jeden, dem schon einmal seine Kontokorrent-Linie gekündigt wurde. Der Berliner Unternehmer Holger C. Johnson startete mit 19 seine erste Firma. Inzwischen hat er zehn Firmen gegründet. Sein wichtigster Rat: *„Sich nie in völlige Abhängigkeit zu Finanziers begeben".* Professor Rudolf Wimmer vom Institut für Familienunternehmen an der Universität Witten-Herdecke bestätigt dieses Prinzip: *„Die langlebigen Familienunternehmen treffen ihre Investitionsentscheidungen möglichst so, dass sie sich nicht von externen Geldgebern abhängig machen".*

Unabhängigkeit bildet auch bei Franchise-Ketten einen wesentlichen Erfolgsbaustein. Durch die klar definierten, vereinfachten und bewährten Geschäftsprozesse werden diese vom Spezialwissen der Mitarbeiter unabhängig und können jeden Angestellten jederzeit ersetzen.

Je attraktiver Sie für Ihre Kunden werden, desto weniger Widerstand muss Ihr Marketing überwinden

Je attraktiver Sie für Ihre Kunden werden, desto weniger Widerstand muss Ihr Marketing überwinden. Wenn Ihr Kunde gewissermaßen süchtig nach Ihrer Leistung wird, obwohl Ihr Unternehmen ausgelastet ist, kehren sich die Machtverhältnisse um. Der Dealer bestimmt den Preis, der Kunde zahlt, das Wort Rabatt verliert an Bedeutung.

WIRKLICHE UNABHÄNGIGKEIT AUF ALLEN EBENEN BEDEUTET FÜR JEDEN MITTELSTÄNDISCHEN UNTERNEHMER, ENDLICH AUS DEM FRUSTRIERENDEN, REAKTIVEN TAGESGESCHÄFT AUSBRECHEN UND SEINE VISIONEN MIT EINER EINZIGARTIGEN GESTALTERISCHEN FREIHEIT UMSETZEN ZU KÖNNEN.

Wenn die Handbremsen der Bedenkenträger, von Banken, Gesellschaftern und Mitarbeitern erst einmal gelöst sind, kommt der Turbo zum Zuge.

Falls das gleiche Unternehmen noch eine nahezu magnetische Anziehungskraft auf Kunden, Lieferanten, Mitarbeiter und Geldgeber ausübt, beginnt die eingangs umrissene Siegesserie. Solche Firmen legen Jahr für Jahr Zuwachsraten an den Tag, die mit einer rein kaufmännischen Betrachtungsweise in heutigen Märkten nicht erreichbar erscheinen.

Grafisch betrachtet, potenzieren die beiden Pole Unabhängigkeit und Attraktivität die Erfolgsfläche des magischen Quadrats zu einem Oktaeder und vervielfachen den Erfolg. Lassen Sie uns deshalb zur Abrundung unseres Projekts „versteckte Ressourcen mobilisieren" noch einen Blick auf ausgewählte Methoden zur Steigerung von Attraktivität und Unabhängigkeit werfen.

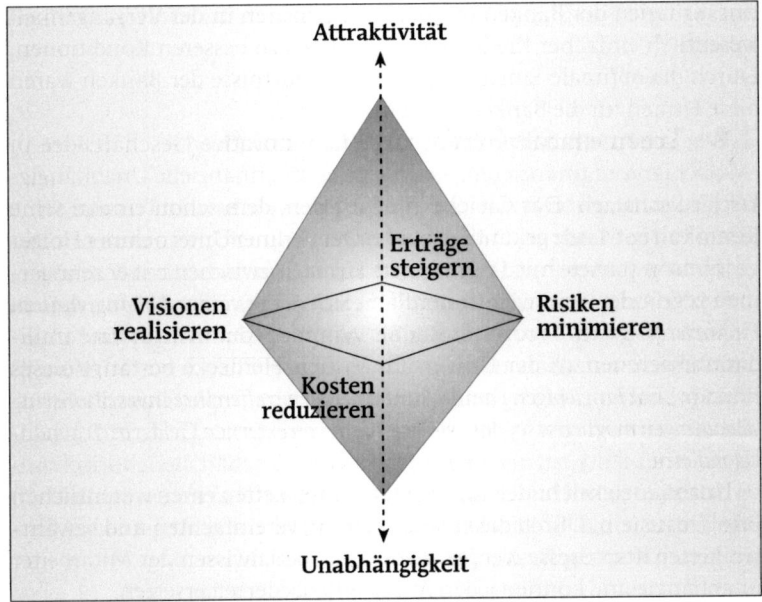

Abb. 1.1: *Unabhängigkeit und Attraktivität erweitern
das magische Quadrat zum Erfolgs-Oktaeder*

2 Erfolgsdimension Unabhängigkeit

Wirklich unabhängig ist, wer über seine Zeit, seine Handlungen und seine Ressourcen frei verfügen kann. Unabhängigkeit ermöglicht dem Unternehmer eine direkte Umsetzung seiner Ziele und Vorstellungen. Und
das Wissen um eine gefestigte, unabhängige Position bildet in jeder Ver-
handlung einen wesentlichen Pluspunkt, denn sie verschiebt die Machtverhältnisse zugunsten des Unternehmers.

*Unabhängigkeit ermöglicht
dem Unternehmer eine
direkte Umsetzung seiner
Ziele und Vorstellungen*

Besonders deutlich wird dies im Krisenfall. Wer keine privaten Reserven für einen Neubeginn hat, seine Aufwendungen für den Lebensun-
terhalt nur aus dem Betrieb bestreiten kann und dazu noch unbegrenzt
bürgt, verliert die im Krisenfall notwendige Objektivität. Wenn die Ver-
flechtungen zwischen Privat und Geschäft so eng sind, dass eine betriebliche Insolvenz automatisch einen Privatkonkurs auslöst, können im
Krisenfall keine objektiven Entscheidungen mehr getroffen werden. Anstatt zu überprüfen, ob das Unternehmen überhaupt sanierungsfähig
und -würdig ist, geht es nur noch um die Aufrechterhaltung des Status
quo. Wenn alle Reserven verbrannt sind, wird nach jedem sich bietenden
Strohhalm gegriffen. Am Ende stehen Insolvenzverschleppung und andere Konkursvergehen. Dabei hätte es durchaus noch andere Alternati-

ven gegeben: Nur 5 bis 10 Prozent aller Marktaustritte erfolgen durch Insolvenz.

2.1   Trennen Sie Privat und Geschäft

Für die Spaltung von Privat und Geschäft ist es nie zu spät. Trennen Sie in jedem Fall betriebliche und private Konten. Vermeiden Sie unregelmäßige, nicht geplante Privatentnahmen aus dem betrieblichen Vermögen, indem Sie sich einen festen monatlichen Unternehmerlohn überweisen. Verwenden Sie 10 Prozent dieses Betrags dazu, sich eine private Liquiditätsreserve aufzubauen, die es Ihnen ermöglichen wird, mindestens neun Monate ohne Privatentnahmen aus Ihrem Unternehmen leben zu können. Hinterlegen Sie diese Reserve zu zwei Drittel auf ein Festgeldkonto einer Bank, zu der Sie keine weiteren Geschäftsbeziehungen unterhalten. Deponieren Sie das verbleibende Drittel in einem Schließfach oder Tresor in bar. So können Sie in Krisenzeiten ohne Angst vor unkontrollierten Kontenpfändungen agieren.

Wechseln Sie die Gesellschaftsform

Wenn Sie bisher als Einzelfirma auftreten, überdenken Sie Ihre Rechtsform. Langfristig überwiegen in vielen Fällen die Vorteile eine Kapitalgesellschaft. Durch eine Entscheidung des Europäischen Gerichtshofs vom 5.11.2002 und dessen Anerkennung durch den Bundesgerichtshof in seinem Urteil vom 13.3.2003 können Sie die hohen rechtlichen und finanziellen Hürden der deutschen Kapitalgesellschaften umgehen. So stehen Ihnen jetzt u. a. als Firmierungen die englische LIMITED, die spanische SOCIEDAD LIMITADA NUEVA EMPRESA (SLNE), die französische SOCIÉTÉ ANONYME SIMPLIFIÉE (SAS) und die niederländische BESLOTEN VENNOOTSCHAP (BV) zur Verfügung.

Bei der englischen LIMITED beträgt das Mindestkapital z.B. 1 englisches Pfund. Die Gründungskosten liegen bei ca. 500,- Euro. Alle Formalitäten werden von darauf spezialisierten Serviceunternehmen abgewickelt, sodass Sie zur Gründung nicht einmal nach England fliegen müssen. Der Sitz der deutschen Betriebsstätte der LIMITED wird ins deutsche Handelsregister eingetragen und steuerlich wie eine GmbH behandelt. Besonders interessant ist dabei, dass die Aufnahme neuer Gesellschafter bei der LIMITED keiner notariellen Form bedarf. Gegenüber der GmbH eine wesentliche Vereinfachung.

Diese europäischen Kapitalgesellschaften haben zur Zeit noch den Nachteil, dass ihnen die deutschen Banken mit Skepsis begegnen. Aber das ist nur ein theoretischer Nachteil, denn in der Praxis erhalten Sie bei den Banken auch bei einer GmbH nur dann Mittel, wenn Sie einen erfolgreichen Geschäftsbetrieb nachweisen und für den Kredit ausreichende Sicherheiten stellen.

Der wesentliche Vorteil einer Kapitalgesellschaft liegt in der erweiterten Haftungsbegrenzung gegenüber der Einzelfirma. Aus den aufgeführten Gründen zwar nicht gegenüber den Banken, aber gegenüber den Forderungen aller anderen Geschäftspartner. Das gilt nicht nur im Insolvenzfall, sondern auch bei einem eventuell von der Versicherung nicht abgedeckten Schaden der Produkthaftung. Durch die im Vergleich zur deutschen GmbH schnelle Gründung (2 Tage für eine LIMITED vs. 45 oder mehr Tage bei einer deutschen GmbH), die geringen Formalitäten und die niedrigen Kosten können Sie außerdem die Risiken spezieller Projekte oder neuer Geschäftsfelder von Ihrem Unternehmen abtrennen. So können Sie unabhängig von Ihrem Kerngeschäft neue, riskante Geschäftsfelder erschließen.

Vorteil der erweiterten Haftungsbegrenzung der GmbH gegenüber einer Einzelfirma

2.2 Machen Sie Ihr Unternehmen finanziell unabhängig

Die Gesellschaftsform einer Kapitalgesellschaft ist in vielen Fällen auch Voraussetzung oder zumindest eine Erleichterung in Richtung auf die finanzielle Unabhängigkeit Ihres Unternehmens. Die Kreditvergabepraxis der Banken wird immer restriktiver, sei es durch einen Wechsel in der Geschäftspolitik oder durch neue gesetzliche Regelungen wie beispielsweise die Mindestanforderungen an das Kreditgeschäft (MaK) und Basel II. Die Banken wissen um die Bedeutung des Eigenkapitals. So senkt ein Unternehmen, dass seine Eigenkapitalausstattung verbessert, die Insolvenzwahrscheinlichkeit um 40 Prozent (Quelle: Dr. Plattner IKB Bank). Eine hohe Eigenkapitalquote fördert also die Krisenresistenz, vereinfacht den Zugang zu Fremdmitteln und wird zukünftig im Rahmen des Ratings auch die Zinsbelastung reduzieren.

Je besser die Eigenkapitalausstattung, desto geringer die Insolvenzwahrscheinlichkeit

Der beste Weg zur Erhöhung des Eigenkapitals ist die Gewinnthesaurierung, also der Verbleib der Gewinne im Unternehmen. Wenn die Gewinne nicht ausreichen, kommen Einlagen von Gesellschaftern, aus der Familie oder dem Freundeskreis in Frage. Kapitalgesellschaften erleichtern diese Formen der Beteiligung und sichern einen geordneten Ablauf, insbesondere hinsichtlich Mitspracherechten, Ausstieg und Weiterverkauf von Anteilen. Außerdem wird die Haftung der Anleger auf das eingesetzte Kapital begrenzt. Die Umwandlung in eine Kapitalgesellschaft vereinfacht auch einen späteren Einstieg von Kapitalbeteiligungsgesellschaften (Private Equity).

Gewinne im Unternehmen lassen

Allerdings schmälern natürlich Fremdgesellschafter wieder die unternehmerische Unabhängigkeit. Deshalb sollten Sie zur Erweiterung Ihrer finanziellen Unabhängigkeit auch andere Finanzierungsformen in Betracht ziehen. Dem Eigenkapital am nächsten kommen alle so genannten mezzaninen Finanzierungen, aus bilanzieller Sicht Mischformen zwischen Eigen- und Fremdkapital:

Stille Beteiligungen

Mischformen zwischen Eigen- und Fremdkapital sichern Handlungs- spielräume

Der stille Gesellschafter tritt nach außen nicht in Erscheinung. Er wird am Gewinn beteiligt und haftet mit dem eingebrachten Kapital auch für Verluste der Gesellschaft. Häufig wird ihm zum Ausgleich das Recht ein- geräumt, seine stille Beteiligung zu einem späteren Zeitpunkt in Eigen- kapital umzuwandeln. Nur dann partizipiert er nicht nur am Gewinn, sondern auch am Wertzuwachs des Unternehmens.

Genussscheine

Mit einem Genussschein versprechen Sie dem Erwerber einen Anteil am Gewinn. Der Erwerber erhält außerdem sein eingesetztes Kapital zu einem festen Termin zurück. Sie können die Konditionen für Genussscheine sehr variabel halten. Entweder legen Sie einen attraktiven Zinssatz fest oder Sie beteiligen direkt am Unternehmensgewinn. Eine Auszahlung er- folgt allerdings nur, wenn das Unternehmen wirklich einen Gewinn er- zielt. Im Insolvenzfall verliert der Erwerber sein eingesetztes Kapital.

Nachrangige Darlehen

Bei nachrangigen Darlehen verzichtet der Darlehensgeber explizit auf Si- cherheiten und tritt hinter den Forderungen aller anderen Gläubiger zurück. Dafür wird er in der Regel mit einem zusätzlichen, am Gewinn orientierten Zins abgefunden. Durch den Rangrücktritt wird das nach- rangige Darlehen wie Eigenkapital behandelt.

Beteiligung der eigenen Mitarbeiter

Eine weitere Möglichkeit, die finanzielle Unabhängigkeit zu sichern, ist die Beteiligung der eigenen Mitarbeiter. Diese kann über die oben ge- nannten mezzaninen Finanzierungsformen erfolgen. Gleichzeitig wird durch Mitarbeiterbeteiligungsmodelle ein zusätzlicher Anreiz für resul- tatorientiertes Arbeiten geschaffen. Ausführliche Informationen hierzu bietet die ARBEITSGEMEINSCHAFT PARTNERSCHAFT IN DER WIRTSCHAFT E.V. an. In diesem Verein sind über 400 Firmen vertreten, die ihre Mitarbeiter am Unternehmen beteiligt haben (www.agpev.de).

2.3 Ersetzen Sie sich selbst durch ein System

„Wenn Sie die Arbeitsläufe in Ihrem Unternehmen nicht koordiniert haben, gehört Ihnen das Unternehmen nicht richtig. Wenn es Ihnen nicht gehört, können Sie sich auch nicht darauf verlassen."

Michael Gerber

Auch Ihr Unternehmen muss von Ihnen unabhängig werden

Wirkliche Unabhängigkeit werden Sie nur erreichen, wenn umgekehrt Ihr Unternehmen auch von Ihnen unabhängig wird. Wenn Sie nicht oh- ne Handy in Urlaub gehen können und im Tagesgeschäft immer wieder Ihr Einsatz gefordert wird, sind weder Sie noch Ihre Firma unabhängig. Erinnern Sie sich an die zu Beginn erläuterte Trennung zwischen Unternehmer, Manager und Experte (siehe Teil I, Kap. 2.3.1). Die Aufgabe eines Unternehmens ist die Vorgabe von Visionen, Strategien und Regeln.

Mit Visionen und Strategien haben wir uns ausgiebig beschäftigt. Wie steht es aber mit den Regeln, also der Organisation und den Prozessen? Im Mittelpunkt der Aufmerksamkeit zu stehen, mag für das Ego des Inhabers momentan interessant sein. Aber je mehr sich der Betrieb um Sie dreht, desto abhängiger wird er von Ihnen. Schnell kann so ein plötzlicher Unfall oder eine unerwartete Krankheit vom privaten zum betrieblichen Problem werden. Auch verkompliziert eine solche Abhängigkeit eine spätere Betriebsübergabe oder einen Verkauf der Firma. Durch die persönliche Nähe geht leicht die Objektivität verloren. Positionieren Sie sich stattdessen gedanklich außerhalb Ihrer Firma. Arbeiten Sie daran, sich selbst überflüssig zu machen, schaffen Sie ein Regelwerk: Ersetzen Sie sich selbst durch ein System.

Arbeiten Sie daran, sich selbst überflüssig zu machen

Dieses System sollte auch ohne Ihr aktives Eingreifen eine gleich bleibend hohe Qualität aller betrieblichen Abläufe und Verfahren sicherstellen. Dazu müssen die Arbeiten standardisiert, dokumentiert und über Kontrollinstanzen zu einem sich selbst steuernden Regelkreis verknüpft werden. Die wesentlichen Vorleistungen hierzu haben Sie im Rahmen der Prozessanalyse schon erbracht.

Einen sich selbst steuernden Regelkreis installieren

Jetzt geht es „nur" noch darum, dass Sie die vereinfachten Prozesse dokumentieren, implementieren und Ihrem Management Entscheidungsregeln zur Umsetzung und Optimierung an die Hand geben. Dokumentation muss nicht aufwändig sein. Notieren Sie einfach, was wann wo von wem zu tun ist. Konzentrieren Sie sich auf Inhalt und Verständlichkeit. Schreiben Sie, wie Sie sprechen, denn so werden Ihre Mitarbeiter Sie verstehen. Noch schneller geht es, wenn Sie immer ein Diktiergerät bei sich tragen, die Anweisungen gleich diktieren und von Ihrer Sekretärin schreiben lassen. Ihr so entstehendes Betriebshandbuch dient dazu, das Unternehmen von seiner Personenabhängigkeit zu lösen. Dadurch wird Ihr Geschäftsmodell unabhängig von jeglichem Personalwechsel effizient und zuverlässig funktionieren.

Ein gutes Beispiel für die Vorteile eines solchen Vorgehens sind Franchise-Unternehmen. Deren Erfolge basieren auf drei Säulen: Standardisierung, Dokumentation und permanente Verbesserung. Wer ein Franchise-Unternehmen gründet, ist gezwungen, die Betriebsabläufe von seiner Person zu trennen, zu optimieren und zu dokumentieren – sonst könnte er nie einen Lizenznehmer für sein Modell finden. Franchise-Nehmer bezahlen dafür, dass sie das dokumentierte Geschäftsmodell 1:1 übernehmen und damit ihren Geschäftserfolg sicherstellen können. Statistisch wird der Erfolg dieser Annahmen dadurch belegt, dass Franchise-Betriebe in den ersten acht Jahren nach Gründung eine bis zu viermal höhere Überlebenschance haben als konventionelle Firmen.

Beispiel Franchise-Unternehmen

Setzen Sie deshalb zukünftig beim Betreten Ihres Unternehmens die Brille eines Franchise-Gebers auf. Sind alle Prozesse klar geregelt und

Setzen Sie die Brille eines Franchise-Gebers auf

halten sich Ihre Mitarbeiter an diese Regeln? Werden alle Kunden jederzeit ausgezeichnet betreut? Vermittelt Ihre Firma Ihren Geschäftspartnern einen einheitlichen, nachvollziehbaren Eindruck und gibt damit Vertrauen in die Produkte, Leistungen und Zukunft Ihrer Firma?

Es geht dabei nicht darum, Ihre Firma in ein Franchise-Unternehmen zu wandeln. Aber die Sichtweise, so zu tun, als ob, erleichtert die Trennung vom Tagesgeschäft und ermöglicht eine Hinwendung vom einzelnen Vorgang auf die diesem zugrunde liegende Systematik. Und damit die Voraussetzung für die Schaffung eines eigenständigen, von Ihnen unabhängigen Systems „Firma".

Sehen Sie sich als den Ingenieur und Ihre Firma als eine Anlage, die Sie entwickeln. Ihre Aufgabe besteht darin, dieser Anlage ein eigenständiges Leben einzuhauchen, sodass sie ohne Ihr Zutun regelmäßig die gewünschten Ergebnisse erzielt. Sie ersetzen sich selbst durch ein System, schaffen sozusagen eine Gans, die Ihnen zukünftig die goldenen Eier legen wird.

3   Erfolgsdimension Attraktivität

Viele Ansatzpunkte, die schon kurzfristig zu spürbaren Ergebnissen führen

Die Erfolgsdimension Unabhängigkeit auszuweiten ist aufwändig und es dauert in der Regel mehr als zwölf Monate, bis Sie in den Genuss der Ergebnisse kommen. Ganz anders ist es mit dem Erfolgsfaktor Attraktivität. Hier gibt es viele Ansatzpunkte, die relativ schnell und einfach umzusetzen sind und schon kurzfristig zu spürbaren Ergebnissen führen.

Für den Bereich Finanzierung bestätigt dies Norbert Winkeljohann, Vorstand der Wirtschaftsprüfungsgesellschaft PWC (Price-Waterhouse-Coopers): „*Die Hälfte aller Mittelständler, die über Finanzierungsprobleme klagen, könnte sich schon zu einem Gutteil durch eine professionellere Darstellung nach außen neue Kapitalquellen erschließen.*"

Das Unternehmen aus der Sicht der Mitarbeiter und Geschäftspartner bewerten und darstellen

Oder anders gesagt, schon eine Änderung Ihres Auftritts, der Art, wie Sie Ihr Unternehmen präsentieren, kann Ihren Erfolg steigern. Der Schlüssel zur Anwendung dieser Erfolgsdimension liegt dabei in dem Wechsel der Sichtweise. Sie müssen Ihre persönlichen Werte und Einstellungen zurückstellen und herausfinden, wie Ihre Mitarbeiter und Geschäftspartner denken und fühlen, nach welchen Regeln diese Menschen entscheiden und in welche Rechte und Pflichten sie eingebunden sind.

Wie Sie die Anziehungskraft gegenüber Ihren Kunden verstärken, haben wir im Umsatzsteigerungsprogramm (siehe Teil III) schon ausführlich dargelegt. Nachfolgend konzentrieren wir uns deshalb auf die Anwendung der Erfolgsdimension Attraktivität gegenüber Geldgebern und Mitarbeitern.

3.1 Denken Sie wie Ihre Kapitalgeber

Das klassische Hausbankmodell, welches auf einer persönlichen Vertrauensbeziehung zwischen Bankier und Unternehmer basierte, kann heute nicht mehr funktionieren. In vielen Fällen liegt das aber nicht an einer Störung des Vertrauensverhältnisses, oft noch nicht einmal an der Geschäftspolitik der Bank, sondern an veränderten Rahmenbedingungen.

In den letzten Jahren haben viele Kreditinstitute im Rahmen eines steigenden Wettbewerbsdrucks ihr Risikomanagement vernachlässigt. Das führte zu Problemfällen bei der BANKGESELLSCHAFT BERLIN, der GONTARD & METALLBANK, der SCHMIDT BANK und vielen anderen, kleineren Kreditinstituten. Da Bankenkrisen schnell in Wirtschaftskrisen umschlagen können, sah sich die Bundesanstalt für Finanzdienstleistungsaufsicht gezwungen, die Regeln für die Kreditvergabe durch neue Vorgaben in Form so genannter Mindestanforderungen für das Kreditgeschäft (MaK) zu verschärfen.

Verschärfe Regeln für die Kreditvergabe

Die parallel dazu verlaufende Krise im internationalen Bankengeschäft löste die Verabschiedung der zweiten Richtlinie des „Baseler Ausschusses für Bankenaufsicht", kurz BASEL II genannt, aus. Diese Richtlinie wird derzeit in nationales Recht umgesetzt.

Ein Kernelement von BASEL II ist die Verpflichtung der Kreditinstitute, die Kapitalunterlegung der entliehenen Gelder stärker an die Zahlungsfähigkeit der Kunden zu binden. In der Praxis heißt dies:

JE GRÖSSER DIE WAHRSCHEINLICHKEIT, DASS EIN KREDIT NICHT ZURÜCKGEZAHLT WERDEN KANN, DESTO HÖHER IST DIESER MIT EIGENKAPITAL DER BANK ZU UNTERLEGEN.

Damit wird das Risiko, dass ein Totalausfall des Kredits die Zahlungsunfähigkeit des Kreditgebers herbeiführt, wesentlich reduziert. Da die Bank durch dieses Verfahren bei risikoreicheren Krediten in Summe weniger Kredite vergeben kann als bei risikoarmen Kreditnehmern, lässt sie sich die höhere Kapitalbindung durch einen höheren Zinssatz bezahlen.

Banken lassen sich ihre höhere Kapitalbindung durch einen höheren Zinssatz bezahlen

Basel II gibt den Banken auch Regeln vor, wie sie das Ausfallrisiko ermitteln. Diese Verfahren zur Risikoanalyse und Unternehmensbewertung werden Rating genannt. Je besser das Rating, desto weniger Eigenkapital benötigt eine Bank für die Kreditvergabe. Oder anders gesagt: Je besser Ihr Rating, desto attraktiver sind Sie für Ihre Bank.

Je besser Ihr Rating, desto attraktiver sind Sie für Ihre Bank

3.2 Richten Sie Ihr Unternehmen nach Rating-Kriterien aus

Wenn Sie Ihr Unternehmen an den offiziellen Rating-Kriterien ausrichten, verbessern Sie nicht nur Ihre Finanzierungsmöglichkeiten. Sie si-

*Rating als eine auf
statischen Prozessen
basierende Voraussage
Ihres Insolvenzrisikos*

chern damit die Zukunft Ihres Unternehmens, denn Rating ist nichts anderes als eine auf statischen Prozessen basierende Voraussage Ihres Insolvenzrisikos. Beispielsweise belegte die Rating-Agentur MOODYS in einer Kontrolluntersuchung der von ihr vergebenen Ratings, dass 28 von 100 Unternehmen mit der Rating-Note „B" binnen fünf Jahren insolvent wurden – bei der Note „BBB" dagegen nicht einmal 2 von 100.

*Kriterien zur Bonitäts-
beurteilung nach Basel II*

Basel II gibt den Banken verschiedene zentrale Kriterien zur Bonitätsbeurteilung vor:

Ertragskraft

Dieser Punkt spiegelt sich in Ihren betriebswirtschaftlichen Kennzahlen wider und kann durch Ihre Maßnahmen zur Umsatz- und Produktivitätssteigerung sowie Kostensenkung beeinflusst werden.

Kapitalstruktur

Ihre Kapitalstruktur sollte zu Ihren Investitionen passen. So ist es etwa riskant, langfristig gebundene Investitionen über kurzfristige Finanzierungen oder gar den Kontokorrent zu finanzieren. Beispielsweise kann Leasing eine Maßnahme zur Verbesserung Ihrer Kapitalstruktur sein.

Qualität der Einkünfte (Stetigkeit)

*Firmen mit regelmäßigem
Wachstum tragen
wesentlich geringere
Insolvenzrisiken*

Firmen mit regelmäßigem Wachstum weisen wesentlich geringere Insolvenzraten auf. Bei der Krisenfestigkeit kommt es weniger auf die Höhe, sondern auf die Stetigkeit des Gewinns an. Bankiers lieben keine Überraschungen. Selbst wenn die Gewinne ungeplant explodieren, zeugt dies nicht gerade von vorausschauender Planung und kann ein Indiz für eine überhöhte Risikobereitschaft sein. Denn anstatt unerwarteter Gewinne könnten sich so im Folgejahr überraschende Verluste ergeben.

Qualität und Verfügbarkeit der Informationen

Um sich (und letztendlich auch Sie) vor Überraschungen zu sichern, legen Banken Wert auf eine gute Planung und ein aktives Controlling. Wenn Sie frühzeitig Liquiditätsengpässe vorhersehen, mit Ihrer Bank abstimmen und begründen, belegen Sie eine vorausschauende Finanzpolitik.

*Aktive Einbeziehung
der Bank in Ihre
Informationspolitik*

Am wichtigsten ist hier aber eine aktive Einbeziehung der Bank in Ihre Informationspolitik. Klären Sie ab, in welchen Zeitabständen Ihre Bank die Informationen benötigt und stellen diese unaufgefordert zur Verfügung. Wenn Sie regelmäßig stimmige Zahlen liefern und Ihre Bank über die Geschäftsentwicklung informieren, gewinnen Sie an Vertrauen und verbessern Ihr Rating.

Grad der Fremdfinanzierung

Jede Maßnahme, mit der Sie Ihr Eigenkapital und damit Ihre Unabhängigkeit stärken, verbessert Ihre Chancen bei Ihrer Bank – getreu dem Ausspruch von Mark Twain: *„Die Bank gibt nur dem Geld, der es nicht benötigt."*

Finanzielle Flexibilität

In Krisenzeiten muss das Unternehmen nicht nur die laufenden Verpflichtungen abdecken können, sondern auch beweglich genug sein, um die im Rahmen einer Sanierung notwendigen Veränderungen finanzieren zu können. Achten Sie deshalb darauf, nicht alle Mittel langfristig zu binden und schöpfen Sie mögliche Kreditspielräume nicht aus.

Nicht alle Mittel langfristig binden

Qualität des Managements

Hier geht es darum, wer die handelnden Personen im Unternehmen sind, welche Visionen und Strategien sie verfolgen, welche Kompetenzen sie haben und wie abhängig das Unternehmen von diesen ist. Ziehen Sie zur Verbesserung Ihres Ratings die erarbeiteten Visionen und Strategien heran. Auch die in der Prozessanalyse und dem Kapitel Unabhängigkeit erarbeiten Betriebshandbücher und Dokumentationen (siehe Kap. 2) belegen Ihre Unternehmer- und Managementqualitäten.

Branche

Banken führen letztendlich einen Benchmark auf Branchenebene durch. Präsentieren Sie die besonderen USPs Ihrer Produkte, Ihre Marktstellung und Ihre Marketingstrategie. Je nach Ergebnis können Sie auch Ihre Stärken-Schwächen-Analyse zur Belegung Ihrer Wettbewerbsvorteile heranziehen. Geben Sie Ihrem Kreditbearbeiter möglichst viele Informationen über die Teilmärkte, auf denen Sie tätig sind. Viele Banken arbeiten leider aufgrund nicht ausreichenden Datenmaterials mit übergeordneten Branchenkriterien. Wer der Bauwirtschaft zugeordnet wird, erhält sofort einen Abzug oder gar einen Kreditstopp. Geben Sie deshalb möglichst genaue Informationen zu Ihren Teilmärkten und stellen in solchen Fällen sicher, dass Ihr Kreditbearbeiter versteht, weshalb Ihr Unternehmen sich von den allgemeinen Trends in der Branche absetzen kann.

Belegen Sie Ihre Wettbewerbsfähigkeit möglichst konkret

Weitere Informationen zum Thema Rating erhalten Sie über Ihre Industrie- und Handelskammer, Ihre Bank oder im Internet unter www.rating-abc.de.

3.3 Machen Sie aus jeder Arbeit etwas Besonderes!

„Was wir tun, bedeutet uns etwas. Die Arbeit ist vielleicht nicht das Wichtigste oder Einzige in unserem Leben. Vielleicht arbeiten wir, weil wir arbeiten müssen, aber wir wollen dennoch stolz sein auf das, was wir tun, wir wollen dafür geliebt und respektiert werden, und wir wollen, dass es etwas Besonderes ist."
Sara Ann Friedmann

Je attraktiver ein Unternehmen die von ihm gebotene Arbeit gestaltet, desto anspruchsvoller kann es bei der Auswahl seiner Mitarbeiter sein.

*Motivierte Mitarbeiter
erhöhen die Attraktivität
gegenüber den Kunden*

Qualifizierte und motivierte Mitarbeiter erhöhen die Attraktivität gegenüber den Kunden. Das schlägt sich in den Erträgen nieder und die Attraktivität gegenüber potenziellen Geldgebern steigt.

Attraktive Arbeit darf aber keinesfalls mit hoher Entlohnung gleichgesetzt werden. Denn Geld als Motivation funktioniert nur so lange, bis sich der Mitarbeiter an das neue Gehaltsniveau gewöhnt hat. Spaß und Freude an der Arbeit dagegen sind emotionale Faktoren, die immer und immer aufs Neue motivieren. Auch Verantwortung, Selbstständigkeit und die Möglichkeit, sich weiterzuentwickeln, gehören zu Werten, die aus einer gewöhnlichen Arbeit etwas Besonderes machen.

*Fünf Ansatzpunkte zu
attraktiven Arbeitsplätzen*

Der Weg zu attraktiven Arbeitsplätzen führt deshalb über fünf Stationen:

Kommunikation verbessern

*Lernen Sie Ihre
Mitarbeiter kennen*

Nutzen Sie jede Möglichkeit, um Ihre Mitarbeiter auf dem Laufenden zu halten. Je besser Ihre Mitarbeiter über die betrieblichen Verhältnisse, die aktuellen Entwicklungen und Ihre zukünftigen Pläne informiert sind, desto eigenständiger können sie arbeiten und entscheiden.

Schaffen Sie Gelegenheiten, Ihre Mitarbeiter näher kennen zu lernen, sei es bei einem Mittagessen, einem Spaziergang oder laden Sie einmal im Monat ausgewählte Mitarbeiter zu sich nach Hause ein. Achten Sie darauf, dass Kommunikation keine Einbahnstraße wird. Nutzen Sie die Gelegenheit, die Bedürfnisse Ihrer Mitarbeiter zu erforschen oder anders gesagt: Lassen Sie Ihre Mitarbeiter zu Wort kommen.

Tipp: Schenken Sie jeden Tag einem Mitarbeiter 11 Minuten

Widmen Sie jeden Tag einem Ihrer Mitarbeiter einmal volle 11 Minuten absolut ungeteilte Aufmerksamkeit. Schauen Sie ihn an, hören zu, konzentrieren sich und versenken sich in seine Welt. Sie werden feststellen, wie sich Ihre Beziehungen verändern, intensivieren. Denn durch die Informations- und Reizüberflutung haben wir es verlernt, uns hier und jetzt auf einen Mitmenschen zu konzentrieren. Wenn wir es aber tun, öffnen sich verborgene Türen.

Sie können es gar nicht vergessen, jeden Tag um 11 Uhr fragen Sie sich, ob Sie schon die 11 Minuten verschenkt haben ...

Arbeitszeit flexibilisieren

*Mitarbeitern ermöglichen,
ihre privaten und geschäftlichen Anforderungen in
Einklang zu bringen*

Der erste Schritt in die selbstverantwortliche Freiheit ist die Ausweitung flexibler Arbeitszeiten. Sie reduzieren dadurch die Fehlzeiten und geben den Mitarbeitern Gelegenheit, die privaten und geschäftlichen Anforderungen miteinander in Einklang zu bringen. Erweitern Sie schrittweise Freiräume und Verantwortung in Richtung auf ein ergebnisorientiertes Arbeiten. Als Endergebnis dieses Prozesses sollte die Arbeitszeit nicht mehr vom Stand des Gleitzeitkontos abhängen, sondern von der jeweiligen betrieblichen Auftragslage.

Eigenes Denken fördern

In vielen Firmen herrscht die klassische Trennung: Die eigentliche Arbeit wird delegiert, der Denkprozess bleibt beim Chef. Damit entgeht Ihnen fast das gesamte Lösungspotenzial Ihrer Mitarbeiter. Und das ist beachtlich. Nach einer Studie des Deutschen Instituts für Betriebswirtschaft (DIB) wurden in den befragten Unternehmen im Jahre 2003 über 950 Millionen Euro eingespart. Dabei lag der Durchschnitt der eingebrachten Ideen bei diesen Firmen pro 100 Mitarbeiter nur bei 54,7 Prozent, d.h., dass nur jeder zweite Mitarbeiter einen Vorschlag pro Jahr einreichte.

Das gesamte Lösungspotenzial Ihrer Mitarbeiter ausschöpfen

Setzen Sie sich höhere Ziele. Als Unternehmer denken Sie jeden Tag über betriebliche Verbesserungen nach. Übertragen Sie diese Denkweise auf Ihre Mitarbeiter. Dass dies möglich ist, beweist Japan: dort liegt der Schnitt bei einem Verbesserungsvorschlag pro Mitarbeiter und Tag – also rund siebenhundert Mal höher. Das beruht auf der konsequenten Umsetzung der Methoden des KVP – kontinuierlichen Verbesserungs-Prozesses. Wählen Sie zwei oder drei Mitarbeiter aus und lassen Sie diese unter externer Anleitung einen KVP-Prozess in Ihrem Unternehmen implementieren.

Spaß an der Arbeit forcieren

Geht es Ihnen nicht auch so? Eine Arbeit, die Spaß macht, geht leichter von der Hand, wird mit mehr Schwung ausgeführt und wenn dabei noch gelacht wird, lockern sich die Gedanken und die Einfälle beginnen zu fließen. Ein Lächeln überträgt sich sogar am Telefon und entspannt die Telefonate mit Ihren Kunden. So entwickelt sich eine entspannte, fröhliche Atmosphäre, die den Abstand zur Arbeit reduziert und selbst als Belohnung und Motivation wirkt.

Nehmen Sie deshalb regelmäßig den Druck ein wenig zurück und planen für Ihre Mitarbeiter auch spielerische Freiräume ein. Das funktioniert allerdings nicht auf Befehl. Es geht hier nicht um eine Zwangsverpflichtung zum jährlichen Betriebsausflug. Obwohl auch dieser, richtig gestaltet, eine Facette sein kann. Dann allerdings stellen Sie Ihre bisherige Veranstaltung auf den Prüfstand: War es eine Veranstaltung für die Mitarbeiter oder für den Chef? Lassen Sie den Bedürfnissen Ihrer Mitarbeiter den Vorrang. Ob nun Motorradtour, Skiausflug, Vergnügungspark, Kanufahrt oder gemeinsames Walking, entscheidend ist, was Ihre Mitarbeiter als attraktiv empfinden, nicht, welche Sportart der Chef betreibt.

Planen Sie für Ihre Mitarbeiter auch spielerische Freiräume ein

Gute Ansatzpunkte für die Veränderung Ihres Betriebsklimas gibt Ihnen das Buch „Fish!" von Stephen C. Lundin. Oder Sie beziehen unseren Newsletter für mehr Spaß & Erfolg im Betrieb, die so genannte Freitagsmail (www.freitagsmail-abc.de).

Lernen erleichtern und belohnen

In der Fertigung wurden die großen Produktivitätsfortschritte durch Investitionen in Maschinen und Anlagen erzielt. Mit dem Scheitern des Technologie-Hypes nach der Jahrtausendwende hat sich gezeigt, dass dies nicht direkt auf den Verwaltungsbereich übertragbar ist.

Investieren Sie in die Qualifikation Ihrer Mitarbeiter

Investieren Sie deshalb in die Qualifikation Ihrer Mitarbeiter. Lassen Sie jeden Mitarbeiter nach seiner Schulung über das Thema eine innerbetriebliche Fortbildung halten. So verteilen Sie das Wissen, reduzieren die externen Weiterbildungskosten und festigen gleichzeitig beim betroffenen Mitarbeiter das Wissen. Denn wer weiß, dass er eine Woche später über das Thema referieren wird, geht mit einer ganz anderen Motivation in den Kurs.

4 Ein Wort zum Schluss

„Ungeteilte Präsenz ist das einzig wirksame Mittel gegen Burnout, denn es sind die halbherzig erledigten Dinge, die wir tun, während wir zugleich mit diversen anderen beschäftigt sind, die uns zermürben."

Stephen C. Lundin

Sie kennen nun das magische Quadrat des unternehmerischen Erfolgs. Jetzt ist der letzte Moment, in dem Sie sich noch entscheiden können, das Projekt „versteckte Ressourcen mobilisieren" zu beginnen. Erinnern Sie sich: *„Mit jedem Tag, um den Sie das Projekt schon vor dem Beginn verschieben, sinkt die statistische Umsetzungswahrscheinlichkeit um 30 Prozent."*

Der erste Schritt ist nicht nur der schwerste, sondern auch der wichtigste

Auf der anderen Seite steht da natürlich Ihr Tagesgeschäft, der überquellende Eingangskorb, der PC mit der Nachricht *„Es ist Post da"*. Wenn dann noch Telefon und Handy miteinander um die Wette klingeln, fällt es schwer sich vorzustellen, noch ein Projekt zu starten. Aber gerade auf den Anfang kommt es an, denn der erste Schritt ist nicht nur der schwerste, sondern auch der wichtigste.

Lieben Sie Ihre Firma noch?

Mobilisieren Sie dazu zuerst eine persönliche Ressource, die nicht in Ihrem Kopf, sondern in Ihrem Herzen verborgen liegt: Fragen Sie sich jetzt in diesem Moment, ob Sie noch genauso für Ihr Unternehmen empfinden wie damals, als Sie es gründeten oder Ihre jetzige Position antraten. Strafft sich Ihr Körper noch, wenn Sie das Büro betreten? Strahlen Ihre Augen, huscht ein Lächeln über Ihre Lippen, wenn Sie von „Ihrer" Firma sprechen? Freuen Sie sich schon beim Aufstehen auf den neuen Tag? Oder anders gefragt: *„Lieben Sie Ihre Firma noch?"*

Halten Sie inne, schalten alle Telefone ab, klappen Ihren Terminkalender zu. Das Wichtigste zuerst, lautet die Regel. Und das Wichtigste, das sind in diesem Fall Sie, der Unternehmer. Denn er ist Keimzelle, An-

trieb und Katalysator seiner Firma. Und damit hat er nicht nur ein Anrecht auf einen angemessenen Unternehmerlohn, sondern auf die gleichen Vergünstigungen, die wir gerade für Ihre Mitarbeiter vorgeschlagen
haben: eine attraktive Arbeit und vor allem viel Spaß.

Wer, wenn nicht Sie, kann Ihren Mitarbeitern wirklich zeigen, dass
ihm die Arbeit Spaß macht. Dass Sie dem Charisma Ihrer Firma erlegen
sind. Seien Sie der erster Fan Ihrer Firma. Und gestalten Sie ab jetzt jede
Ihrer Aufgaben zum Erlebnis. Denken Sie darüber nach, wie Ihre Firma
für Sie wieder attraktiver wird. Was stört Sie heute – und wie werden Sie
es abschaffen? Was würde Sie wirklich begeistern – und wie können Sie
es erreichen?

Lieben Sie schöne Autos, gutes Design, einfache Lösungen, verständ-
liche Produkte, freundliche Mitarbeiter? Wieso eigentlich? Weil diese
Punkte Emotionen ansprechen, ungefiltert direkt ins Unterbewusste
dringen. Und dort Freude auslösen, ein unerwartetes Lächeln über das
Gesicht huschen lassen. Es liegt an Ihnen, Ihren Arbeitstag neu zu gestalten. Und damit ein Signal an sich, Ihre Mitarbeiter und Geschäftspartner zu geben, dass der Wind sich gedreht hat, die Sonne aufgeht.

JE HÄRTER DER MARKT, DESTO ANZIEHENDER WIRD EINE FIRMA,
DIE SINN, FREUDE UND MENSCHLICHE WÄRME AUSSTRAHLT.

Wenn Sie zukünftig konsequent Ihre Visionen und Strategien umsetzen,
die Erträge steigern, die Kosten senken und Ihre Risiken minimieren, legen Sie das Fundament für ein unabhängiges und attraktives Unternehmen.

Viel Spaß & Erfolg!

Für Rückfragen, Anregungen, weitere Tipps und einen Gedankenaustausch stehe ich Ihnen gerne zur Verfügung. Schicken Sie einfach eine
E-Mail an:

gerhard.gieschen@denken-handeln.de

Ergänzende Hinweise und Downloads zum Buch finden Sie unter:
www.das-magische-quadrat.de

Anhang

Literaturverzeichnis

- Betriebliches Verbesserungswesen: Deutsches Institut für Betriebswirtschaft (dib), FAZ vom 7. April 2003
- Financial Times Deutschland: Absatz mit Umweg. 14. September 2004
- Impulse August 2004, „Die 50 erfolgreichsten Familienunternehmen"
- Baier, Peter: Führen mit Controlling. Berlin/Bonn/Regensburg: Walhalla, 1994
- Berth, Rolf: Erfolg: 50 Strategien für innovatives Management. Düsseldorf: Econ, 1993
- Brandes, Dieter: Die 11 Geheimnisse des ALDI-Erfolgs. Frankfurt / New York: Campus Verlag, 2003
- Clancy, Kevin J. / Shulman, Robert S.: Erfolgskiller. Düsseldorf: Econ, 1995
- Covey, Stephen R. u. a.: Der Weg zum Wesentlichen. Frankfurt / New York: Campus Verlag, 2003
- Covey, Stephen R.: Begleiter auf den 7 Wegen zur Effektivität. Frankfurt / New York: Campus Verlag, 2002
- DeMarco, Tom / Lister, Timothy: Bärentango. München / Wien: Carl Hanser Verlag, 2003
- Denz, Wolfgang und Thiel, Claudia: Wie sich Unternehmen totverdienen. München, Langen Müller / Herbig, 2001
- Dommasch, Claus E.: Der Profi-Einkäufer. Frankfurt / Main: Campus Verlag, 2000
- Doyle, David: Kosten steuern. Wien: Ueberreuter, 1994.
- Erben, Roland / Romeike, Frank: Allein auf stürmischer See. Weinheim: Wiley-VCH, 2003
- Fifer, Bob: Was zählt, ist der Gewinn – 70 Schritte zur Kostensenkung und Umsatzsteigerung. Frankfurt/Main, New York, Campus Verlag, 1995
- Fournies, Ferdinand F.: Kluge Manager warten nicht! Regensburg/Berlin: Metropolitan, 2003
- Gieschen, Gerhard (Hrsg.): Mittelstandspraxis. Tübingen: ABC Buchverlag 2005
- Gieschen, Gerhard: Wie junge Unternehmen Krisen bewältigen können. Berlin: Cornelsen Verlag, 2003
- Geffroy, Edgar K.: Verkaufserfolge auf Abruf. MVG: Landsberg/Lech, 2001
- Gerber, Michael: Erfolgsstrategien für Unternehmer. Bonn: Rentrop Verlag, 1989
- Grazton, Fred: The Lazy Way To Success. Bielefeld: Kamphausen Verlag, 2004
- Hennerkes, Brun-Hagen / Leach, R. Barry: Handbuch Umsatzsteigerung. Frankfurt/Main New York: Campus Verlag, 1999
- Knoblauch, Jörg W. u. a.: Unternehmens-Fitness – der Weg an die Spitze. Offenbach: Gabal, 2003
- Kranebitter, Gottwald: Due Diligence – Risikoanalyse im Zuge von Unternehmenstransaktionen. München: Redline Wirtschaft, 2002
- Kraus, Georg / Becker-Kolle, Christel / Fischer, Thomas: Handbuch Change-Management. Berlin: Cornelsen 2004
- Levinson, Jay Conrad: Die 100 besten Guerilla-Marketing-Ideen. Frankfurt/New York: Campus Verlag, 2000
- Malik, Fredmund: Führen – Leisten – Leben. München: Heyne Verlag, 2001
- McKinsey & Company, Inc. Jürgen Kluge: Wachstum durch Verzicht. Stuttgart: Schäffer-Poeschel, 1994
- Nagel, Kurt / Knoblauch, Jörg W. / Stängle, Lars: Methodenhandbuch Unternehmens-Fitness. Giengen: tempus-Consulting 2003
- Ossola-Haring, Claudia (Hrsg.): Die 150 besten Checklisten zur sinnvollen Kostensenkung. Landsberg/Lech: Verlag moderne Industrie, 1998
- Peters, Tom: Projektmanagement. München: Econ Ullstein List, 2001

- Peters, Tom: Servicemanagement. München: Econ Ullstein List, 2001
- Pilsl, Karl: Die Naturkonforme Strategie. Hinterschmiding: Verlag Gute Nachricht, 2004
- Shapiro, Eileen C.: Die Strategie-Falle. Frankfurt/New York: Campus Verlag, 1999
- Shuchman, Matthew L. / White, Jerry S.: Die Kunst des Turnarounds. Düsseldorf: Econ, 1995
- Simon, Hermann / von der Gathen, Andreas: Das große Handbuch der Strategieinstrumente. Frankfurt/New York: Campus Verlag, 2002
- Simon, Hermann: Die heimlichen Gewinner (Hidden Champions. Frankfurt/New York: Campus Verlag, 1996
- Simon, Hermann: Think! Frankfurt/New York: Campus Verlag, 2004
- Strich, Christian: Das große Märchenbuch. Zürich: Diogenes Verlag, 1987
- Storn, Arne: Instrumente der Kostensenkung. Niedernhausen/Ts.: Falken Verlag, 2000
- Tracy, Brian: Ziele. Frankfurt/Main: Campus Verlag, 2004
- Trout, Jack / Rivkin, Steve: Die Macht des Einfachen. Wien/Frankfurt: Carl Ueberreuter, 1999
- Weissmann, Arnold: Management-Strategien – fünf Faktoren für den Erfolg. Landsberg/Lech: Verlag Moderne Industrie, 1992

Unternehmer-Verbände

- Arbeitsgemeinschaft Selbstständiger Unternehmer e.V. (ASU)
  Reichsstraße 17
  14052 Berlin
  Tel. 030 / 30 06 50
  www.asu.de
- Bund der Selbstständigen Deutscher Gewerbeverband e.V.
  Platz vor dem Neuen Tor 4
  10115 Berlin
  Tel. 030 / 28 04 91-0
  www.bds-dgv.de
- Bundesverband der Freien Berufe
  Reinhardtstraße 34
  10117 Berlin
  Tel. 030 / 28 44 44-0
  www.freie-berufe.de
- Bundesverband Junger Unternehmer der ASU e.V. (BJU)
  Reichsstraße 17
  14052 Berlin
  030 / 30 06 5-0
  www.bju.de
- Bundesverband mittelständische Wirtschaft – Unternehmerverband Deutschlands e.V.
  Berliner Freiheit 36
  53111 Bonn
  Tel. 02 28 / 60 477-0
  www.bvmw-online.de
- Freelancer International e.V.
  Industriestraße 51
  70565 Stuttgart
  Deutschland
  www.freelancer-international.org
  Tel: 0711 / 78 13 968
  Fax: 07334 / 92 333 07
- Unternehmerverband mittelständische Wirtschaft e.V.
  Rizzastraße 41
  56068 Koblenz
  Tel. 0261 / 3 35 41
  www.umw.org

- Wirtschaftsjunioren Deutschland (WJD)
  Breite Straße 29
  10178 Berlin
  Tel. 030 / 20 30 8-15 15
  www.wjd.de

Mittelständische
Finanzierungs-Initiativen

- KMU Financial Services GmbH & Co KG
  Auchtertstr. 8
  72770 Reutlingen
  Telefon: 0 71 21 / 57 65 44
  Telefax: 0 71 21 / 57 66 75
  www.kmu-financial-services.de
- KMU Genossenschaft zur Mittelstandsför-
  derung eG
  Delitzscher Str. 118
  06116 Halle / Saale
  Telefon: 03 45 / 2 05 64-0
  Fax: 03 45 / 2 05 64-20
  www.kmueg.de

Stichwortverzeichnis

Verschenk ein paar Stunden Wissensdurst!

Bücher sind die idealen Geschenke,
denn sie bieten Seite für Seite: Wissen
oder Einsicht, Erkenntnis oder Klugheit,
Scharfsinn oder Weisheit.

Bücher
Zeit für dich.

www.branchenwerbung-buch.de